高职高专数学教材

数学模型

杨景保　卢西庄　吴恒飞　编著

合肥工业大学出版社

内容提要

本书分为数学建模概论、初等模型、简单的优化模型、规划模型、统计回归分析模型、主成分分析模型等模块，并在每一模块的最后安排了适量的习题。针对参加全国大学生数学建模竞赛的读者，本书第七模块对于如何撰写论文给出了建议，最后提供了一些优秀论文供学生写作时参考。

本书可作为高职高专理工科专业的数学建模课程的教材，也可作为数学建模竞赛的辅导材料。

图书在版编目(CIP)数据

数学模型/杨景保，卢西庄，吴恒飞编著．—合肥：合肥工业大学出版社，2017.12
ISBN 978-7-5650-3808-2

Ⅰ.①数… Ⅱ.①杨…②卢…③吴… Ⅲ.①数学模型—高等职业教育—教材
Ⅳ.①O141.4

中国版本图书馆 CIP 数据核字(2017)第 329406 号

数学模型

杨景保 卢西庄 吴恒飞 编著　　责任编辑 权 怡　　责任校对 汪 钵

出 版	合肥工业大学出版社	版 次	2017 年 12 月第 1 版
地 址	合肥市屯溪路 193 号	印 次	2017 年 12 月第 1 次印刷
邮 编	230009	开 本	787 毫米×1092 毫米 1/16
电 话	编校中心：0551-62903210	印 张	14
	市场营销部：0551-62903198	字 数	326 千字
网 址	www.hfutpress.com.cn	印 刷	合肥现代印务有限公司
E-mail	hfutpress@163.com	发 行	全国新华书店

ISBN 978-7-5650-3808-2　　定价：28.00 元

前 言

数学建模是利用数学工具解决实际问题的重要手段，是联系数学与实际问题的桥梁。数学建模在生产、生活及科学研究中的重要作用越来越受到社会的普遍重视。

数学建模的目的是培养学生从数学的角度认识世界、用数学工具解决实际问题的能力。它涉及对问题积极思考的习惯、理论联系实际并善于发现问题的能力、写作能力、熟练使用计算机的技能及团队合作的能力等，这些对于提高学生的综合素质都是非常有益的。在这种思想的指导下，我们总结了多年来教授数学建模课程和辅导大学生参加数学建模竞赛培训的工作经验，编写了本书。该书的内容不刻意追求高、深、全，只求达到通俗易懂的目的。读者只要学习过微积分、数学实验、简单的线性代数和概率统计就可以读懂本书。利用有关资料简单学习一下本书涉及的数学软件，如 MATLAB、LINDO、LINGO 等，就可应对本书中的有关内容。

本书先由浅入深地介绍了六个模块：数学建模概论、初等模型、简单的优化模型、规划模型、统计回归分析模型、主成分分析模型，并在每一模块的最后安排了适量的习题。针对参加全国大学生数学建模竞赛的同学，本书第七模块对于如何撰写论文给出了部分建议，本书的最后部分提供了部分优秀论文供参加数学建模竞赛的学生写作时参考，目的是让想参加数学建模竞赛的部分通过阅读获奖论文了解数学建模竞赛论文的整体情况，自己思考总结，并从这些获奖论文中得到启发。

本书由亳州学院杨景保负责全书策划、统稿和定稿，吴恒飞负责第二模块内容的编写，卢西庄负责第五模块内容的编写工作。

限于时间和水平方面的原因，本书不足之处在所难免，请广大师生批评指正。本书在编写过程中得到了安徽省高校质量工程项目“《数学建模》精品资源共享课(编号：2016GX093)”的资助；本书的出版得到了安徽省 2014 年度高等教育振兴计划人才项目之高职高专院校省级专业带头人项目的资助，在此一并表示感谢！

杨景保

2017 年于亳州学院

目　录

第一章　数学建模概论

随着现代科学技术的高速发展,数学得到了越来越广泛的应用。数学不仅在物理学、化学、天文学等学科领域中仍起着举足轻重的作用,而且已逐步应用到生物学、医学、环境科学、航天科学等诸多科学技术领域,同时在政治、军事、经济管理、工业、农业、商业以及交通运输等很多社会领域也得到了广泛应用。因此,数学模型作为沟通实际问题和数学方法的桥梁也就越来越普及。

为解决各种复杂的实际问题,建立数学模型是一种十分有效并被广泛使用的工具或手段。数学建模是一个包含数学模型的建立、求解、验证和推广的复杂过程,其关键是如何运用数学语言和方法来刻画实际问题。近年来,计算机的广泛应用极大地推动了数学建模的发展,特别是 MATLAB、Mathematica、Maple、LINGO、SAS、SPSS 等数学工具软件包的大量使用,强有力地推动了数学建模技术的广泛应用。

本章作为数学建模的概述,主要介绍什么是数学模型和数学建模,建立数学模型的意义、步骤和分类,我国数学建模竞赛状况,并通过介绍一个例子让大家简单认识数学建模的方法。

第一节　数学建模简介

本节我们简单介绍什么是数学模型和数学建模,建立数学模型的意义、一般步骤和分类,以及我国数学建模竞赛的状况。

一、什么是数学模型

数学模型就是对于一个特定的对象,为了一个特定目标,根据特有的内在规律,做出一些必要的简化假设,运用适当的数学工具,得到一个数学结构。具体来说,数学模型就是为了某种目的,用字母、数字及其他数学符号建立起来的等式、不等式、图表、图像、框图等描述客观事物的特征及其内在联系的数学结构表达式。从广义理解,数学模型包括数学中的各种概念、各种公式和各种理论。从狭义理解,数学模型只指那些反映了特定问题或特定的具体事物系统的数学关系结构。

二、什么是数学建模

数学建模是指运用数学的语言和方法,通过抽象和简化,从实际问题中提炼出数学模型的过程。

例:万有引力定律的发现

1. 16 世纪中期,尼古拉・哥白尼(Nikolaj Kopernik,1473—1543)提出了震惊世界的日心说。

2. 丹麦著名的实验天文学家第谷・布拉赫(Tycho Brahe,1546-1601)花了二十多年时间观察记录了当时已发现的五大行星的运动情况。

3. 第谷・布拉赫的学生和助手约翰尼斯・开普勒(Johannes Kepler,1571—1630)花了九年时间对这些资料进行了分析计算,得出著名的 Kepler 三大定律:

(1)行星轨道是一个椭圆,太阳位于此椭圆的一个焦点上。

(2)行星在单位时间内扫过的面积不变。

(3)行星运行周期的平方正比于椭圆长半轴的三次方,比例系数不随行星而改变(绝对常数)。

4. 牛顿根据开普勒第三定律和牛顿第二定律,利用微积分方法推导出万有引力定律:

$$F=-K\frac{Mm}{r^2}.$$

这就是数学模型,其研究、推导过程就是数学建模。

三、数学建模的意义

数学作为一门研究现实世界数量关系和空间形式的科学,在它产生和发展的历史长河中,一直和人们生活的实际需要密切相关。作为用数学方法解决实际问题的数学建模,自然有着与数学同样悠久的历史。两千多年以前创立的欧几里得几何,17 世纪发现的牛顿万有引力定律,都是科学发展史上数学建模的成功范例。

进入 20 世纪以来,随着数学以空前的广度和深度向很多领域渗透,以及计算机的出现与飞速发展,数学建模越来越受到人们的重视,从以下几方面看,数学建模在现实世界中具有重要意义。

首先,在一般工程技术领域,数学建模仍然大有用武之地。在以声、光、热、力、电这些物理学科为基础的机械、电机、土木、水利等工程技术领域中,数学建模的普遍性和重要性不言而喻,虽然这些领域中的基本模型是已有的,但是由于新技术、新工艺的不断涌现,出现了许多需要用数学方法解决的新问题;高速、大型计算机的飞速发展,使得过去即便有了数学模型也无法求解的课题(如大型水坝的应力计算、中长期天气预报等)迎刃而解;建立在数学模型和计算机模拟基础上的 CAD 技术,以其快速、经济、方便等优势,大量地替代了传统工程设计中的现场实验、物理模拟等手段。

其次,在高新技术领域,数学建模几乎是必不可少的工具。无论是发展通讯、航天、微电子、自动化等高新技术本身,还是将高新技术用于传统工业去创造新工艺、开发新产品,计算机技术支持下的建模和模拟都是经常使用的有效手段。数学建模、数值计算和计算机图形学等相结合形成的计算机软件,已经被固化于产品中,在许多高新技术领域起着核心作用,被认为是高新技术的特征之一。在这个意义上,数学不再仅仅作为一门科学,它是许多技术的基础,而且直接走向了技术的前台。国际上一位学者提出了"高技术本质上是一种数学技术"的观点。

最后，数学迅速进入一些新领域，为数学建模开拓了许多新的处女地。随着数学向诸如经济、人口、生态、地质等所谓非物理领域的渗透，一些交叉学科如计量经济学、人口控制论、数学生态学、数学地质学等应运而生。一般地，当用数学方法研究这些领域中的定量关系时，数学建模就成为这些学科发展与应用的基础。在这些领域里建立不同类型、不同方法、不同深浅程度模型的余地相当大，为数学建模提供了广阔的新天地。马克思说过，一门科学只有成功地运用数学时，才算达到了完善的地步。展望21世纪，数学必将大踏步地进入很多学科，数学建模将迎来蓬勃发展的新时期。

因此，数学建模逐渐走进了我国的各类大学的教学课堂，成为大学数学教学的重要组成部分。数学建模将数学知识及方法与实践有机结合起来，科学地解决实践问题。通过数学建模的学习，培养学生将数学知识应用于实践、解决实际问题的能力；培养学生的团结合作精神；培养创新型、研究型、管理型的人才。因此，数学建模活动也就成了当代大学生重要的实践活动，数学建模竞赛成为各高等院校数学学科发展的一个契机。

四、数学建模的一般步骤

数学建模要经过哪些步骤并没有一定的模式，通常与问题性质、建模目的等有关。下面给出用机理分析方法建立数学模型的一般过程。

(一)问题分析

了解问题的实际背景，弄清实际对象的特征，掌握研究对象的各种信息，明确建模的目的，收集掌握必要的数据资料。

(二)模型假设、符号假设

在明确建模目的、收集掌握必要的数据资料的基础上，通过对资料的分析计算，找出起主要作用的因素，经必要的精炼、简化，提出若干客观实际的假设。其包括模型假设和符号假设。

模型假设——针对问题所提出的假设，目的是为了保证模型的建立和问题的解决。

符号假设——符号假设的提出是为了能比较方便、简洁地表示模型。

(三)建立模型

在所作假设的基础上，利用适当的数学工具去刻画各变量之间的关系，建立相应的数学结构，即建立数学模型。

(四)模型求解

建构好数学模型之后，再根据已知条件和数据分析模型的特征及结构特点，设计或选择求解模型的数学方法和算法，包括解方程、画图形、证明定理、逻辑运算等，还包括编写计算机程序或运用与算法相适应的软件包，并借助计算机完成对模型的求解。

(五)模型的分析与检验

根据建模的目的要求，对模型求解的数字结果，或进行变量之间的依赖关系分析，或进行系统参数的灵敏度分析，或进行误差分析等。通过分析，如果不符合要求，就修改或增减建模假设条件，重新建模，直到符合要求。通过分析，如果符合要求，还可以对模型进行评价、预测、优化等。

模型分析符合要求之后，还必须回到客观实际中去对模型进行检验，用实际现象、数据等检验模型的合理性和适用性，看它是否符合客观实际。若不符合，就修改或增减假设条件，重新建模，循环往复，不断完善，直到获得满意结果。最后给出模型的优点和缺点，并提出改进意见。

(六)模型推广与应用

将经过检验的符合客观实际问题的数学模型应用于客观实际中，解决实际问题，为实际问题的解决提供优化方案。

五、数学模型的分类

数学模型可以按照不同的方式分类，下面介绍常用的几种分类。

(一)根据对实际问题了解的深入程度

根据对某个实际问题了解的深入程度，数学模型可以分为白箱模型、灰箱模型和黑箱模型。

白箱模型：指那些内部规律比较清楚的模型，如力学、热学、电学以及相关的工程技术问题等。

灰箱模型：指那些内部规律尚不十分清楚，在建立和改善模型方面都还有许多不同程度的工作要做的问题，如气象学、生态学经济学等领域的模型。

黑箱模型：指一些内部规律还很少为人们所知的现象，如生命科学、社会科学等方面的问题。但由于因素众多、关系复杂，也可简化为灰箱模型来研究。

(二)根据模型中变量的特征

根据模型中变量的特征，数学模型可以分为连续型模型、离散型模型，或确定型模型、随机型模型等。

(三)根据模型中所用的数学方法

根据模型中所用的数学方法，数学模型可以分为初等模型、微分方程模型、差分方程模型、优化模型等。

(四)根据研究课题的实际范畴

根据研究课题的实际范畴，数学模型可以分为人口模型、生态系统模型、交通流量模型、经济模型等。

六、数学建模竞赛状况

数学建模是在20世纪60年代和70年代进入一些西方国家大学的，中国的几所大学也在80年代初将数学建模引入课堂。经过30多年的发展，绝大多数本科院校和许多专科学校都开设了各种形式的数学建模课程和讲座，为培养学生利用数学方法分析、解决实际问题的能力开辟了一条有效的途径。

大学生数学建模竞赛最早于1985年在美国出现，1989年在几位从事数学建模教育的教师组织和推动下，中国几所大学的学生开始参加美国的竞赛，而且积极性越来越高，近几年参赛校数、队数占到相当大的比例。可以说，数学建模竞赛是在美国诞生，在中国开花、结果的。

1992年由中国工业与应用数学学会组织举办了10个城市的大学生数学模型联赛，来自

74 所院校的 314 个团队参加了竞赛。教育部领导及时发现、扶植、培育了这一新生事物，决定从 1994 年起由教育部高教司和中国工业与应用数学学会共同主办全国大学生数学建模竞赛，每年一届。二十几年来，这项竞赛的规模以年均增长两位数的速度快速发展。

数学建模竞赛的题目由工程技术、经济管理、社会生活等领域中的实际问题简化加工而成，没有事先设定的标准答案，但留有充分余地供参赛者发挥其聪明才智和创造精神。从下面一些题目的标题可以看出其实用性和挑战性："DNA 序列分类""血管的三维重建""公交车调度""SARS 的传播""长江水质的评价和预测""总统的竞选策略"等。

数学建模竞赛一般都是在每年的 9 月份第 2 个星期的星期五至下一个星期的星期一这三天内以通讯形式进行，要求由三名大学生组成一队在 A、B 或 C、D 两个题中任选一题在这三天时间内完成，在此期间内可以自由地收集资料、调查研究，使用计算机、软件和互联网，但不能与队外任何人包括指导教师讨论。要求每个队完成一篇包括模型的假设、建立和求解，计算方法的设计和计算机实现，结果的分析和检验，模型的改进等方面的论文。

数学建模竞赛的评奖以假设的合理性、建模的创造性、结果的正确性和文字表述的清晰程度为主要标准。

数学建模竞赛从内容到形式与传统的数学竞赛不同，既丰富、活跃了广大同学的课外生活，也为优秀学生脱颖而出创造了条件。竞赛需要三个同学共同完成一篇论文，他们在竞赛中要分工合作、取长补短、求同存异，既有相互启发、相互学习，也有相互争论，培养了学生们同舟共济的团队精神和进行协调的组织能力。竞赛是开放型的，三天中没有或很少有外部的强制约束，同学们要自觉遵守竞赛纪律，公平地开展竞争。

第二节　数学建模示例：椅子能不能在不平的地面上放平稳

把椅子往不平的地面上一放，通常只有三只脚着地，放不稳，然而只要稍挪动几次，就可以使四只脚同时着地，放稳了。这个看起来似乎与数学无关的问题能用数学工具来处理吗？

一、问题分析

所谓椅子能否在地面放稳是指椅子的四只脚能否同时着地，而四只椅脚是否同时着地是指四只椅脚与地面的距离是否同时为零。于是我们可以转而研究四只椅脚与地面的距离（函数）是否同时等于零。这个距离是变化的，而是可视为函数，那么作为函数，它随哪个量的改变而改变？构造这个距离函数成为主要建模目的。

为了构造函数和设定相关参数，需要我们实际操作一下，从中搜集信息，弄清其特征。生活经验告诉我们，要把椅子通过挪动放稳，通常有拖动或转动椅子两种办法，也就是数学上所说的平移与旋转变换。然而，平移椅子后问题的条件没有发生本质变化，所以用平移的办法是不能解决问题的，而是可将椅子就地旋转，并在旋转过程中找到一种椅子能放稳的情形。通过实际操作，易得出结论：只要地面相对平坦，那么随着旋转角度的不同，三只脚同时落地后，第四只脚与地面距离也不同（不仅如此，旋转中总有两只脚同时着地，另两只脚不稳定)。也就是说,这个距离函数与旋转角度有关,是旋转角度的函数,于是一个确定的函数关系就找到了。因此,我们的问题也顺其自然地转化为是否存在一角度,使得四个距离函数同时为零的问题。

综上分析,问题可以归结为证明函数的零点的存在性,遂决定试用函数模型予以处理。

二、模型假设

对椅子和地面都要做一些必要的假设:

(1)椅子四条腿一样长,椅脚与地面接触点可视为一个点,四脚的连线呈正方形。

(2)地面高度是连续变化的,沿任何方向都不会出现间断(没有像台阶那样的情况),即地面可视为数学上的连续曲面。

(3)对于椅脚的间距和椅脚的长度而言,地面是相对平坦的,使椅子在任何位置至少有三只脚同时着地。

假设(1)显然是合理的;假设(2)相当于给出了椅子能放稳的条件;假设(3)是要排除这样的情况:地面上与椅脚间距和椅腿长度的尺寸大小相当的范围内,出现深沟或凸峰(即使是连续变化的),致使三只脚无法同时着地。

三、模型构建

中心问题是用数学语言将四只脚同时着地的条件和结论表示出来。

首先,用变量表示椅子的位置,由于椅脚的连线呈正方形,以中心为对称点,正方形绕中心的旋转正好代表了椅子位置的改变,于是可以用旋转角度 θ 这一变量来表示椅子的位置。

在下面图 1-1 中,椅脚连线为正方形 $ABCD$,对角线 AC 与 x 轴重合,椅子绕中心点 O 旋转角度 θ 后,正方形 $ABCD$ 转到 $A'B'C'D'$ 的位置,所以对角线 $A'C'$ 与 x 轴的夹角 θ 表示了椅子的位置。

其次,要把椅脚着地用数学符号表示出来。如果用某个变量表示椅脚与地面的竖直距离,那么当这个距离为零时,表示椅脚着地了。椅子在不同位置时椅脚与地面距离不同,所以这个距离是椅子位置变量 θ 的函数。

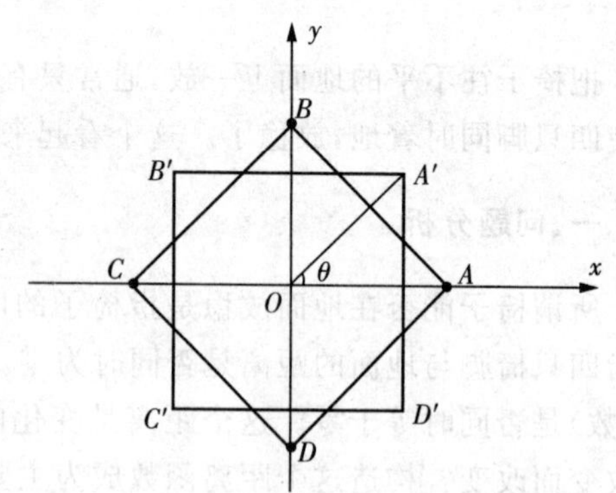

图 1-1　用变量 θ 表示椅子的位置图

由于正方形的中心对称性,只要设两个距离函数就行了,记 A、C 两脚与地面距离之和为 $f(\theta)$,B、D 两脚与地面距离之和为 $g(\theta)$,显然 $f(\theta)$、$g(\theta)\geqslant 0$。由假设(2)知 f、g 都是连续函数,再由假设(3)知 $f(\theta)$、$g(\theta)$ 至少有一个为 0。当 $\theta=0$ 时,不妨设 $g(\theta)=0$,$f(\theta)>0$,这样改变椅子的位置使四只脚同时着地,就归结为如下命题:

已知 $f(\theta)$、$g(\theta)$ 是 θ 的连续函数,对任意 θ,$f(\theta)g(\theta)=0$,且 $g(0)=0$,$f(0)>0$,则存在 θ_0,使 $g(\theta_0)=f(\theta_0)=0$。

四、模型求解

将椅子逆时针旋转90°，对角线 AC 和 BD 互换，由 $g(0)=0, f(0)>0$ 可知 $g(\pi/2)>0$，$f(\pi/2)=0$。令 $h(\theta)=f(\theta)-g(\theta)$，则 $h(0)>0, h(\pi/2)<0$，由 f、g 的连续性知 h 也是连续函数，由零点定理，必存在 $\theta_0(0<\theta_0<\pi/2)$ 使 $h(\theta_0)=0$，即 $g(\theta_0)=f(\theta_0)$，由 $g(\theta_0)f(\theta_0)=0$，所以 $g(\theta_0)=f(\theta_0)=0$。

五、模型评价

该模型的巧妙之处在于用一元变量 θ 表示椅子的位置，用两个函数 f、g 表示椅子四脚与地面的距离，进而把模型假设和椅脚同时着地的结论用简单、精确的数学语言表达出来，构成了这个实际问题的数学模型。

习题一

在"椅子能在不平的地面上放稳吗"的假设条件中，将四脚的连线呈正方形改为呈长方形，其余条件不变。试构造模型并求解。

第二章　初等模型

初等模型是指用比较简单的数学方法建立起来的数学模型,但是不能太狭窄地理解为仅用初等数学方法建立的数学模型。如果研究对象的机理比较简单,一般用静态、线性、确定性模型描述就能达到建模的目的,基本上可以用初等模型来解决。本章通过介绍五个初等模型的例子,让大家了解数学建模的一般过程,初步掌握数学建模的基本特点。

第一节　双层玻璃窗的功效

北方城镇的窗户玻璃是双层的,这样做主要是为达到室内保温目的。试用数学建模的方法给出双层玻璃能减少热量损失的定量分析结果。

一、模型准备

本问题与热量的传播形式、温度有关。检索有关的资料得到一个与热量传播有关的结果,它就是热传导物理定律:

厚度为 d 的均匀介质,两侧温度差为 ΔT,则单位时间由温度高的一侧向温度低的一侧通过单位面积的热量 Q 与 ΔT 成正比,与 d 成反比,即:

$$Q=\frac{k\Delta T}{d},$$

这里 k 为热传导系数。

二、模型假设

根据热传导定律做如下假设:

(1)热量传播过程只有传导,没有对流。即假定窗户的密封性能很好,两层玻璃之间的空气是不流动的。

(2)室内温度和室外温度保持相对不变,热传导过程已处于稳定状态,即沿热传导方向,单位时间通过单位面积的热量是常数。

(3)玻璃材料均匀,热传导系数是常数。

三、模型构建

如图 2-1 中间有缝隙的双层玻璃和图 2-2 中间无缝隙的双层玻璃,其中的符号表示如下:

d:表示玻璃厚度;

T_1:表示室内温度;

T_2:表示室外温度;

T_a:表示靠近内层玻璃的温度;

T_b:表示靠近外层玻璃的温度;

L:表示玻璃之间的距离;

k_1:表示玻璃的热传导系数;

k_2:表示空气的热传导系数。

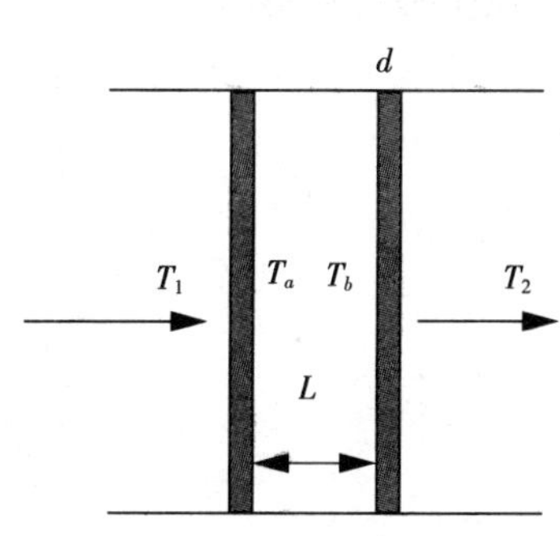

图 2-1　中间有缝隙的双层玻璃

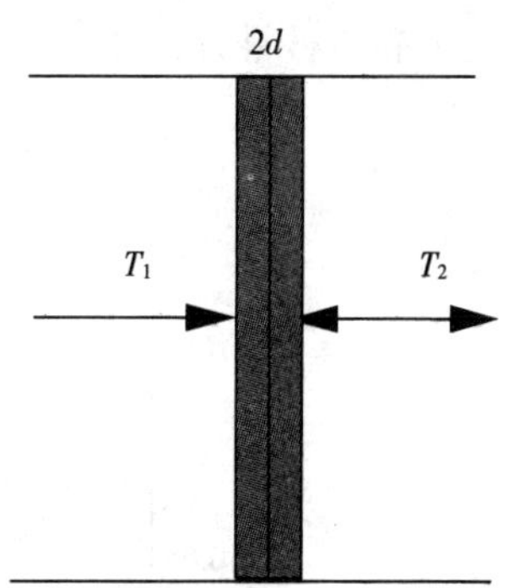

图 2-2　中间无缝隙的双层玻璃

对于图 2-1 中间有缝隙的双层玻璃,由热量守恒定律有:

穿过内层玻璃的热量=穿过中间空气层的热量=穿过外层玻璃的热量,根据热传导物理定律,得

$$Q=k_1\frac{T_1-T_a}{d}=k_2\frac{T_a-T_b}{L}=k_1\frac{T_b-T_2}{d},$$

消去不方便测量的 T_a, T_b 有

$$Q=k_1\frac{T_1-T_2}{d(s+2)}, s=h\frac{k_1}{k_2}, h=\frac{L}{d}.$$

对中间无缝隙的双层玻璃,可以视为厚为 $2d$ 的单层玻璃,根据热传导物理定律,有

$$Q'=k_1\frac{T_1-T_2}{2d},$$

而

$$\frac{Q}{Q'}=\frac{2}{s+2}\Rightarrow Q<Q'.$$

此式说明双层玻璃比单层玻璃保温。

为得到定量结果,考虑 s 的值,查有关资料可知,常用玻璃:$k_1=4\times10^{-3}\sim8\times10^{-3}$ J/(cm·s·℃),静止的干燥空气:$k_2=2.5\times10^{-4}$J/(cm·s·℃),进而有

$$\frac{k_1}{k_2}=16\sim32,$$

若取最保守的估计，有

$$\frac{k_1}{k_2}=16,\frac{Q}{Q'}=\frac{1}{8h+1},h=\frac{L}{d}.$$

由于 Q/Q' 可以反映双层玻璃在减少热量损失的功效，它只与 $h=L/d$ 有关，是 h 的函数。下面从图 2-3 考察它的取值情况。

从图 2-3 中可知此函数 Q/Q' 无极小值，且当 h 从 0 变大时，Q/Q' 迅速下降，但 h 超过 4 后下降变慢。从节约材料方面考虑，h 不易选择过大，以免浪费材料。

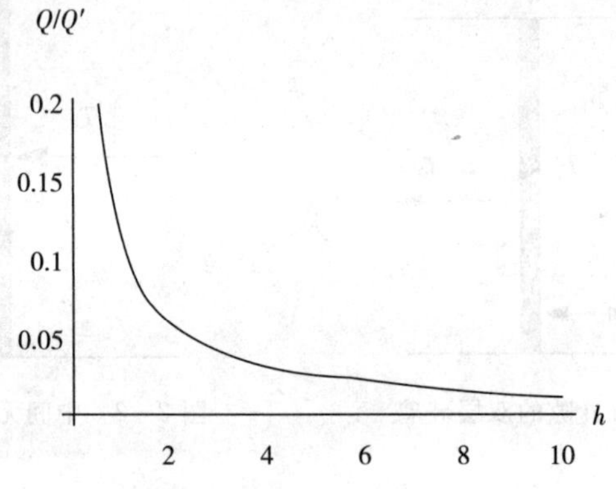

图 2-3　双层玻璃减少热量损失功效图

四、模型应用

这个模型具有一定的应用价值，制作双层玻璃由于工艺复杂会增加一些费用，但是它减少的热量损失却是相当可观的。如果取 $h\approx4$，按照这个模型，有

$$Q/Q'\approx3\%.$$

这说明在最保守的估计下，玻璃之间的距离约为玻璃厚度 4 倍时，双层玻璃比单层玻璃避免热量损失达 97%。不难发现，之所以有如此高的功效主要是由于玻璃层间空气的极低的热传导系数 k_2，而这要求空气是干燥、不流通的。作为模型假设的这个条件，在实际环境下当然不可能完全满足，所以实际上双层玻璃窗户的功效会比上述结果差一些。另外，应该注意到，一个房间的热量散失，通过玻璃常常只占一部分，热量还会通过天花板、墙壁、地面等流失。

第二节　公平的席位分配

某学校有 3 个系共 200 名学生，其中甲系 100 名，乙系 60 名，丙系 40 名。若学生代表会议设 20 个席位，公平而又简单的席位分配办法是按学生人数的比例分配，显然甲、乙、丙三系分别应占有10、6、4个席位。现在丙系有3名学生转入甲系，有3名学生转入乙系，各系人数如表2-1第2列所示，仍按比例（表2-1中第3列）分配席位时出现了小数（表2-1中第4列），在将取得整数的19席分配完毕后，三系同意剩下的1席参照所谓惯例分给比例中小数最大的丙系，于是三系仍分别占有10、6、4席（表2-1中第5列）。

表2-1　按照比例并参照惯例的席位分配

系别	学生人数	学生人数的比例（%）	20个席位的分配		21个席位的分配	
			比例分配的席位	参照惯例的结果	比例分配的席位	参照惯例的结果
甲	103	51.5	10.3	10	10.815	11
乙	63	31.5	6.3	6	6.615	7
丙	34	17.0	3.4	4	3.570	3
总和	200	100.0	20.0	20	21.000	21

一、提出问题

因为有20个席位的代表会议在表决提案时可能出现10∶10的局面，会议决定下一届增加1席。他们按照上述方法重新分配席位，计算结果见表2-1第7列。因为总席位增加1席，而丙系却由4席减为3席，显然这个结果对丙系太不公平了。上述席位分配问题中，如何分配才算是公平的呢？

二、符号假设

为了方便下面的表述，我们引入如下符号：

p_1——甲方的总人数；

p_2——乙方的总人数；

n_1——甲方占有的席位数；

n_2——乙方占有的席位数。

三、分析问题

席位的分配应对各方都公平，解决问题的关键在于建立既合理又简明的衡量公平程度的数量指标，并建立新的分配方法。

我们的目标是突破常规意义上的“公平”，寻求新的衡量“公平”的指标，以便建立新指标下的公平分配方案。为了简化问题，先讨论甲、乙两系公平席位分配的情况。

四、建立模型

甲、乙两系每席位代表的人数分别是 p_1/n_1、p_2/n_2，显然，当 $p_1/n_1=p_2/n_2$ 时，席位的分配才是公平的。通常 $p_1/n_1\neq p_2/n_2$，这时席位分配是不公平的，且数值较大的一方吃亏。

当 $p_1/n_1>p_2/n_2$ 时，定义

$$r_{甲}(n_1,n_2)=\frac{p_1/n_1-p_2/n_2}{p_2/n_2},$$

为对甲的相对不公平值。

当 $p_1/n_1<p_2/n_2$ 时，定义

$$r_{乙}(n_1,n_2)=\frac{p_2/n_2-p_1/n_1}{p_1/n_1},$$

为对乙的相对不公平值。

为了使方案尽可能公平，制定席位分配方案的原则是使 $r_{甲}(n_1,n_2)$ 和 $r_{乙}(n_1,n_2)$ 尽可能小。

五、模型求解

利用相对不公平值 $r_{甲}(n_1,n_2)$ 和 $r_{乙}(n_1,n_2)$ 讨论：当总席位增加一席时，应该分配给甲还是乙呢？不妨设 $p_1/n_1>p_2/n_2$，即对甲不公平。当再分配一个席位时，有以下三种情况：

(1)当 $\frac{p_1}{n_1+1}>\frac{p_2}{n_2}$ 时，这说明即使甲方增加 1 个席位，仍然对甲不公平，所以这一席显然应该分给甲方。

(2)当 $\frac{p_1}{n_1+1}<\frac{p_2}{n_2}$ 时，这说明给甲方增加 1 个席位，变为对乙不公平。此时，对乙的相对不公平值为

$$r_{乙}(n_1+1,n_2)=\frac{p_2(n_1+1)}{n_2p_1}-1. \tag{2-1}$$

(3)当 $\frac{p_1}{n_1}>\frac{p_2}{n_2+1}$ 时，这说明给乙方增加 1 个席位，仍然对甲不公平，此时对甲的相对不公平值为

$$r_{甲}(n_1,n_2+1)=\frac{p_1(n_2+1)}{p_2n_1}-1. \tag{2-2}$$

因为公平分配席位的原则是使得相对不公平度尽可能地减小，所以如果

$$r_{乙}(n_1+1,n_2)<r_{甲}(n_1,n_2+1),$$

则这个席位应该给甲方，反之则给乙方。

由式(2-1)和式(2-2)，可以知道 $r_{乙}(n_1+1,n_2)<r_{甲}(n_1,n_2+1)$ 等价于

$$\frac{p_2^2}{n_2(n_2+1)}<\frac{p_1^2}{n_1(n_1+1)}. \tag{2-3}$$

不难证明上述的第一种情况 $\frac{p_1}{n_1+1}>\frac{p_2}{n_2}$ 也等价于式(2-3)。于是我们的结论是，当式(2-3)成立时，增加一席给甲方，反之给乙方。

若记

$$Q_i=\frac{p_i^2}{n_i(n_i+1)},i=1,2.$$

则增加的一席给 Q_i 值大的一方。

上述方法可推广到有 m 方分配席位的情况。设第 i 方人数为 p_i，已占有 n_i 个席位，$i=1,2,3,\cdots,m$，当总席位增加 1 席时，计算

$$Q_i=\frac{p_i^2}{n_i(n_i+1)},i=1,2,3,\cdots,m.$$

则增加的一席给 Q_i 值大的一方。这种席位分配方法称为 Q 值法。

六、模型应用

下面用 Q 值法重新讨论本节开始提出的甲乙丙三系分配 21 个席位的问题。先按照比例将整数部分的 19 席分配完毕，有 $n_1=10,n_2=6,n_3=3$。再用 Q 值法分配第 20 席和第 21 席。

分配第 20 席，计算得

$$Q_1=\frac{103^2}{10\times11}\approx96.4,Q_2=\frac{63^2}{6\times7}=94.5,Q_3=\frac{34^2}{3\times4}\approx96.3,$$

Q_1 最大，于是这一席应分配给甲系。

分配第 21 席，计算得

$$Q_1=\frac{103^2}{11\times12}\approx80.4,Q_2=\frac{63^2}{6\times7}=94.5,Q_3=\frac{34^2}{3\times4}\approx96.3,$$

Q_3 最大，于是这一席应分配给丙系。

第三节 雨中行走问题

人们外出行走，途中遇雨，未带雨伞势必会淋雨，自然就会想到，走多快才会少淋雨呢？一般来说，遇到淋雨，人们多半采取的策略是奔跑，以便尽快到达目的地或者避雨处，那么尽力奔跑是不是减少淋雨量的最佳策略呢？本节我们讨论这个问题。

一、提出问题

下雨天，你有件急事需要从家到学校去，学校离家不远，仅一公里，况且事情紧急，你来不及花时间去翻找雨具，决定碰一下运气，冒着雨去学校。假设刚刚出发雨就大了，但你不打算再回去了，一路上，你将被大雨淋湿。一个似乎很简单的办法就是你应该在雨中尽可能地快走，以减少被雨淋的时间。但如果考虑到降雨方向的变化，在全部距离上尽力地快跑不一定是最好的策略。试建立数学模型来探讨如何在雨中行走才能减少淋雨的程度。

二、分析问题

根据提出的问题，可以确定建模目标为在给定的降雨条件下，设计一个雨中行走的策略，使得被雨水淋湿的程度最小。因此，考虑的主要因素有降雨的大小、风（降雨）的方向、路

程的远近和行走的速度。

三、模型假设及符号说明

(1)把人体视为长方体,身高 hm,宽度 wm,厚度 dm。淋雨总量用 CL 来记。

(2)降雨大小用降雨强度 Icm/h 来描述,降雨强度指单位时间平面上的降下水的深度。为了建模方便,在这里视其为一常量。

(3)假设风速保持不变。

(4)以一定的速度 vm/s 跑完全程 Dm。

四、模型建立与求解

(一)不考虑雨的方向

此时,你的前后左右和上方都将淋雨。

淋雨的面积:$S=2wh+2dh+wd(\mathrm{m}^2)$

雨中行走的时间:$t=\dfrac{D}{v}(\mathrm{s})$

降雨强度:$I\mathrm{cm/h}=0.01I\mathrm{m/h}=\dfrac{I}{360000}\mathrm{m/s}$

淋雨总量:$C=\dfrac{t\times I\times S}{360000}\mathrm{m}^3=\dfrac{D\times I\times S}{360v}\mathrm{L}$,其中 D,I,S 为参数,v 为变量。

因此得到结论,淋雨量 C 与速度成反比。这也验证了尽可能快跑能减少淋雨量。

若取参数 $D=1000\mathrm{s}$,$I=2\mathrm{cm/h}$,$h=1.50\mathrm{m}$,$w=0.50\mathrm{m}$,$d=0.20\mathrm{m}$,可知 $S=2.2\mathrm{m}^2$,进而可求得被淋雨水的总量为 2.041L。而你在雨中行走的最大速度 $v=6\mathrm{m/s}$,则可知你在雨中行走了 167s,即 2min47s,却被淋了 2L 多的雨水,这是不可思议的事情。这表明用此模型描述雨中行走的淋雨量不符合实际情况。原因是没有考虑降雨的方向,使问题过于简单化。

(二)考虑降雨方向

若记雨滴下落速度为 rm/s,雨滴的密度为 $p(p\leqslant 1)$,它表示一定的时刻在单位体积的空间内,雨滴所占的空间的比例数,也称为降雨强度系数。当 $p=1$ 时,意味着大雨倾盆。所以,$I=rp$。因为考虑了降雨的方向,淋湿的部位只有顶部和前面,所以分两部分计算淋雨量。

设 C_1,C_2 分别表示顶部和前面的淋雨量,θ 表示人前进的方向与雨滴下落反方向的夹角(图 2-4),则顶部的淋雨量:

$$C_1=(D/v)wd(pr\sin\theta),$$

式中,D/v 表示在雨中行走的时间;wd 表示顶部的面积;$r\sin\theta$ 表示雨滴垂直下落的速度。前表面淋雨量:

$$C_2=(D/v)wh[p(r\cos\theta+v)].$$

总淋雨量(基本模型):

$$C=C_1+C_2=\frac{pwD}{v}(dr\sin\theta+h(r\cos\theta+v)).$$

取参数 $r=4\text{m/s}, I=2\text{cm/h}, p=1.39\times10^{-6}$，则

$$C=\frac{6.95\times10^{-4}}{v}(0.8\sin\theta+6\cos\theta+1.5v).$$

可以看出，淋雨量与降雨的方向和行走的速度有关。问题转化为给定 θ，如何选择 v 使得 C 最小。

情形 1　当 $\theta=90°$ 时，$C=6.95\times10^{-4}(\frac{0.8}{v}+1.5)$，这表明淋雨量是速度的减函数，当速度尽可能大时，淋雨量最小。

假设以 $v=6\text{m/s}$ 的速度在雨中猛跑，则计算得

$$C=11.3\times10^{-4}\text{m}^3=1.13\text{L}.$$

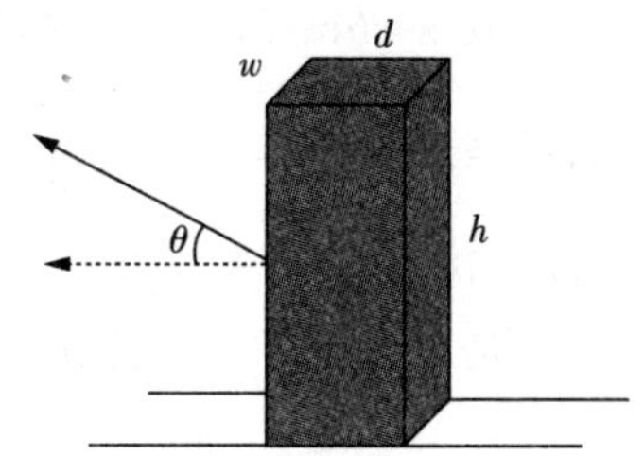

图 2-4　人在雨中行走模拟图

情形 2　当 $0°<\theta<90°$ 时，$\sin\theta>0,\cos\theta>0$，$C$ 是 v 的减函数。人以最快的速度跑，淋雨量最小。假设 $\theta=60°$ 时，以 6m/s 的速度在雨中猛跑，则计算得

$$C=14.7\times10^{-4}\text{m}^3=1.47\text{L}.$$

情形 3　当 $90°<\theta<180°$ 时，此时，雨滴将从后面向你身上落下，则

$$C=6.95\times10^{-4}[(0.8\sin\theta+6\cos\theta)/v+1.5].$$

令 $\theta=\alpha+90°$，其中 $0<\alpha<90°$，则

$$C=6.95\times10^{-4}[(0.8\sin(90°+\alpha)+6\cos(90°+\alpha))/v+1.5]$$

$$=6.95\times10^{-4}[(0.8\cos\alpha-6\sin\alpha)/v+1.5].$$

当 α 从 $0°\to90°$ 时，C 可能取负值，这显然不合理。出现这个情况的原因是我们给出的基本模型是针对雨从前面落到身上的情形。因此，对于这种情况做如下讨论：

(1)当行走速度慢于雨滴的水平运动速度，即 $v<r\sin\alpha$ 时，雨滴将淋在背上，而淋在背上的雨水量是 $pwD(rh\sin\alpha-vh)/v$，淋雨总量 $C=pwD[dr\cos\alpha+h(r\sin\alpha-v)]/v$。

(2)当行走速度等于雨滴的水平运动速度，即 $v=r\sin\alpha$ 时，此时 $C_2=0$。淋雨总量 $C=\frac{pwDdr\cos\alpha}{v}=pwDd\cot\alpha$。这说明当行走速度等于雨滴下落的水平速度时，淋雨量最小，仅仅被头顶上的雨水淋湿了。若雨滴是以120°的角度落下，即雨滴以 $\alpha=30°$ 的角从背后落下，你应该以 $v=4\sin30°=2\text{m/s}$ 的速度行走，此时的淋雨量 $C=0.24\text{L}$。

(3)当行走速度快于雨滴的水平运动速度，即 $v>r\sin\alpha$ 时，此时，你不断地追赶雨滴，雨水将淋湿你的前胸，被淋的雨量为

$$pwDh(v-r\sin\alpha)/v.$$

淋雨总量为

$$C=pwD[dr\cos\alpha+h(v-r\sin\alpha)]/v$$
$$=pwDr[(d\cos\alpha-r\sin\alpha)/v-h/r].$$

当 $d\cos\alpha-r\sin\alpha>0$ 时，v 尽可能大，C 才可能小。

当 $d\cos\alpha-r\sin\alpha<0$ 时，v 尽可能小，C 才可能小。

由于 $v>r\sin\alpha$，所以 $v\to r\sin\alpha$ 时，C 才可能小。

例如，取 $v=6\text{m/s}$，$\alpha=30°$时，$C=0.77\text{L}$。

五、模型应用

由以上讨论可知：若雨是迎着前进的方向落下，这时的策略很简单，应以最快的速度向前跑；若雨是从背后落下，应控制在雨中的行走速度，让它刚好等于落雨速度的水平分量。

第四节　搭积木问题

一、提出问题

将一块积木作为基础，在它上面叠放其他积木，问上下积木之间的“向右前伸”可以达到多少？

二、模型分析

这个问题涉及重心的概念。物理学有关重心的概念有：

设 xOy 平面上有 n 个质点，它们的坐标分别为 $(x_1,y_1),(x_2,y_2),\cdots,(x_n,y_n)$，对应的质量分别为 $m_1,m_2,\cdots,m_n$，则该质点系的重心坐标 $(\bar{x},\bar{y})$ 满足关系式：

$$\bar{x}=\frac{\sum_{i=1}^{n}m_ix_i}{\sum_{i=1}^{n}m_i},\quad \bar{y}=\frac{\sum_{i=1}^{n}m_iy_i}{\sum_{i=1}^{n}m_i}.$$

此外，每个刚性的物体都有重心。重心的意义在于：当物体 A 被物体 B 支撑时，只要它的重心位于物体 B 的正上方，A 就会获得很好的平衡；如果 A 的重心超出了 B 的边缘，A 就会落下来。对于均匀密度的物体，其重心就是几何中心。

因为该问题主要与重心的水平位置（重心的 x 坐标）有关，与垂直位置（重心的 y 坐标）无关，因此只要研究重心的水平坐标即可。

三、模型假设

(1)所有积木的长度和重量均为单位 1；

(2)参与叠放的积木足够多；

(3)每块积木的密度都是均匀的，密度系数相同；

(4)最底层的积木可以完全水平且平稳地放在地面上。

四、模型构成

(一)先考虑两块积木的叠放情况

对于只有两块积木的叠放,此时使叠放后的积木平衡主要取决于上面的积木,而下面的积木只起到支撑作用。假设在叠放平衡的前提下,上面的积木超过下面积木右端的最大前伸距离为 x。选择下面积木的最右端为坐标原点建立如图 2-5 所示的坐标系。

因为积木是均匀的,因此它的重心在其中心位置,且其质量可以认为是集中在重心的。于是每个积木可以认为是质量为 1 且其坐标在重心位置的质点。因为下面的积木总是稳定的,于是要想上面的积木与下面的积木离开最大的位移且不掉下来,则上面的积木中心应该恰好在底下积木的右边最顶端的位置。因此,可以得到上面积木在位移最大且不掉下来的中心坐标为 $x=1/2$(因为积木的长度是 1),于是,上面的积木可以向右前伸的最大距离为 1/2。

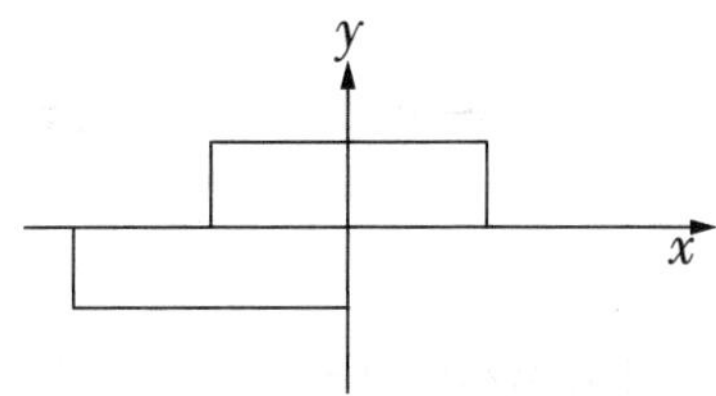

图 2-5　两块积木的叠放情况

(二)考虑 n 块积木的叠放情况

两块积木的情况解决了,如果再加一块积木的叠放情况如何呢?如果增加的积木放在原来两块积木的上边,那么此积木不能再向右前伸了,除非再移动底下的积木,但这样会使问题复杂化,因为这里讨论的是建模问题,不是怎样搭积木的问题。为有利于问题的讨论,我们把前两块搭好的积木看作一个整体且不再移动它们之间的相对位置,而把增加的积木插入在最底下的积木下方。于是,我们的问题又归结为两块积木的叠放问题,不过,这次是质量不同的两块积木叠放问题。这个处理可以推广到 $n+1$ 块积木的叠放问题,即假设已经叠放好 $n(n>1)$ 块积木后,再加一块积木的叠放问题。

下面我们就 $n+1(n>1)$ 块积木的叠放问题来讨论。

假设增加的一块积木插入最底层积木后,我们选择这底层积木的最右端为坐标原点建立如图 2-6 所示坐标系。考虑上面的 n 块积木的重心关系。我们把上面的 n 块积木分成两部分:

(1)从最高层开始的前 $n-1$ 块积木,记它们的水平重心坐标为 x_1,总质量为 $n-1$。

(2)与最底层积木相连的第 n 块积木,记它的水平重心坐标为 x_2,质量为 1。

此外,我们也把上面的 n 块积木看作一个整体,并记它的重心水平坐标为 $\bar{x}$,显然 n 块积木的质量为 n。那么,在保证平衡的前提下,上面的 n 块积木的水平重心应该恰好在最底层积木的右端,即有 $\bar{x}=0$;假设第 n 块积木超过最底层积木右端的最大前伸距离为 z,同样在保证平衡的前提下,从最高层开始的前 $n-1$ 块积木的总重心的水平坐标为 z,即有 $x_1=z$,而第 n 块积木的水平重心在距第 n 块积木左端的 1/2 处,于是在图 2-6 的坐标系下,有第 n 块积

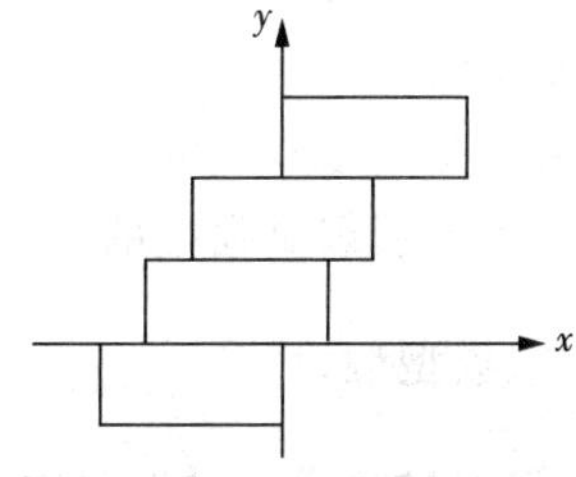

图 2-6　n 块积木的叠放情况

木的水平重心坐标为 $x_2=z-1/2$，由重心水平坐标公式，有

$$\bar{x}=\frac{x_1\cdot(n-1)+x_2\cdot 1}{n}=\frac{z\cdot(n-1)+(z-\frac{1}{2})}{n}=0,$$

即

$$z\cdot(n-1)+(z-\frac{1}{2})=0\Rightarrow z=\frac{1}{2n}.$$

于是，对三块积木即 $n=2$ 时，第 3 块积木的右端到第 1 块积木的右端距离最远可以前伸$\frac{1}{2}+\frac{1}{4}$。

对四块积木即 $n=3$ 时，第 4 块积木的右端到第 1 块积木的右端距离最远可以前伸$\frac{1}{2}+\frac{1}{4}+\frac{1}{6}$。

设从第 $n+1$ 块积木的右端到第 1 块积木的右端最远距离为 d_{n+1}，则有

$$d_{n+1}=\frac{1}{2}+\frac{1}{4}+\cdots+\frac{1}{2n}.$$

当 $n\to\infty$ 时，有 $d_{n+1}\to\infty$。这说明，随着积木数量的无限增加，最顶层的积木右端可以前伸到无限远的地方。

五、模型简评

该问题给出的启示是：当问题涉及较多对象时，考虑合理的分类进行解决，往往会使问题变得清晰。此外，一些看似不可能的事情其实并非不可能。

第五节　发射卫星为什么采用三级火箭系统

一、提出问题

采用火箭发射人造卫星为什么不能用一级火箭而要用多级火箭？为什么一般采用三级火箭系统呢？

火箭是一个复杂的系统，为了使问题简单明了，这里只从动力系统及整体结构上分析，并假定火箭引擎是强大的。

二、模型假设

(1)卫星轨道为过地球中心某一平面的圆，卫星在此轨道上以地球引力作为向心力绕地球做平面圆周运动，如图 2-7 所示。

(2)地球是固定于空间中的均匀球体,其质量集中于球心,其他星球对卫星引力忽略不计。

(3)火箭在喷气推动下做直线运动,火箭重力及空气阻力均不计。

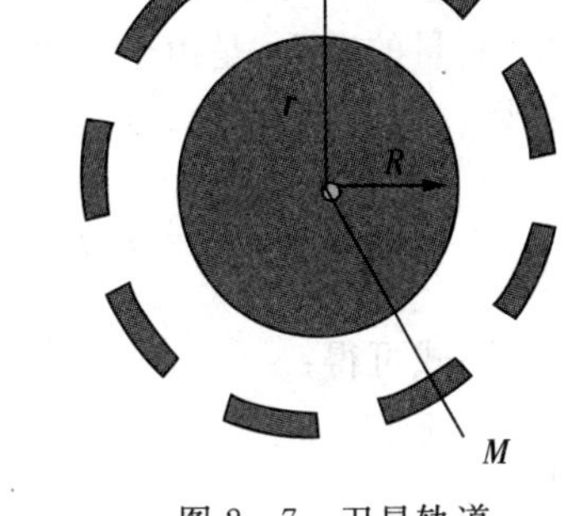

图 2-7　卫星轨道

三、模型建立与求解

我们将从以下三个方面来解决上面提出的问题。

(一)为什么不用一级火箭发射人造卫星

1. 卫星进入轨道,火箭所需最低速度

地球半径为 R,中心为 O,地球质量 M 看成集中于球心(根据地球为均匀球体的假设),曲线 C 为地球表面,C' 为卫星轨道,其半径为 r,卫星质量为 m,万有引力牛顿定律,地球对卫星的引力为:

$$F=G\times\frac{Mm}{r^2}.$$

其中 G 为引力常数,可根据卫星在地面的重量算出,即:

$$G\times\frac{Mm}{R^2}=mg,MG=gR^2.$$

由上面两式可得:

$$F=gR^2\times\frac{m}{r^2}=mg\times\left(\frac{R}{r}\right)^2.$$

由假设(1),卫星所受到的引力即它做匀速圆周运动的向心力,故又有:

$$F=m\times\frac{v^2}{r},$$

从而速度 $v=R\times\sqrt{\frac{g}{r}}$.

取 $g=9.81\text{m/s}^2$,$R=6400\text{km}$,又取卫星离地面高度为 600km,则 $r=7000\text{km}$,此时可得:$v=R\times\sqrt{\frac{g}{r}}=7.6\text{km/s}$.

类似的,取卫星离地面的高度为 100km、200km、400km、800km 和 1000km 时,其速度分别是 7.86km/s、7.80km/s、7.69km/s、7.47km/s 和 7.37km/s。

2. 火箭推进力及速度的分析

火箭的简单模型是由一台发动机和一个燃料仓组成,燃料燃烧产生大量气体从火箭末端喷出,给火箭一个向前的推力。火箭飞行时受重力与空气阻力影响,且受地球自转与公转的影响,火箭升空后做曲线运动,为了使问题简化,仍将问题理想化。所以前面我们做了第(3)条假设:火箭在喷气推动下做直线运动,火箭重力及空气阻力均不计。

设在 t 时刻,火箭质量为 $m(t)$,速度为 $v(t)$,均为 t 的连续可微函数,由泰勒展开式有:

$$m(t+\Delta t)-m(t)=\frac{\mathrm{d}m}{\mathrm{d}t}\Delta t+o(\Delta t).$$

这个质量的减少，是由于燃料燃烧喷出气体所致。设喷出气体相对于火箭的速度为 u（就某种燃料而言为常数），则气体相对于地球运动速度为 $v(t)-u$。据动量守恒定律：

$$m(t)v(t)=m(t+\Delta t)v(t+\Delta t)-(\frac{\mathrm{d}m}{\mathrm{d}t}\Delta t+o(\Delta t))(v(t)-u).$$

由上两式可得：

$$m\frac{\mathrm{d}v}{\mathrm{d}t}=-u\frac{\mathrm{d}m}{\mathrm{d}t}, \tag{2-4}$$

令 $t=0$ 时，$v(0)=v_0$，$m(0)=m_0$，求解式(2-4)得火箭升空速度模型：

$$v(t)=v_0+u\cdot\ln\left(\frac{m_0}{m(t)}\right). \tag{2-5}$$

式(2-4)表明火箭所受推力等于燃料消耗速度与气体相对于火箭运动速度的乘积。式(2-5)表明，在 v_0 和 m_0 一定下，$v(t)$ 由喷发速度（相对于火箭）u 及质量比 $m_0/m(t)$ 决定，这为提高火箭速度找到了正确的途径：从燃料上设法提高 u 值，从结构上设法减少 $m(t)$。

3. 一级火箭末速度上限（目前技术条件下）

火箭-卫星系统质量可分成三部分：m_p（有效负载，如卫星），m_F（燃料质量），m_S（结构质量，如外壳、燃烧容器和推进器）。发射一级火箭运载卫星时，最终（燃料耗尽）质量为 m_p+m_S，由式(2-5)知末速度：

$$v(t)=u\cdot\ln\left(\frac{m_0}{m_p+m_S}\right), v_0=0.$$

以目前技术条件下，$m_S\leqslant\frac{1}{8}m_F$，即 $\frac{m_S}{m_F+m_S}\geqslant\frac{1}{9}$。假设 $m_S=\lambda(m_F+m_S)=\lambda(m_0-m_F)$ 代入上式得：

$$v(t)=u\cdot\ln\left(\frac{m_0}{\lambda m_0+(1-\lambda)m_p}\right). \tag{2-6}$$

根据现有技术条件和燃料性能，u 只能达到 3km/s，即使火箭不带卫星，也不计空气阻力及火箭本身重量，取 $\lambda=\frac{1}{9}$，由式(2-6)得：

$$v\leqslant u\cdot\ln\frac{1}{\lambda}=u\cdot\ln 9\approx 6.6\mathrm{km/s}.$$

因此用一级火箭发射卫星，至少目前条件下无法达到在相应高度所需的速度。

检查上面设计，发现该火箭模型缺点在于发动机必须把整个沉重的火箭加速到底，但是当燃料耗尽时，发动机加速的仅是一个空的燃料舱。因此，有待改进火箭的设计。

（二）理想火箭模型

理想的火箭模型应该是随着燃料燃烧随时抛弃无用的结构。在 t 到 $(t+\Delta t)$ 时间内，丢掉总质量为1(包括结构质量和燃烧掉的质量),设丢掉的结构质量为$\lambda(0<\lambda<1)$,燃料的质量为$(1-\lambda)$,即λ与$(1-\lambda)$按比例同时减少。

由动量守恒定律:

$$m(t)v(t)=m(t+\Delta t)v(t+\Delta t)-\lambda\frac{\mathrm{d}m}{\mathrm{d}t}\Delta t\cdot v(t)-(1-\lambda)\frac{\mathrm{d}m}{\mathrm{d}t}\Delta t\cdot(v-u)+o(\Delta t),$$

其中$-\lambda\frac{\mathrm{d}m}{\mathrm{d}t}\Delta t$表示丢弃的结构质量,$-(1-\lambda)\frac{\mathrm{d}m}{\mathrm{d}t}\Delta t$表示燃烧喷出的气体质量。化简上式,令$\Delta t\to 0$,可得(洛必达法则):

$$-m\frac{\mathrm{d}v}{\mathrm{d}t}=(1-\lambda)u\frac{\mathrm{d}m}{\mathrm{d}t},$$

解得

$$v(t)=(1-\lambda)u\cdot\ln\frac{m_0}{m(t)}. \tag{2-7}$$

理想火箭与一级火箭最大区别在于(比较式(2-6)与式(2-7)),当燃料烧完,结构质量也逐渐抛掉,仅剩下m_p(卫星),即$m(t)=m_p$,从而最终速度为:

$$v=(1-\lambda)u\cdot\ln\frac{m_0}{m_p}. \tag{2-8}$$

式(2-8)表明:当m_0足够大,便可使卫星达到我们希望它具有的任意速度。若考虑空气阻力、重力等因素,要使$v=10.5\mathrm{km/s}$才行。

(三)理想过程的实际逼近——多级火箭卫星系统

理想火箭是设想把无用的结构连续抛掉,显然实际上办不到,现在用建造多级火箭系统的方法来近似实现理想过程。记火箭级数为n。当第i级火箭燃料烧尽时,第$i+1$级火箭立即自动点火,并抛掉无用的第i级。用m_i表示第i级火箭质量(燃料与结构总和),m_p表示有效负载。

作假设:

(1)设各级火箭具有相同的λ,λm_i表示第i级结构质量,$(1-\lambda)m_i$为燃料质量。

(2)喷气相对速度u各级相同,燃料级的初始质量与负载质量保持不变,记比值为k。

先考虑二级火箭,由式(2-5),当第一级火箭燃烧完时,其速度为:

$$V_1=u\cdot\ln\frac{m_1+m_2+m_p}{\lambda m_1+m_2+m_p},$$

在第二级火箭燃烧完时,其速度为:

$$V_2=V_1+u\cdot\ln\frac{m_2+m_p}{\lambda m_2+m_p}.$$

将 V_1 代入上式，得：

$$V_2=u\cdot\ln\left(\frac{m_2+m_p}{\lambda m_2+m_p}\cdot\frac{m_1+m_2+m_p}{\lambda m_1+m_2+m_p}\right).\tag{2-9}$$

又据假设 $m_2=km_p, m_1=k(m_2+m_p)$，代入式(2-9)，并仍取 $u=3\text{km/s}$，近似取 $\lambda=0.1$，可得：$V_2=6\ln\frac{k+1}{0.1k+1}$，欲使 $V_2=10.5\text{km/s}$，由式(2-9)，$k\approx11.2$，从而$\frac{m_1+m_2+m_p}{m_p}\approx149$。同理，可推出三级火箭：

$$V_3=u\cdot\ln\left(\frac{m_3+m_p}{\lambda m_3+m_p}\cdot\frac{m_2+m_3+m_p}{\lambda m_2+m_3+m_p}\cdot\frac{m_1+m_2+m_3+m_p}{\lambda m_1+m_2+m_3+m_p}\right).$$

同样假设下，$V_3=9\ln\frac{k+1}{0.1k+1}$，欲使 $V_3=10.5\text{km/s}$，应使 $k\approx3.25$，从而

$$\frac{m_1+m_2+m_3+m_p}{m_p}\approx77.$$

与二级火箭相比，在达到相同效果的情况下，三级火箭系统质量几乎节省了一半，但如果让级数再继续增加，发射一样重的卫星，火箭系统的重量是否还会大幅度减少呢？

记 n 级火箭的总质量(包涵有效负载 m_p)为 m_0，在同样假设下：$u=3\text{km/s}$，$\lambda=0.1$，$V_{末}=10.5\text{km/s}$，可算得相应的$\frac{m_0}{m_p}$的值，见表 2-2。

表 2-2　n 级火箭所需火箭质量表　　单位：吨

n(级数)	1	2	3	4	5	……	∞ (理想)
火箭质量	−149	149	77	65	60	……	50

四、模型讨论

由上可知，用三级火箭代替二级火箭效果明显，但用四级火箭代替三级火箭重量减轻不多，而实际上由于工艺的复杂性及每级火箭都需要配备一个推进器，所以四级或四级以上的火箭不合算，故三级火箭的设计是最优的。

火箭是一个复杂的系统，本节对问题进行了简化，使问题变得简单明了。

习题二

1. 学校共1000名学生，235人住在A宿舍，333人住在B宿舍，432人住在C宿舍，学生们要组织一个10人的委员会，试用下列办法分配各宿舍的委员数：

(1)按比例分配取整的名额后，剩下的名额按惯例分给小数部分较大者。

(2)本章第一节中的Q值方法。

(3)D'Hondt 方法：将 A,B,C 各宿舍的人数用正整数 $n=1,2,3,\cdots$ 相除，其商数如下表：

	1	2	3	4	5	…
A	235	117.5	78.3	58.75	…	
B	333	166.5	111	83.25	…	
C	432	216	144	108	86.4	

将所得的商数从大到小取前 10 个(10 为席位数)，在数字下标以横线标出，表中 A、B、C 行有横线的数分别为 2、3、5，这就是 3 个宿舍分配的席位，你能解释这种方法的道理吗？

2. 旅行社为了吸引更多的游客加入，各自推出了独特的营销策略，实行团体优惠更是司空见惯。甲、乙两家旅行社对家庭旅行者的优惠条件分别是：甲旅行社称，凡全家旅游，其中一人交全费的 7/6，其余的人可享受半价优惠；乙旅行社称，凡全家旅游，所有人均按原价的 2/3 优惠。若甲、乙两家旅行社的原价相同，问：

(1)一个三口之家应选择哪家旅行社为好？

(2)现有两个三口之家准备结伴旅游，可以分别登记，也可以以一个家庭为单位合并登记，应如何选择？

3. 某高校一对年轻夫妇为买房要向银行贷款 600000 元，月利率 0.01，贷款期 12 年，这对夫妇希望知道每月要还多少钱，12 年就可还清。假设这对夫妇每月可节省 8000 元，是否可以去买房呢？

第三章　简单的优化模型

优化问题是在工程技术、经济管理和科学研究等领域中最常遇到的一类问题。比如，设计师要在满足强度要求等条件下合理选择材料的尺寸；公司经理要根据生产成本和市场需求确定产品价格和生产计划，使利润达到最大；调度人员要在满足物质需求和装载条件下安排从各供应点到各需求点的运量和路线，使运输总费用达到最低，如此等等。

本章介绍简单的优化模型，它们可归结为数学中的极值问题，因而可以用求极值的方法加以求解。当你决定用数学建模的方法来处理一个优化问题时，首先要确定优化的目标，其次确定寻求的决策以及决策受到哪些条件的限制。在处理过程中，要针对实际问题作若干合理的假设，最后用适当的方法进行求解。在确定决策后，要对结果做一些定性和定量的分析和必要的检验。

第一节　存贮模型

工厂定期订购原料存入仓库供生产之用；车间一次加工零件供装配线生产之用；商店成批订购各种商品，放进货柜以备零售等。诸多问题都涉及存储量为多大的问题：存储量过大，会增加存储费用；存储量过小，会增加订货次数，从而增加不必要的订购费用。

本节讨论在需求稳定的情况下，两个简单的存储模型：不容许缺货和容许缺货的存储模型。前者适用于一旦出现缺货会造成重大损失的情况，后者适用于类似商店购货的情形，缺货造成的损失可以允许和估计。

一、不允许缺货的存储模型

例　配件厂为装配线生产若干种部件，轮换生产不同的部件时因更换设备要支付一定的生产准备费用(与产量无关)，同一部件的产量大于需求时需支付存储费用。已知某一部件的日需求量为100件，生产准备费为5000元，存储费为每日每件1元，如果生产能力远大于需求，并且不允许出现缺货，试安排生产计划，即多少天生产一次(生产周期)，每次产量多少可使总费用最少？

(一)问题分析

日需求100件，准备费5000元，贮存费每日每件1元。

1. 若每天生产一次，每次100件，无存储费，生产准备金5000元，故每天的总费用为5000元。

2. 若10天生产一次，每次生产1000件，准备金5000元，存储费 $900+800+\cdots+100=$

4500 元，总计 9500 元，平均每天 950 元。

3. 若 50 天生产一次，每次生产 5000 件，准备金 5000 元，存储费 4900＋4800＋…＋100＝122500 元，总计 127500 元，平均每天 2550 元。

以上分析表明：生产周期过短，尽管没有存储费，但准备费用高，从而造成生产成本的提高；生产周期过长，会造成大量的存储费用，也提高了生产成本。由此可以看出，选择一个合适的生产周期，会降低产品的成本，从而赢得竞争上的优势。

一般地，考察不允许缺货的存贮模型：产品需求稳定不变，生产准备费和产品贮存费为常数，生产能力无限，不允许缺货，确定生产周期和产量，使总费用最小。

（二）模型假设

为方便处理，假设模型是连续型的，即周期 T、产量 Q 均为连续变量。根据问题性质作如下假设：

（1）每天的需求量为常数 r；

（2）每次生产的准备费用为 c_1，每天每件的存储费为 c_2；

（3）生产能力无限大，即当存储量为零时，Q 件产品可以立即生产出来。

（三）模型建立

设存储量为表示为时间 t 的函数 $q(t)$，$t=0$ 生产 Q 件，贮存量 $q(0)=Q$，$q(t)$ 以需求速率 r 递减，直到 $q(T)=0$，如图 3－1 所示，显然 $Q=rT$。

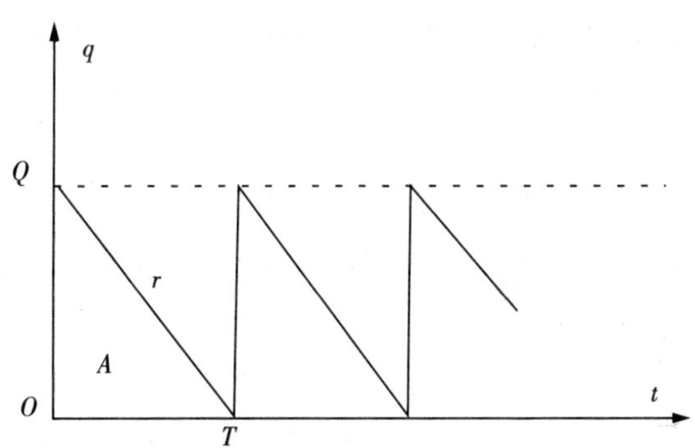

图 3－1 不允许缺货模型的贮存量 $g(t)$

一个周期的贮存费是

$$c_2\int_0^T q(t)\,\mathrm{d}t=c_2S_A,$$

其中积分恰等于图 3－1 中三角形 A 的面积 $QT/2$。因为一个周期的准备费是 c_1，再注意到 $Q=rT$，得到一个周期的总费用为

$$\overline{C}=c_1+c_2QT/2=c_1+c_2rT^2/2. \qquad (3-1)$$

于是每天的平均费用是

$$C(T)=\overline{C}/T=c_1/T+c_2rT/2. \qquad (3-2)$$

式（3－2）是这个优化模型的目标函数。

(四)模型求解

求 T 使式(3-2)的 C 最小。容易得到

$$T=\sqrt{\frac{2c_1}{c_2 r}}. \tag{3-3}$$

把式(3-3)代入 $Q=rT$,可得

$$Q=\sqrt{\frac{2c_1 r}{c_2}}. \tag{3-4}$$

由式(3-2)算出最小的总费用为

$$C=\sqrt{2c_1c_2r}. \tag{3-5}$$

式(3-3)和式(3-4)是经济学中著名的经济订货批量公式。

(五)模型分析

由式(3-3)和式(3-4)可以看到,当准备费 c_1 增加时,生产周期和产量都变大;当贮存费 c_2 增加时,生产周期和产量都变小;当需求量 r 增加时,生产周期变小而产量变大。显然这些定性结果都是符合常识的。

(六)模型应用

用得到的模型计算本节中的例题:将 $c_1=5000,c_2=1,r=100$ 代入式(3-3)和式(3-5),可得 $T=10$ 天,$C=1000$ 元。

(七)敏感性分析

讨论参数 c_1,c_2,r 有微小变化时,对于生产周期 T 的影响。

用相对改变量衡量结果对参数的敏感程度,T 对 c_1 的敏感度记作 $S(T,c_1)$,定义为

$$S(T,c_1)=\frac{\Delta T/T}{\Delta c_1/c_1}\approx\frac{\mathrm{d}T}{\mathrm{d}c_1}\frac{c_1}{T}.$$

由式(3-3)容易得到 $S(T,c_1)=1/2$。类似地,可定义并得到 $S(T,c_2)=-1/2,S(T,r)=-1/2$。即 c_1 增加 1%,T 增加 0.5%;而 c_2 或 r 增加 1%,T 减少 0.5%。

由此可以看出,c_1,c_2,r 的微小变化对生产周期 T 的影响是很小的。

二、允许缺货的存贮模型

在某些情况下用户允许短时间的缺货,虽然会造成一定的损失,但是损失费不超过不允许缺货导致的准备费和贮存费时,允许缺货就应该是可以采取的策略。

(一)模型假设

下面讨论一种较简单的允许缺货模型,并作如下假设:

(1)每天的需求量为常数 r;

(2)每次生产的准备费用为 c_1,每天每件的存储费为 c_2;

(3)生产能力无限大(相对于需求量),允许缺货,每天每件产品缺货损失费为 c_3,但缺货数量需在下次生产时补足。

(二)模型建立

当贮存量不足造成缺货时,可认为贮存量函数 $q(t)$ 为负值,如图 3-2,周期仍记作 T;Q 是每周期的存贮量,当 $t=T_1$ 时,$q(t)=0$,于是有 $Q=rT_1$。在 T_1 到 T 这段时间内,需求率 r 不变,$q(t)$ 按照原来的斜率继续下降。由于规定缺货量需要补足,所以,在 $t=T$ 时,数量为 R 的产品立即到达,使下个周期初的存贮量恢复到 Q。

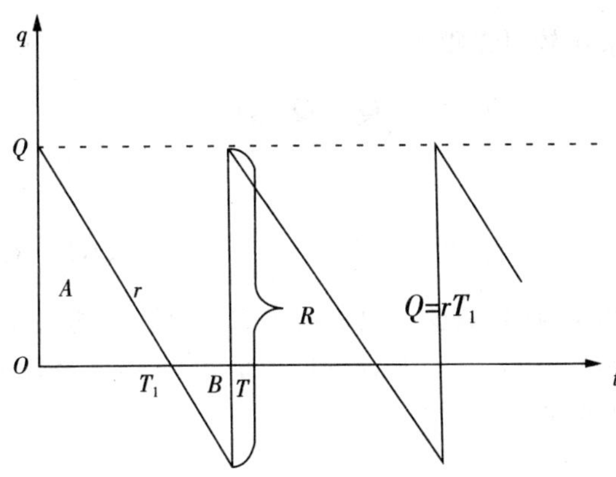

图 3-2　允许缺货模型的贮存量 $q(t)$

与建立不允许缺货模型时类似,一个周期内的存贮费用是 c_2 乘以图 3-2 中三角形 A 的面积,

$$c_2 \int_0^{T_1} q(t)\,\mathrm{d}t = c_2 S_A = \frac{c_2 Q T_1}{2}.$$

一个周期内的缺货损失费是 c_2 乘以图 3-2 中三角形 B 的面积,

$$c_3 \int_{T_1}^{T} |q(t)|\,\mathrm{d}t = c_3 S_B = \frac{c_3 r\,(T-T_1)^2}{2}.$$

那么一个周期的总费用为

$$\overline{C} = c_1 + c_2 Q T_1/2 + c_3 r\,(T-T_1)^2/2.$$

每天的平均费用(目标函数)

$$C(T,Q) = \frac{c_1}{T} + \frac{c_2 Q^2}{2rT} + \frac{c_3\,(rT-Q)^2}{2rT}.$$

(三)模型求解

利用微分法求 T 和 Q 使 $C(T,Q)$ 最小,令 $\partial C/\partial T=0$,$\partial C/\partial Q=0$,可得(为了与不允许缺货模型相区别,最优解记作 T',Q'),

$$T' = \sqrt{\frac{2c_1}{c_2 r}\frac{c_2+c_3}{c_3}},\quad Q' = \sqrt{\frac{2c_1 r}{c_2}\frac{c_3}{c_2+c_3}}.$$

注意到每个周期的供货量 $R=rT'$,有

$$R=\sqrt{\frac{2c_1 r}{c_2}\frac{c_2+c_3}{c_3}}.$$

记

$$\lambda=\sqrt{\frac{c_2+c_3}{c_3}},$$

与不允许缺货模型的结果比较可以得到

$$T'=\lambda T, Q'=Q/\lambda, R=\lambda Q.$$

(四)结果解释

由 $\lambda=\sqrt{\frac{c_2+c_3}{c_3}}$ 可知 $\lambda>1$,所以由上式得到 $T'>T, Q'<Q, R>Q$,即允许缺货时周期及供货量应该增加,周期初的贮存量减少。缺货损失费 c_3 越大(相对于贮存费 c_2),λ 越小,T' 越接近 T,Q' 和 R 越接近 Q。当 $c_3\to\infty$ 时,$\lambda\to 1$,于是 $T'\to T, Q'\to Q, R\to Q$。由此可知,不允许缺货模型是允许缺货模型的特例。

第二节　报童订报问题

前面讨论了确定性的贮存模型,即假定顾客对某种商品的需求量是在准确预测的前提下给出的,而实际的情形较为复杂——顾客对某种商品的需求量是服从某些规律的随机变量,这节讨论不同于前面模型的处理方法。

一、提出问题

报童每天清晨从报社购进报纸零售,晚上将没有卖掉的报纸退回。如果报童进的报纸过多,销售不出去就会浪费甚至亏本;如果进的报纸太少,就会因缺货而造成机会成本的损失。试为报童筹划一下每天购进报纸的数量,以获得最大收入。

二、分析问题

报童每天卖出报纸的数量 n 是一个随机变量,因此报童每天的收入也是一个随机变量,所以作为优化模型的目标函数,不应该是报童每天的收入,而是他长期卖报的日平均收入。从概率论中大数定律的观点来看,这相当于报童每天收入的期望值。另一方面,如果报纸订得太少,供不应求,报童就会失去一些挣钱的机会,将会减少收入;但如果订多了,当天卖不完,多余的得赔钱,报童也会减少收入。

三、模型假设

(1)考虑一种报纸的买进,假定某个报童在某个街区卖报,而该街区居民在一天中对这份报纸的需求量 r 是随机的。$p(r)$表示随机变量 r 的概率密度函数(即假定该种报纸的需求量通常是一个比较大的量,可以视之为连续变量;若视 r 为离散变量,则以 $p(r)$表示居民在一天中对这份报纸的需求量为 r 时的概率)。

(2)报童在每天早晨以价格 b 买进 n 份报纸,以价格 c 卖出,经过一天出售,将剩余报纸以价格 a 退给报商,通常 $0<a<b<c$。

四、模型建立

影响报童一天的利润有两个因素:n,r。当 n,r 取定,报童一天的利润

$$f(n,r)=\begin{cases} r(c-b)-(b-a)(n-r), & 0\leqslant r\leqslant n, \\ n(c-b), r>n. \end{cases}$$

因为 r 是一个随机变量,因此 $f(n,r)$ 同样是一随机变量,按照期望值准则,可得当报童在早晨购进 n 份报纸时可以获得的利润的期望值为:

$$\bar{f}(n)=\int_0^{+\infty} f(n,r)\cdot p(r)\cdot \mathrm{d}r$$

$$=\int_0^n [r(c-b)-(b-a)(n-r)]\cdot p(r)\cdot \mathrm{d}r+\int_n^{+\infty} np(r)(c-b)\mathrm{d}r.$$

将 $\bar{f}(n)$ 作为决策变量 n 的目标函数,最大化 $\bar{f}(n)$ 即构成报童卖报的最优化模型。

五、模型求解、解释与应用

令 $\dfrac{\mathrm{d}\bar{f}(n)}{\mathrm{d}n}=0$,可得最优性条件为

$$(c-b)\cdot\int_n^{+\infty} p(r)\mathrm{d}r=(b-a)\cdot\int_0^n p(r)\mathrm{d}r.$$

由于 $\int_0^{+\infty} p(r)\mathrm{d}r=1$,则 $\int_n^{+\infty} p(r)\mathrm{d}r=1-\int_0^n p(r)\mathrm{d}r$,所以上式也可以表示为

$$\int_0^n p(r)\mathrm{d}r=\frac{c-b}{c-a}.$$

可以解释为:$(c-b)$ 和 $(c-a)$ 分别为一份报纸在卖出时所得利润和在卖不出去时所受损失;$\int_0^n p(r)\mathrm{d}r$ 和 $\int_n^{+\infty} p(r)\mathrm{d}r$ 分别表示顾客对报纸的需求量不足 n 和超过 n 的概率,假设购进 n 份报纸是最优的,那么考虑购买 $n+1$ 份报纸,多增加的那一份报纸所能给报童带来利润与损失从数学期望的角度将是“接近”相等的。

为了弄清 $\int_0^n p(r)\mathrm{d}r=\dfrac{c-b}{c-a}$ 的几何意义,我们可以合理假设需求量的概率密度 $p(r)$ 是呈正态分布的,画出图后容易从 $\int_0^n p(r)\mathrm{d}r=\dfrac{c-b}{c-a}$ 来确定购进量 n。在图 3-3 中用 P_1 和 P_2 分别表示曲线 $p(r)$ 下的两块面积,则

$$\frac{\int_0^n p(r)\mathrm{d}r}{\int_n^{+\infty} p(r)\mathrm{d}r}=\frac{c-b}{b-a}=\frac{P_1}{P_2}.$$

因此，当报童与报社签订的合同使报童每份赚钱与赔钱之比越大时，报童购进的份数就应该越多。

利用上述模型计算，若每份报纸的购进价为0.75元，售出价为1元，退回价为0.6元，需求量服从均值500份、均方差50份的正态分布，报童每天应购进516份报纸才能使平均收入最高，最高收入是117元。

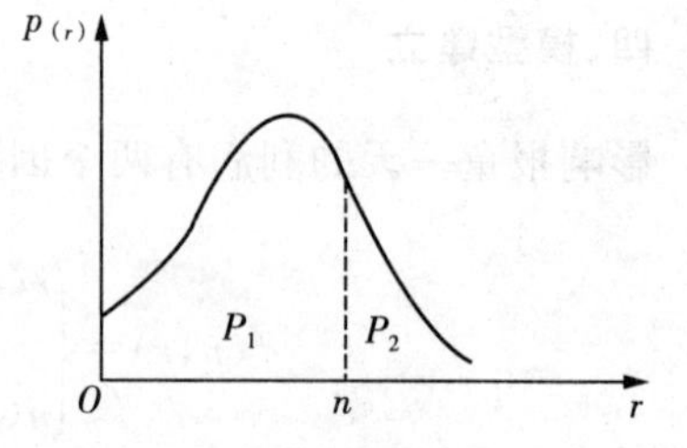

图 3-3　概率 $p(r)$ 随 r 温度变化曲线图

第三节　可口可乐饮料罐的形状

我们先看一道数学题："用铁皮做成一个容积一定的圆柱形的有盖(或无盖)容器，问应当如何设计，才能使用料最省，这时圆柱的直径和高之比为多少？"实际上，用几何语言来表述就是：体积给定的圆柱体，要使其表面积最小，其半径 r 和高 h 各为多少？

表面积用 S 表示，体积用 V 表示，则有

$$S(r,h)=2\pi rh+2\pi r^2=2\pi(r^2+rh),V=\pi r^2h,h=V/(\pi r^2),$$

$$0=S'(r)=2\pi(2r-V/(\pi r^2))=\frac{2\pi}{r^2}(2r^3-\frac{V}{\pi}),r=\sqrt{\frac{V}{2\pi}},$$

$$h=\frac{V}{\pi r^2}=\frac{V}{\pi}\sqrt{\frac{4\pi^2}{V^2}}=\sqrt{\frac{4\pi^2V^3}{\pi^2V^2}}=\sqrt{\frac{8V}{2\pi}}=2r=d.$$

即圆柱的直径和高之比为1∶1。

一、提出问题

可口可乐、雪碧、健力宝等销量极大的饮料罐(易拉罐)顶盖的直径和从顶盖到底部的高之比为多少？为什么？它们的形状为什么是这样的？

找一个可口可乐饮料罐具体测量一下，它顶盖的直径和从顶盖到底部的高分别约为6cm和12cm。中间粗的部分的直径约为6.6cm，粗的部分高约为10.2cm。可口可乐饮料罐上标明净含量为355mL(即355 cm^3)，根据有关的数据，要求通过数学建模的方法来回答相关的问题。

二、问题分析和模型假设

首先把饮料罐近似看成一个正圆柱(如图3-4)是有一定合理性的。要求饮料罐内体积一定，求使制作易拉罐所用的材料最省时顶盖的直径和从顶盖到底部的高之比。

实际上，饮料罐是由图3-4中的平面图形绕其中轴线旋转而成的立体图形。

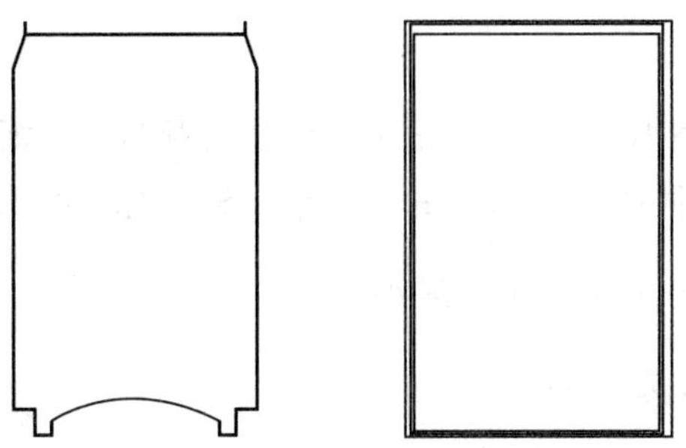

图 3－4　饮料罐的实际形状与假设形状

用手摸一下顶盖就能感觉到它的硬度要比其他部分的材料要硬(厚,因为要使劲拉),假设除易拉罐的顶盖外,罐的厚度相同,记作 b,顶盖的厚度为 αb。想象一下,硬度体现在同样材料的厚度上(有人测量过,顶盖厚度大约是其他部分的材料厚度的 3 倍)。因此,我们可以进行如下的数学建模。这时必须考虑所用材料的体积。用 S 表示表面积,体积用 V 表示。

三、模型的建立

明确变量和参数,设饮料罐的半径为 r(直径为 $d=2r$),罐的高为 h,罐内体积为 V,b 为除顶盖外的材料的厚度,其中 r,h 是自变量,所用材料的体积 SV 是因变量,而 b 和 V 是固定参数,α 是待定参数。

饮料罐侧面所用材料的体积为:

$$(\pi(r+b)^2-\pi r^2)(h+(1+\alpha)b)=(2\pi rb+\pi b^2)(h+(1+\alpha)b)$$

$$=2\pi rbh+2\pi r(1+\alpha)b^2+h\pi b^2+\pi(1+\alpha)b^3.$$

饮料罐顶盖所用材料的体积为 $\alpha b\pi r^2$,饮料罐底部所用材料的体积为 $b\pi r^2$,所以,$SV(r,h)$ 和 $V(r,h)$ 分别为

$$SV(r,h)=2\pi rhb+(1+\alpha)\pi r^2 b+2\pi r(1+\alpha)b^2+h\pi b^2+\pi(1+\alpha)b^3,$$

$$V(r,h)=\pi r^2 h.$$

因为 $b\ll r$,所以带 b^2、b^3 的项可以忽略(这是极重要的合理假设或简化)。因此,

$$SV(r,h)\approx S(r,h)=2\pi rhb+(1+\alpha)\pi r^2 b,$$

记 $g(r,h)=\pi r^2 h-V$。于是我们可以建立以下的数学模型:

$$\begin{cases}\min S(r,h),\\ \text{s.t. } r>0,h>0,g(r,h)=0.\end{cases}$$

其中,S 是目标函数,$g(r,h)=0$ 是约束条件,V 是已知的(即罐内体积一定),即要在体积一定的条件下,求罐的体积最小的 r、h 和 α,使得 r、h 和测量结果吻合。这是一个求条件极值的问题。

四、模型的求解

一种解法(从约束中解出一个变量,化条件极值问题为求一元函数的无条件极值问题)。从 $g(r,h)=\pi r^2h-V=0$ 中解出 $h=V/(\pi r^2)$,代入 S,使原问题化为:求 $d:h$ 使 S 最小,即求 r 使 $S(r,h(r))=b[\frac{2V}{r}+\pi(1+\alpha)r^2]$最小。

先求临界点,令其导数为零得

$$\frac{\mathrm{d}S}{\mathrm{d}r}=2b[(1+\alpha)\pi r-\frac{V}{r^2}]=\frac{2b}{r^2}[(1+\alpha)\pi r^3-V]=0.$$

从而可得

$$r=\sqrt{\frac{V}{(1+\alpha)\pi}},$$

$$h=V/\left(\pi\left\{\sqrt{\frac{2(1+\alpha)\pi}{V}}\right\}^2\right)=2(1+\alpha)\left\{\sqrt{\frac{V}{(1+\alpha)\pi}}\right\}=(1+\alpha)r=\frac{(1+\alpha)d}{2}.$$

测量数据为$\frac{h}{d}=2$,即 $1+\alpha=4,\alpha=3$。即顶盖的厚度是其他材料厚度的 3 倍。

为验证这个 r 确实使 S 达到极小。计算 S 的二阶导数

$$S''=4b[2\pi(1+\alpha)+\frac{2V}{r^3}]>0,$$

因为 $r>0$,所以,这个 r 确实使 S 达到局部极小,因为临界点只有一个,因此也是全局极小。

模型另一种解法——Lagrange 乘子法(增加一个变量,化条件极值问题为多元函数无条件极值问题)。当然,这是把问题化为多元函数极值问题来处理了。

在上述解法中,从 $g(r,h)=\pi r^2h-V=0$ 中解出 h 是关键的一步。但是常常不容易或不能从约束条件 $g(r,h)=0$ 中解出一个变量为另一个变量的函数(或者虽然能解出来,但很复杂),无助于问题的求解。如果 $g(r,h)=0$ 表示变量间的隐函数关系,并假设从中能确定隐函数 $h=h(r)$(尽管没有解析表达式,或表达式很复杂),那么我们仍然可以写成 $S(r,h(r))$,而且由隐函数求导法则,我们有$\frac{\partial g}{\partial r}+\frac{\partial g}{\partial h}\frac{\mathrm{d}h}{\mathrm{d}r}=0$,因此,$(r_0,h_0)$是 $S(r,h)$的临界点的必要条件为

$$\frac{\mathrm{d}S}{\mathrm{d}r}=\frac{\partial S}{\partial r}+\frac{\partial S}{\partial h}\frac{\mathrm{d}h}{\mathrm{d}r}=\frac{\partial S}{\partial r}-\frac{\partial S}{\partial h}\frac{\frac{\partial g}{\partial r}}{\frac{\partial g}{\partial h}}=0,$$

这里$\frac{\mathrm{d}h}{\mathrm{d}r}=-\frac{\frac{\partial g}{\partial r}}{\frac{\partial g}{\partial h}}$. 假设$(r_0,h_0)$是 $S(r,h)$的临界点,则有

$$\frac{\frac{\partial S}{\partial r}}{\frac{\partial g}{\partial r}}(r_0,h_0)=\frac{\frac{\partial S}{\partial h}}{\frac{\partial g}{\partial h}}(r_0,h_0)=\lambda.$$

于是，在(r_0,h_0)处，

$$\frac{\partial S}{\partial r}-\lambda\frac{\partial g}{\partial r}=\frac{\partial}{\partial r}(S-\lambda g)=0,\frac{\partial S}{\partial h}-\lambda\frac{\partial g}{\partial h}=\frac{\partial}{\partial h}(S-\lambda g)=0.$$

因此，如果我们引入 $L(r,h,\lambda)=S(r,h)-\lambda g(r,h)$，那么，就有

$$\begin{cases}\frac{\partial L}{\partial r}=\frac{\partial S}{\partial r}-\lambda\frac{\partial g}{\partial r}=0,\\ \frac{\partial L}{\partial h}=\frac{\partial S}{\partial h}-\lambda\frac{\partial g}{\partial h}=0,\\ \frac{\partial L}{\partial \lambda}=g=0.\end{cases}$$

把问题化为求三元函数 L 的无条件极值的问题。函数 $L(r,h,\lambda)$ 称为 Lagrange 函数，这种方法称为 Lagrange 乘子法。具体到我们这个问题，有如下的结果：

引入参数 $\lambda\neq 0$，令 $L(r,h,\lambda)=2\pi rhb+(1+\alpha)\pi r^2b-\lambda(\pi r^2h-V)$，为求临界点，令

$$\begin{cases}\frac{\partial L}{\partial r}=2\pi hb+2(1+\alpha)\pi rb-2\lambda\pi rh=0,\\ \frac{\partial L}{\partial h}=2\pi rb-\lambda\pi r^2=\pi r(2b-\lambda r)=0,\\ \frac{\partial L}{\partial \lambda}=-(\pi r^2h-V)=0.\end{cases}$$

从上面第 2,3 式解得 $h=\frac{V}{\pi r^2},\lambda=\frac{2b}{r}$，代入第 1 式得

$$2\pi b\frac{V}{\pi r^2}+2(1+\alpha)\pi rb-2\frac{2b}{r}\pi r\frac{V}{\pi r^2}=2\pi br(1+\alpha-\frac{V}{\pi r^3})=0,\therefore r=\sqrt[3]{\frac{V}{(1+\alpha)\pi}},$$

$$h=V/\left(\pi\left\{\sqrt[3]{\frac{V}{(1+\alpha)\pi}}\right\}^2\right)=\sqrt[3]{\frac{(1+\alpha)^2\pi^2V^3}{V^2\pi^3}}=(1+\alpha)\sqrt[3]{\frac{V}{(1+\alpha)\pi}}.$$

这与前面得到的结果相同。

同学们可能会觉得这个方法不如前一个方法简单，但是你们遇到一些复杂问题时就会体会到 Lagrange 乘子法的优点。

五、模型验证及进一步的分析

有人测量过顶盖的厚度确实为其他材料厚度的 3 倍。如果易拉罐的半径为 3cm，则其体积为 $V=\pi\times 3^2\times 12\approx 339.3<355$，即装不下那么多饮料，为什么？模型到底对不对？

实际上，饮料罐是图 3 - 4 左边平面图形绕其中轴线旋转而成的立体图形。

粗略地计算，可以把饮料罐的体积看成两部分，一是上底半径为 3cm，下底半径为 3.3cm，高为 1cm 的锥台，二是半径为 3.3cm，高为 10.2cm 的圆柱体。它们的体积分别为 31.2 cm^3 和 349 cm^3，总共为 380.2 cm^3。

然后，我们再通过测量重量或容积来验证。我们可以认为 1 cm^3 的水和饮料的重量都是 1g。

测量结果为：未打开罐时饮料罐的重量为 370g，倒出来的可乐确实重 355g，空的饮料罐重量为 15g，装满水的饮料罐重量为 380g。这和我们的近似计算结果 380.2 cm^3 十分接近。饮料罐不是装满饮料(365g)，而是留有 10 cm^3 的空间余量。

有意思的是，计算饮料罐粗的部分的直径和高的比为 6.6∶10.2＝0.647，非常接近黄金分割比 0.618，这是巧合吗？还是这样的比例看起来最舒服、最美？

此外，诸如底部的形状，上拱的底面，顶盖实际上也不是平面，略有上拱，顶盖实际上是半径为：3＋0.4＋0.2＝3.6cm 的材料冲压而成的，从顶盖到粗的部分的斜率为 0.3，这些要求保证了和饮料罐薄的部分的焊接（粘合）很牢固、耐压。所有这些都是物理、力学、工程或材料方面的要求，是由有关方面的实际工作者或专家来确定的。因此，我们也可以体会到真正用数学建模的方法来进行设计是一个很复杂的过程，只依靠数学知识是不够的，必须和实际工作者的经验紧密结合。

第四节　走路步长的选择

一、提出问题

人在走路时所做的功等于抬高人体重心所需的势能与两腿运动所需的动能之和。在给定速度时，以做功最小（即消耗能量最小）为原则，走路步长选择多大为合适？

二、模型假设

为了建模的方便，我们作如下假设：

(1)人体分为躯体和下肢两部分，躯体以匀速前进；

(2)走路时把腿视为刚体棒（见图 3 - 5），假设腿的质量集中在脚上。

另外，我们采用下面的符号：

m——人体质量；

m_1——每条腿的质量；

s——步长；

n——单位时间内走的步数；

g——重力加速度；

v——走路速度（设为匀速）；

l——腿长；

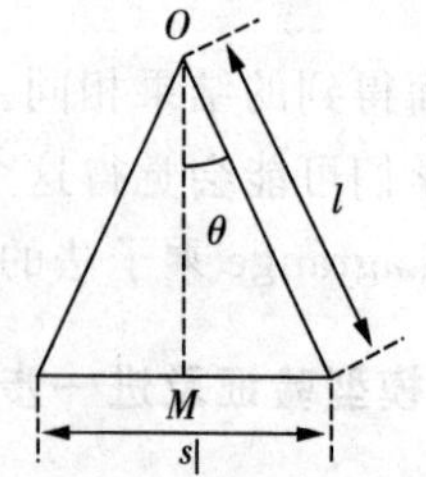

图 3 - 5　把腿视为刚体棒示意图

θ——腿与垂线夹角；

Δ——人体重心在走路时上下移动的幅度；

W_f——单位时间内消耗的势能；

W_s——单位时间内消耗的动能。

三、模型建立

如图 3-5 可知，$\Delta = l - OM = l - l\cos\theta = l(1-\cos\theta)$，因为 $s=2l\sin\theta, v=ns$，所以

$$n\Delta = nl(1-\cos\theta) = n \cdot \frac{s}{2\sin\theta} \cdot (1-\sin\theta) = \frac{v}{2}\tan\frac{\theta}{2},$$

$$W_f = mgn\Delta = \frac{mgv}{2}\tan\frac{\theta}{2}.$$

另一方面，假设腿的质量集中在脚上，而脚的运动速度为 v，从而有

$$W_s = \frac{1}{2}m_1 v^2 n = \frac{1}{2}m_1 \cdot \frac{v^3}{s} = \frac{m_1 v^3}{4l\sin\theta} = \frac{m_1 v^3 \csc\theta}{4l}.$$

因此，总能量消耗为

$$W = W_f + W_s = \frac{mgv}{2} \cdot \tan\frac{\theta}{2} + \frac{m_1 v^3 \csc\theta}{4l}.$$

四、模型求解和应用

为了使能量消耗最小，求出 W 关于 θ 的导数有

$$\frac{dW}{d\theta} = \frac{mgv}{4} \cdot \sec^2\frac{\theta}{2} - \frac{m_1 v^3}{4l}\csc\theta\cot\theta = 0,$$

两边约去 $v/4$ 可得

$$mg\sec^2\frac{\theta}{2} = \frac{m_1 v^2}{l}\frac{\cos\theta}{\sin^2\theta}.$$

又因为

$$\cos^2\frac{\theta}{2} = \frac{1+\cos\theta}{2}, \sec^2\frac{\theta}{2} = \frac{2}{1+\cos\theta},$$

所以有

$$\frac{2mgl}{1+\cos\theta} = \frac{m_1 v^2 \cos\theta}{(1+\cos\theta)(1-\cos\theta)},$$

$$(2mgl + m_1 v^2)\cos\theta = 2mgl \Rightarrow \cos\theta = \frac{2mgl}{2mgl + m_1 v^2},$$

因此有

$$s=2l\sin\theta=2l\sqrt{1-\cos^2\theta}.$$

例如,某人 $m=65\text{kg}, l=1\text{m}, m_1=10\text{kg}, v=1.5\text{m/s}$,则

$$\cos\theta=\frac{2\times65\times9.8\times1}{2\times65\times9.8\times1+10\times1.5^2}=0.9826,$$

$$s=2\times1\times\sqrt{1-(0.9826)^2}\approx0.37(\text{m/s}),$$

$$n=v/s=1.5/0.37\approx4(\text{步/s}).$$

由此可知,模型基本符合实际情况。

习题三

1. 在第一节存贮模型的总费用中增加购买货物本身的费用,重新确定最优订货周期和订货批量。证明在不允许缺货模型和允许缺货模型中,结果都与原来的一样。

2. 饲养场每天投入 4 元资金,用于饲料、人力、设备,估计可使 80 千克重的生猪体重增加 2 公斤。市场价格目前为每千克 8 元,但是预测每天会降低 0.1 元,问生猪应何时出售?如果估计和预测有误差,对结果有何影响?

3. 观察鱼在水中的运动发现,它不是水平游动,而是锯齿状地向上游动和向下滑行交替进行。可以认为这是在长期进化过程中鱼类选择的消耗能量最小的运动方式。设鱼总是以常速 v 运动,鱼在水中净重为 w,向下滑行时的阻力是 w 在运动方向的分力;向上游动时所需的力是 w 在运动方向分力与游动所受阻力之和,而游动的阻力是滑行阻力的 k 倍。水平方向游动时的阻力也是滑行阻力的 k 倍。试证明,鱼沿折线 ACB(图 3-6)运动的能量消耗与沿水平线 AB 运动的能量消耗之比为

$$p=\frac{k\sin\alpha+\sin\beta}{k\sin(\alpha+\beta)}.$$

另据实际观测得 $\alpha=11°20'$,$k=3$。此时,β 为多大时,p 最小?

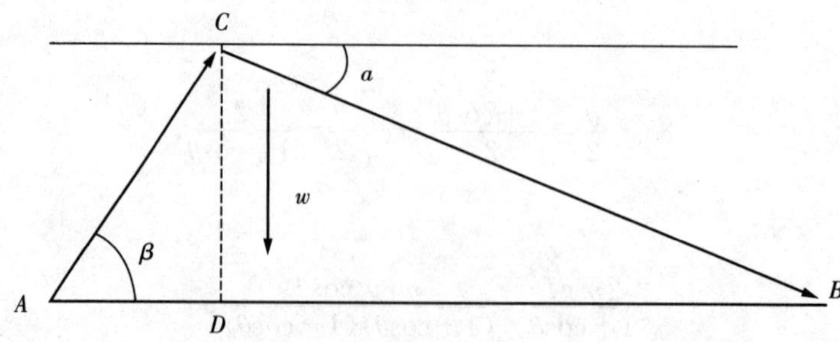

图 3-6　鱼沿折线 ACB 运动图

第四章　规划模型

数学规划是运筹学的一个重要分支，它起源于工业生产和组织管理的决策问题，广泛应用于工农业生产、国防建设、交通运输、最优化设计、决策管理与规划等领域。前面我们介绍了初等模型和简单的优化模型，本章仍然从数学建模的角度，介绍如何建立实际优化问题的规划模型。

第一节　规划模型概述

在工业、农业、交通运输、商业、国防、建筑、通信、政府机关等的实际工作中，经常遇到把问题转化为求函数的极值或最值问题，这类问题我们称之为最优化问题，或规划问题。最优化问题主要解决最优生产计划、最优分配、最佳设计、最优决策、最优管理等规划问题。

一、规划模型的数学描述

将一个规划问题用数学式子来描述，即求函数

$$u=f(x), x=(x_1, x_2, x_3, \cdots, x_n),$$

在约束条件

$$h_i(x)=0, i=1,2,3,\cdots,m,$$

和

$$g_i(x)\leqslant 0(g_i(x)\geqslant 0), i=1,2,3,\cdots,p,$$

下的最值，其中，

x——设计变量(决策变量)，

$f(x)$——目标函数，

$x\in\Omega$——可行域。

即

$$\min u=f(x), x\in\Omega \text{ 或 } \max u=f(x), x\in\Omega,$$

$$\text{s. t. } h_i(x)=0, i=1,2,3,\cdots,m,$$

$$g_i(x)\leqslant 0(g_i(x)\geqslant 0), i=1,2,3,\cdots,p.$$

二、规划模型的分类

(一)根据约束条件

根据是否存在约束条件，规划模型可以分为有约束条件规划模型和无约束条件规划模型。

(二)根据变量的性质

根据设计变量的性质，规划模型可以分为静态问题规划模型和动态问题规划模型。

(三)根据目标函数和约束条件表达式的性质

根据目标函数和约束条件表达式的性质，规划模型可以分为线性规划、非线性规划、二次规划、多目标规划等规划模型。

1. 线性规划(LP)

目标函数和所有的约束条件都是设计变量的线性函数。

$$\min u=\sum_{i=1}^{n}c_i x_i,$$

$$\text{s.t.}\begin{cases}\sum_{k=1}^{n}a_{ik}x_k\leqslant b_i, i=1,2,3,\cdots,n,\\ x_i\geqslant 0, i=1,2,3,\cdots,n.\end{cases}$$

2. 非线性规划(NP)

目标函数和约束条件中，至少有一个是非线性函数。

$$\min u=f(x), x\in\Omega$$

$$\text{s.t. } h_i(x)=0, i=1,2,3,\cdots,m,$$

$$g_i(x)\leqslant 0\ (g_i(x)\geqslant 0), i=1,2,3,\cdots,p,$$

其中 $f(x), h_i(x), g_i(x)$ 至少有一个是非线性函数。

3. 二次规划问题

目标函数为二次函数，约束条件为线性约束。

$$\min u=f(x)=\sum_{i=1}^{n}c_i x_i+\frac{1}{2}\sum_{i,j=1}^{n}b_{ij}x_i x_j,$$

$$\text{s.t.}\begin{cases}\sum_{j=1}^{n}a_{ij}x_j\leqslant b_i, i=1,2,3,\cdots,n,\\ x_i\geqslant 0, i=1,2,3,\cdots,n.\end{cases}$$

(四)根据设计变量的允许值

根据设计变量的允许值，规划模型可以分为整数规划(0－1 规划)和实数规划模型。

(五)根据变量具有确定值还是随机值

根据变量具有确定值还是随机值，规划模型可以分为确定规划和随机规划模型。

三、建立优化模型的一般步骤

(1)确定决策变量和目标变量;

(2)确定目标函数的表达式;

(3)寻找约束条件。

第二节　线性规划模型

线性规划(Linear Programming,简记为 LP)问题是在一组线性约束条件的限制下,求线性目标函数最值问题。线性规划不仅在实际中有广泛应用,而且运筹学其他分支的许多问题也可划归为线性规划来处理。在生产管理与经营活动中,经常提出如何合理地利用有限的资源来取得最好的经济效益这一类问题,可以使用线性规划模型来解决。对于线性规划问题,通常使用 LINDO 或 LINGO 软件来解这类问题。

例 1　加工奶制品的生产计划问题

(一)问题的提出

一奶制品加工厂用牛奶生产 A_1、A_2 两种奶制品,1 桶牛奶可以在设备甲上用 12 小时加工成 3 公斤 A_1,或者在设备乙上用 8 小时加工成 4 公斤 A_2。根据市场需求,生产的 A_1、A_2 全部能售出,且每公斤 A_1 获利 24 元,每公斤 A_2 获利 16 元。现在加工厂每天能得到 50 桶牛奶的供应,每天正式工人总的劳动时间为 480 小时,并且设备甲每天至多能加工 100 公斤 A_1,设备乙的加工能力没有限制。试为该厂制订一个生产计划,使每天获利最大,并进一步讨论以下 3 个问题:

(1)若用 35 元可以买到 1 桶牛奶,应否做这项投资?若投资,每天最多购买多少桶牛奶?

(2)若可以聘用临时工人以增加劳动时间,付给临时工人的工资最多是每小时几元?

(3)由于市场需求变化,每公斤 A_1 的获利增加到 30 元,应否改变生产计划?

(二)问题分析

这个优化问题的目标是使每天的获利最大,要做的决策是生产计划,即每天用多少桶牛奶生产 A_1,用多少桶牛奶生产 A_2(也可以是每天生产多少公斤 A_1,多少公斤 A_2)。决策受到三个条件的限制:原料(牛奶)供应、劳动时间、甲类设备的加工能力。按照题目所给条件,将决策变量、目标函数和约束条件用数学符号及式子表示出来,就可以得到所求的模型。

(三)模型假设

(1)A_1 和 A_2 两种奶制品每公斤的获利是与各自产量无关的常数。每桶牛奶加工出 A_1、A_2 的数量和所需时间是与它们各自产量无关的常数。

(2)A_1、A_2 每公斤的获利是与它们相互产量无关的常数。每桶牛奶加工出 A_1、A_2 的数量和所需时间是与相互产量无关的常数。

(3)加工 A_1、A_2 的牛奶的桶数可以是任意实数。

(四)建立模型

1. 决策变量:设每天用 x_1 桶牛奶生产 A_1,用 x_2 桶牛奶生产 A_2。

2. 目标函数:设每天获利 z 元。x_1 桶牛奶可生产 $3x_1$ 公斤 A_1,获利 $24\times 3x_1$ 元;x_2 桶牛奶可生产 $4x_2$ 公斤 A_2,获利 $16\times 4x_2$ 元。因此,

$$z=72x_1+64x_2.$$

3. 约束条件

(1)原料供应:生产 A_1、A_2 的原料(牛奶)总量不得超过每天的供应量,即 $x_1+x_2\leqslant$ 50 桶。

(2)劳动时间:生产 A_1、A_2 的总加工时间不得超过每天正式工人总的劳动时间,即 $12x_1+8x_2\leqslant 480$ 小时。

(3)设备能力:A_1 的产量不得超过甲类设备每天的加工能力,即 $3x_1\leqslant 100$。

(4)非负约束条件:x_1、x_2 均不能为负值,即 $x_1\geqslant 0, x_2\geqslant 0$。

综上所述可得:

$$\max z=72x_1+64x_2;$$

$$\text{s. t.}$$

$$x_1+x_2\leqslant 50;$$

$$12x_1+8x_2\leqslant 480;$$

$$3x_1\leqslant 100;$$

$$x_1\geqslant 0, x_2\geqslant 0.$$

由于目标函数和约束条件对于决策变量而言都是线性的,所以称为线性规划(Linear Programming,简记作 LP)。

(五)模型求解与解析

解法一 用 LINDO 软件求解该线性规划模型

在 LINDO6.1 版本中开一个新文件,直接输入:

```
max 72x1+64x2
st
2)x1+x2<=50
3)12x1+8x2<=480
4)3x1<=100
end
```

注:LINDO 软件中规定所有决策变量为非负(故 $x_1\geqslant 0, x_2\geqslant 0$,不必输入),可以用"free

变量”来取消变量的非负限制，不区分大小写，乘号要省略，式中不能有括号，右端不能有数学符号，变量与系数间不能有任何运算符号，变量名称不能超过 8 个，模型中“≤”用“<=”输入，“≥”用“>=”输入，不过“<=”与“<”等效，“>=”与“>”等效。第一行是目标函数，2)，3)，4)是为了标示各约束条件，以便从输出结果中查找相应信息。程序最后以“end”结束。

在 LINDO 软件中选择菜单“Solve”并提示“DO RANGE (SENSITIVITY) ANALYSIS?”，回答“是”，即可得到如下结论：

```
LP OPTIMUM FOUND AT STEP        1

       OBJECTIVE FUNCTION VALUE

       1)       3360.000

  VARIABLE          VALUE             REDUCED cosT

       x1          20.000000            0.000000

       x2          30.000000            0.000000


     ROW      SLACK OR SURPLUS          DUAL PRICES

       2)          0.000000            48.000000

       3)          0.000000             2.000000

       4)         40.000000             0.000000


NO. ITERATIONS =          1


RANGES IN WHICH THE BASIS IS UNCHANGED:


                            OBJ COEFFICIENT RANGES

  VARIABLE         CURRENT           ALLOWABLE        ALLOWABLE

                    COEF             INCREASE         DECREASE

       x1        72.000000          24.000000         8.000000

       x2        64.000000           8.000000        16.000000


                    RIGHTHAND SIDE RANGES

       ROW         CURRENT           ALLOWABLE        ALLOWABLE

                    RHS              INCREASE         DECREASE

        2        50.000000          10.000000         6.666667
```

```
3        480.000000        53.333332        80.000000
4        100.000000        INFINITY         40.000000
```

上面结果的第3、5、6行明确地告诉我们，这个线性规划的最优解为 $x_1=20$，$x_2=30$，最优值为 $z=3360$，即用20桶牛奶生产 A_1，30桶牛奶生产 A_2，可以获得最大利润3360元。

结果分析：上面输出的结果中除了告诉我们问题的最优解和最优值以外，还告诉我们对分析结果有用的信息。

(1)3个约束条件的右端不妨看作3种"资源"：原料、时间、甲类设备的加工能力。输出第7—10行"SLACK OR SURPLUS"给出这3种资源在最优解下是否有剩余：2)——原料；3)——劳动时间的剩余为0；4)——甲类设备尚余40公斤加工能力。

(2)目标函数可以看作"效益"，成为紧约束的"资源"，一旦增加，"效益"必然跟着增长。输出第7—10行"DUAL PRICES"给出这3种资源在最优解下"资源"增加一个单位时"效益"的增量：2)——原料增加一个单位(一桶牛奶)时，利润增加48元；3)——劳动时间增加一个单位(1小时)时，利润增加2元；而增加非约束条件4)——甲类设备的能力，不会使利润增长。这里"效益"的增量可以看作"资源"的潜在价值，经济学上称为影子价格，即一桶牛奶的影子价格是48元，1小时劳动的影子价格为2元，甲类设备的影子价格为零。

用影子价格的概念很容易回答附加问题(1)：用35元可以买到1桶牛奶，低于1桶牛奶的影子价格，应该做这项投资。回答附加问题(2)：聘用临时工人以增加劳动时间，付给的工资低于劳动时间的影子价格才可以增加利润，所以工人工资最多是每小时2元。

(3)目标函数的系数发生变化时(假定约束条件不变)，最优解和最优值会改变吗？上面输出第13—17行"CURRENT COEF"的"ALLOWABLE INCREASE"和"ALLOWABLE DECREASE"给出了最优解不变条件下目标函数系数的允许变化范围：x_1 的系数为(72－8，72＋24)，即(64,96)；x_2 的系数为(64－16，64＋8)，即(48,72)。注意：x_1 的系数允许范围需要 x_2 系数保持64不变，反之亦然。

用这个结果很容易回答附加问题(3)：若每公斤 A_1 的获利增加到30元，则 x_1 的系数变为30×3＝90元，在允许的范围内，所以不应该改变计划。

(4)对资源的影子价格作进一步的分析。上面输出的第18—23行"CURRENT RHS"的"ALLOWABLE INCREASE"和"ALLOWABLE DECREASE"给出了影子价格有意义条件下约束右端的限制范围：2)——原料最多增加10桶牛奶，3)——劳动时间最多增加53小时。

现在可以回答附加问题(1)的第二问：虽然应该批准用35元买一桶牛奶的投资，但每天最多购买10桶牛奶。可以用低于每小时2元的工资聘用临时工人以增加劳动时间，但最多增加53小时。

解法二 用LINGO9.0软件求解该线性规划模型。

输入LINGO9.0：

```
max = 72 * x1 + 64 * x2;
```

```
x1 + x2< = 50;
12 * x1 + 8 * x2< = 480;
3 * x1< = 100;
end
```

得到：

```
Global optimal solution found.
    Objective value:                          3360.000
 Total solver iterations:                          2

          Variable         Value        Reduced cost
                x1      20.00000            0.000000
                x2      30.00000            0.000000

               Row   Slack or Surplus      Dual Price
                 1      3360.000            1.000000
                 2      0.000000            48.00000
                 3      0.000000            2.000000
                 4      40.00000            0.000000
 Ranges in which the basis isunchanged:

                                  Objective Coefficient Ranges
                            Current        Allowable        Allowable
         Variable       Coefficient         Increase         Decrease
               x1          72.00000         24.00000         8.000000
               x2          64.00000         8.000000         16.00000

                                  Righthand Side Ranges
              Row           Current        Allowable        Allowable
              RHS          Increase         Decrease
                2          50.00000         10.00000         6.666667
                3          480.0000         53.33333         80.00000
                4          100.0000         INFINITY         40.00000
```

回答与解析类似于解法一，这里略去。

例 2 奶制品的生产销售计划问题

(一)问题的提出

例 1 给出的 A_1、A_2 两种奶制品的生产条件、利润及工厂的“资源”限制全都不变，为增加工厂的获利，开发了奶制品的深加工技术：用 2 小时和 3 元加工费，可使 1 公斤 A_1 加工成 0.8 公斤高级奶制品 B_1，也可将 1 公斤 A_2 加工成 0.75 公斤高级奶制品 B_2，每公斤 B_1 能获利 44 元，每公斤 B_2 能获利 32 元。试为该厂制订一个生产销售计划，使每天的净利润最大，并讨论以下问题：

1. 若投资 30 元可以增加供应 1 桶牛奶，投资 3 元可以增加 1 小时劳动时间，应否做这项投资？若每天投资 150 元，可赚回多少？

2. 每公斤高级奶制品 B_1、B_2 的获利经常有 10% 的波动，对制订的生产销售计划有无影响？若每公斤 B_1 的获利经常下降 10%，计划应该改变吗？

3. 若公司已经签订了每天销售 10kg 的 A_1 合同并且必须满足，该合同对公司的利润有什么影响？

(二)问题分析

要求制定生产销售计划，决策变量可以像例 1 那样，取作每天用多少桶牛奶生产 A_1、A_2，再添上用多少千克 A_1 加工 B_1，用多少千克 A_2 加工 B_2，但是由于要分析 B_1、B_2 的获利对生产销售计划的影响，所以决策变量取作 A_1、A_2、B_1、B_2 每天的销售量更方便。目标函数是工厂每天的净利润——A_1、A_2、B_1、B_2 的获利之和扣除深加工费用。约束条件基本不变，只是要添上 A_1、A_2 深加工时间的约束。在与例 1 类似的假定下用线性规划模型解决这个问题。

(三)建立模型

1. 决策变量：设每天销售 x_1 kg 的 A_1，x_2 kg 的 A_2，x_3 kg 的 B_1，x_4 kg 的 B_2，用 x_5 kg 的 A_1 加工 B_1，x_6 kg 的 A_2 加工 B_2。

2. 目标函数：设每天净利润为 z，容易得到：

$$z=24x_1+16x_2+44x_3+32x_4-3x_5-3x_6.$$

3. 约束条件

(1)原料供应：每天生产 A_1：(x_1+x_5)kg，用牛奶 $(x_1+x_5)/3$ 桶，每天生产 A_2：(x_2+x_6)kg，用牛奶 $(x_2+x_6)/4$ 桶，二者之和不得超过每天的供应量 50 桶。

(2)劳动时间：每天生产 A_1、A_2 的时间分别为 $4(x_1+x_5)$ 和 $2(x_2+x_6)$，加工 B_1、B_2 的时间分别为 $2x_5$ 和 $2x_6$，二者之和不得超过总的劳动时间 480h。

(3)设备能力：A_1 的产量 (x_1+x_5) 不得超过甲类设备每天的加工能力 100kg。

(4)非负约束：$x_1,x_2,\cdots,x_6$ 均为非负。

(5)附加约束：1kg A_1 加工成 0.8kg B_1，故 $x_3=0.8x_5$，类似地，$x_4=0.75x_6$。

由此得到基本模型：

$$\max z=24x_1+16x_2+44x_3+32x_4-3x_5-3x_6,$$

$$\text{s.t.}\ (x_1+x_5)/3+(x_2+x_6)/4\leqslant 50,$$

$$4(x_1+x_5)+2(x_2+x_6)+2x_5+2x_6\leqslant 480,$$

$$x_1+x_5\leqslant 100,$$

$$x_3=0.8x_5,$$

$$x_4=0.75x_6,$$

$$x_1,x_2,x_3,x_4,x_5,x_6\geqslant 0.$$

这仍然是一个线性规划模型。

(四)模型求解

用 LINGO9.0 软件求解。把$(x_1+x_5)/3+(x_2+x_6)/4\leqslant 50$ 整理为

$$4x_1+3x_2+4x_5+3x_6\leqslant 600,$$

把 $4(x_1+x_5)+2(x_2+x_6)+2x_5+2x_6\leqslant 480$ 改写为

$$4x_1+2x_2+6x_5+4x_6\leqslant 480.$$

输入 LINGO9.0：

```
model:
max = 24 * x1 + 16 * x2 + 44 * x3 + 32 * x4 - 3 * x5 - 3 * x6;
4 * x1 + 3 * x2 + 4 * x5 + 3 * x6< = 600;
4 * x1 + 2 * x2 + 6 * x5 + 4 * x6< = 480;
x1 + x5< = 100;
x3 = 0.8 * x5;
x4 = 0.75 * x6;
end
```

解得：

```
Global optimal solution found.
    Objective value:                          3460.800
 Totalsolver iterations:                             2

              Variable          Value         Reduced cost
                  X1          0.000000          1.680000
                  X2          168.0000          0.000000
                  X3          19.20000          0.000000
                  X4          0.000000          0.000000
                  X5          24.00000          0.000000
```

X6	0.000000	1.520000

Row	Slack or Surplus	Dual Price
1	3460.800	1.000000
2	0.000000	3.160000
3	0.000000	3.260000
4	76.00000	0.000000
5	0.000000	44.00000
6	0.000000	32.00000

Ranges in which the basis is unchanged:

Objective Coefficient Ranges

Variable	Current Coefficient	Allowable Increase	Allowable Decrease
X1	24.00000	1.680000	INFINITY
X2	16.00000	8.150000	2.100000
X3	44.00000	19.75000	3.166667
X4	32.00000	2.026667	INFINITY
X5	-3.000000	15.80000	2.533333
X6	-3.000000	1.520000	INFINITY

Righthand Side Ranges

Row	Current RHS	Allowable Increase	Allowable Decrease
2	600.0000	120.0000	280.0000
3	480.0000	253.3333	80.00000
4	100.0000	INFINITY	76.00000
5	0.0	INFINITY	19.20000
6	0.0	INFINITY	0.0

最优解为 $x_1=0, x_2=168, x_3=19.2, x_4=0, x_5=24, x_6=0$，最优值 $z=3460.8$，即每天生产销售 168kg A_2 和 19.2kg B_1（不出售 A_1，B_2），可获利润 3460.8 元。为此，需用 8 桶牛

奶加工成 A_1，42 桶加工成 A_2，并将得到的 24kg A_1 全部加工成 B_1。和例 1 一样，原料和劳动时间为紧约束条件。

(五)结果分析

利用输出中的影子价格和敏感性分析讨论以下问题：

1. 上述结果给出约束条件牛奶和时间的影子价格分别是 3.16 元和 3.26 元。注意到约束条件牛奶的影子价格为右端增加 1 个单位时目标函数的增量，由此可知，增加 1 桶牛奶可使净利润增长 3.16×12=37.92 元。约束时间的影子价格说明：增加 1 小时劳动时间可使净利润增长 3.26 元。所以应该投资 30 元增加供应 1 桶牛奶，或投资 3 元增加 1 小时劳动时间。若每天投资 150 元，增加供应 5 桶牛奶，可赚回 37.92×5 元=189.6 元。但是通过投资增加牛奶的数量是有限制的，输出结果表明，约束条件 2)中牛奶右端的允许变化范围为(600-280,600+120)，即每天增加牛奶桶数的变化范围是(50-23.3,50+10)，也就是说最多增加供应 10 桶牛奶。

2. 由输出结果可知，最优解不变的条件下目标函数系数的允许变化范围：x_3 的系数变化范围为(44-3.17,44+19.75)；x_4 的系数变化范围为(32-∞,32+2.03)。所以当 B_1 的获利向下波动 10%，或 B_2 获利向上波动 10%时，上面得到的生产销售计算将不再是最优的，应该重新制订。若每千克 B_1 的获利下降 10%，应将原模型中的 x_3 的系数改为 39.6，重新计算，得到的最优解为 $x_1=0$，$x_2=160$，$x_3=0$，$x_4=30$，$x_5=0$，$x_6=40$，最优值为 $z=3400$，即 50 桶牛奶全部加工成 200kg A_2，出售其中 160kg，将其余 40kg 加工成 30kg B_2 出售，获利 3400 元。可见计划的变化很大，这就是说，生产计划对 B_1 或 B_2 获利的波动很敏感。

3. 上述结果给出，变量 x_1 对应的"Reduced cost"严格大于 0(为 1.68)，首先表明目前最优解中 x_1 的取值一定为 0；其次，如果限定 x_1 的取值大于等于某个正数，则 x_1 从 0 开始增加一个单位时，(最优的)目标函数值将减少 1.68。因此，若公司签订了每天销售 10kg A_1 的合同并且必须满足，该合同将会使公司利润减少 1.68×10=16.8 元，即最优利润为 3460.8-16.8=3444 元。

(六)评注

与例 1 相比，例 2 多了两种产品 B_1 和 B_2，它们的销售量与 A_1 和 A_2 的加工量之间存在着关系 $x_3=0.8x_5$ 和 $x_4=0.75x_6$，虽然可以据此消掉 2 个变量，但是会增加人工计算，并使模型变得复杂。我们建模的原则是尽可能利用原始的数据信息，而把尽量多的计算留给计算机处理。

例 3　用 MATLAB 求解下列线性规划问题

(一)提出问题

用 MATLAB 求解下列线性规划问题

$$\max z=2x_1+3x_2-5x_3,$$

$$\text{s.t.}$$

$$x_1+x_2+x_3=7,$$

$$2x_1-5x_2-x_3\geqslant 10,$$

$$x_1+3x_2+x_3\leqslant 12,$$

$$x_1,x_2,x_3\geqslant 0.$$

(二)解决问题

解:(i)编写 M 文件

```
c=[2;3;-5];
a=[-2,5,1;1,3,1];b=[-10;12];
aeq=[1,1,1];
beq=7;
value=c' * x
x=linprog(-c,a,b,aeq,beq,zeros(3,1))
```

(ii)将 M 文件存盘,并命名为 example1. m。

(iii)在 MATLAB 指令窗运行 example1 即可得所求结果.

```
>> example1
    Optimization terminated.

x=
    6.4286
    0.5714
    0.0000
fval=
    -14.5714
```

(三)线性规划的 MATLAB 求解的标准形式

线性规划的目标函数可以是求最大值,也可以是求最小值,约束条件的不等号可以是小于号也可以是大于号。为了避免这种形式多样性带来的不便,MATLAB 中规定线性规划的标准形式为:

$$\min_{x} \boldsymbol{c}^{\mathrm{T}}\boldsymbol{x}$$

$$\text{s. t.}\begin{cases}\boldsymbol{Ax}\leqslant \boldsymbol{b}\\ \boldsymbol{Aeq}\cdot\boldsymbol{x}=\boldsymbol{beq}\\ \boldsymbol{lb}\leqslant\boldsymbol{x}\leqslant\boldsymbol{ub}\end{cases}$$

其中 $\boldsymbol{c}$ 和 $\boldsymbol{x}$ 为 n 维列向量,$\boldsymbol{A}$、$\boldsymbol{Aeq}$ 为适当维数的矩阵,$\boldsymbol{b}$、$\boldsymbol{beq}$ 为适当维数的列向量。如求线性规划

$$\max_{x} -\boldsymbol{c}^{\mathrm{T}}\boldsymbol{x}\quad \text{s. t.}\quad \boldsymbol{Ax}\geqslant\boldsymbol{b}$$

的解，转化为求

$$\min_{x} -\boldsymbol{c}^T\boldsymbol{x} \quad \text{s.t.} \quad -\boldsymbol{A}\boldsymbol{x} \leqslant -\boldsymbol{b}$$

的解问题。其基本函数形式为 linprog(c,A,b)，它的返回值是向量 $\boldsymbol{x}$ 的值。还有其他的一些函数调用形式，如：

[x,fval]=linprog(c,A,b,Aeq,beq,LB,UB,x0,OPTIONS)，

这里 fval 返回目标函数的值，LB 和 UB 分别是变量 x 的下界和上界，x0 是 x 的初始值，OPTIONS 是控制参数。

第三节　整数规划模型

像计件产品的生产计划、设施的配备决策、合理下料、机器台数等，规划中的变量(部分或全部)限制为整数时，称为整数规划(Integer Programming，简记为 IP)。若在线性规划模型中，变量限制为整数，则称为整数线性规划(Integer Linear Programming，简记为 ILP)。解这类规划问题一般使用 LINGO 软件，当然线性规划问题也可以使用 LINDO 来求解。

例 1　汽车厂生产计划问题

(一)问题提出

一汽车厂生产小、中、大三种类型的汽车，已知各种类型每辆车对钢材、劳动时间的需求，利润以及每月工厂钢材、劳动时间的现有量如下表 4-1 所示。试制订月生产计划，使工厂的利润最大。

进一步讨论：由于各种条件限制，如果生产某一类型汽车，至少要生产 80 辆，那么最优的生产计划应做何改变？

表 4-1　汽车厂的生产数据

	小型汽车	中型汽车	大型汽车	现有量
钢材(吨)	1.5	3	5	600
劳动时间(小时)	280	250	400	60000
利润(万元)	2	3	4	

(二)模型的建立

设每月生产小、中、大类型汽车的数量分别为 x_1, x_2, x_3，工厂的月利润为 z 万元，在题目所给参数均不随生产数量变化的假设下，立即可得线性规划模型：

$$\max z = 2x_1 + 3x_2 + 4x_3, \tag{4-1}$$

s. t.

$$2)1.5x_1 + 3x_2 + 5x_3 \leqslant 600, \tag{4-2}$$

$$3)280x_1+250x_2+400x_3\leqslant 60000, \tag{4-3}$$

$$4)x_1, x_2, x_3\geqslant 0. \tag{4-4}$$

(三)模型的求解

1. 对于第一个问题

对于线性规划一般用 LINDO 或 LINGO 求解。下面我们用 LINGO 软件求解。输入 LINGO 软件：

```
model:
max = 2 * x1 + 3 * x2 + 4 * x3;
1.5 * x1 + 3 * x2 + 5 * x3 <= 600;
280 * x1 + 250 * x2 + 400 * x3 <= 60000;
end

SOLVE:

Global optimal solution found.
  Objective value:                              632.2581
 Total solver iterations:                              2

          Variable          Value          Reduced cost
                X1       64.51613              0.000000
                X2       167.7419              0.000000
                X3       0.000000             0.9462366

               Row   Slack or Surplus        Dual Price
                 1       632.2581              1.000000
                 2       0.000000             0.7311828
                 3       0.000000        0.3225806E-02
```

可得最优解：$x_1=64.51613$，$x_2=167.7419$，$x_3=0$，出现小数，显然不合适。通常的解决办法有以下几种：

(1)简单地舍去小数，取 $x_1=64$，$x_2=167$，它会接近最优的整数解，可算出相应的目标函数值 $z=629$，与 LP 得到的最优解 $z=632.2581$ 相差不大。

(2)在上面这个解的附近试探：如取 $x_1=65$，$x_2=167$；$x_1=64$，$x_2=168$ 等。因为从输出可知，约束都是紧的，所以若试探的 x_1 和 x_2 得到的 z 值大于 LP 的最优解时，必须检验它们是否满足约束条件 2)和 3),然后计算函数值 z,通过比较可能得到更优解。

(3)在线性规划模型中增加约束条件:

$$x_1, x_2, x_3 \text{ 均为整数} \tag{4-5}$$

这样得到的式(4-1)～式(4-5)称为整数规划(Integer Programming,简记着 IP)。在 LINGO 软件中输入:

```
max = 2 * x1 + 3 * x2 + 4 * x3;
1.5 * x1 + 3 * x2 + 5 * x3 <= 600;
280 * x1 + 250 * x2 + 400 * x3 <= 60000;
@gin(x1);@gin(x2);@gin(x3);
end
```

得到:

```
Global optimal solution found.
    Objective value:                        632.0000
  Extended solver steps:                           0
 Total solver iterations:                          4

          Variable        Value        Reduced cost
                X1     64.00000           -2.000000
                X2     168.0000           -3.000000
                X3     0.000000           -4.000000

               Row   Slack or Surplus    Dual Price
                 1      632.0000          1.000000
                 2      0.000000          0.000000
                 3      80.00000          0.000000
```

从而得到问题一的整数规划(IP)的最优解:$x_1=64$,$x_2=168$,$x_3=0$,最优值 $z=632$,即问题要求的月生产计划为生产小型汽车 64 辆,中型车 168 辆,不生产大型车辆。

2. 对于第二个问题

对于问题中提出的"如果生产某一类型汽车,至少要生产 80 辆"的限制,前面得到的 IP 最优解不满足这个条件。这种类型的要求是实际生产中经常提出的。下面以本问题为例,用两种方法来讨论这类问题的解决办法。

对于原 LP 中式(4-1)～式(4-4),需要将式(4-4)改为

$$x_1, x_2, x_3 = 0 \text{ 或 } x_1, x_2, x_3 \geqslant 80. \tag{4-6}$$

(1)引入 0-1 变量,化为整数规划

如果整数变量的取值为 0 或 1,则称为 0-1 规划,它是整数规划的特殊情况。

设 y_1 只取 0,1 两个值,则"$x_1=0$ 或 $x_1 \geqslant 80$"等价于

$$80y_1 \leqslant x_1 \leqslant My_1, y_1 \in \{0,1\}, \tag{4-7}$$

其中 M 为相当大的正数,本例可取 1000(x_1 不可能超过 1000)。类似地有

$$80y_2 \leqslant x_2 \leqslant My_2, y_2 \in \{0,1\}, \tag{4-8}$$

$$80y_3 \leqslant x_3 \leqslant My_3, y_3 \in \{0,1\}. \tag{4-9}$$

于是式(4-1)~式(4-3),式(4-5),式(4-7)~式(4-9)构成一个特殊的整数规划模型(既有一般的整数变量,又有 0-1 变量),用 LINGO 直接求解时,输入的最后要加上 0-1 变量的限定语句:

@bin(y1);@bin(y2);@bin(y3);

求解可得到第二个问题的结果。输入 LINGO 软件:

```
max = 2 * x1 + 3 * x2 + 4 * x3;
1.5 * x1 + 3 * x2 + 5 * x3< = 600;
280 * x1 + 250 * x2 + 400 * x3< = 60000;
80 * y1< = x1;
x1< = M * y1;
80 * y2< = x2;
x2< = M * y2;
80 * y3< = x3;
x3< = M * y3;
@gin(x1);@gin(x2);@gin(x3);
@bin(y1);@bin(y2);@bin(y3);
end
```

```
SOLVE:

Global optimal solution found.
     Objective value:                          610.0000
    Extended solver steps:                            0
   Total solver iterations:                          10
```

Variable	Value	Reduced cost
X1	80.00000	-2.000000
X2	150.0000	-3.000000
X3	0.000000	-4.000000
Y1	1.000000	0.000000
Y2	1.000000	0.000000
Y3	0.000000	0.000000

Row	Slack or Surplus	Dual Price
1	610.0000	1.000000
2	30.00000	0.000000
3	100.0000	0.000000
4	0.000000	0.000000
5	920.0000	0.000000
6	70.00000	0.000000
7	850.0000	0.000000
8	0.000000	0.000000
9	0.000000	0.000000

因此,问题二的最优解是:$x_1=80,x_2=150,x_3=0$,最优值 $z=610$。

(2)化为非线性规划

条件式(4-4)、式(4-6)可表示为

$$x_1(x_1-80)\geqslant 0, \tag{4-10}$$

$$x_2(x_2-80)\geqslant 0, \tag{4-11}$$

$$x_3(x_3-80)\geqslant 0. \tag{4-12}$$

式子左端是决策变量的非线性函数,式(4-1)~式(4-4),式(4-10)~式(4-12)构成非线性规划(Non-Linear Programming,简记着 NLP)。该模型可如下输入 LINGO:

```
max = 2 * x1 + 3 * x2 + 4 * x3;
1.5 * x1 + 3 * x2 + 5 * x3 <= 600;
280 * x1 + 250 * x2 + 400 * x3 <= 60000;
x1 * (x1 - 80) >= 0;
```

```
x2 * (x2 - 80) >= 0;
x3 * (x3 - 80) >= 0;
@gin(x1);@gin(x2);@gin(x3);
end

SOLVE:
Local optimal solution found.
   Objective value:                          610.0000
   Extended solver steps:                         4
Total solver iterations:                        375

                     Variable           Value
                           x1        80.00000
                           x2        150.0000
                           x3        0.000000

                          Row    Slack or Surplus
                            1        610.0000
                            2        30.00000
                            3        100.0000
                            4        0.000000
                            5        10500.00
                            6        0.000000
```

可见结论与上面得到的结果一样。

(四)评注

像汽车这样的对象自然是整数变量,应该建立整数规划模型,但是求解整数规划比线性规划要难得多,所以当整数变量取值很大时,常作为连续变量,用线性规划处理。有些整数规划问题可以转化成非线性规划的问题来求解,但是处理非线性规划比线性规划要困难得多,特别是问题规模较大或者要求得到全局最优解时更是如此。

例 2 原油的采购与加工

(一)问题提出

某公司用两种原油(A 和 B)混合加工成两种汽油(甲和乙)。甲、乙两种汽油含原油 A 的最低比例分别为 50%和 60%,每吨售价分别为 4800 元和 5600 元。该公司现有原油 A 和

B 的库存量分别为 500 吨和 1000 吨，还可以从市场上买到不超过 1500 吨的原油 A。原油 A 的市场价为：购买量不超过 500 吨时的单价为 10000 元/吨；购买量超过 500 吨但不超过 1000 吨时，超过 500 吨的部分为 8000 元/吨；购买量超过 1000 吨时，超过 1000 吨的部分为 6000 元/吨。该公司应如何安排原油的采购和加工？

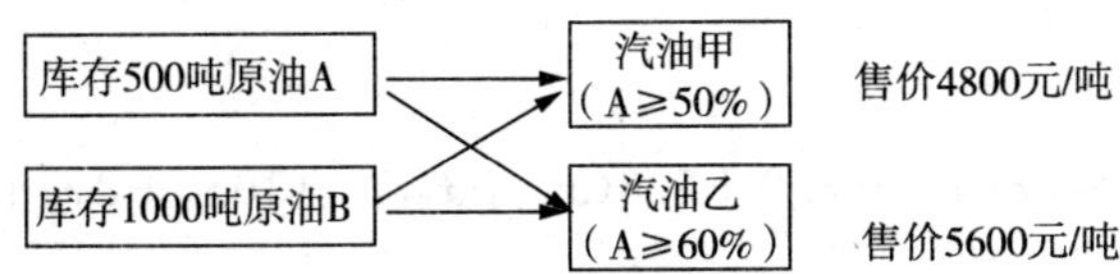

(二)问题分析

市场上可买到不超过 1500 吨的原油 A：

(1)购买量不超过 500 吨时的单价为 10000 元/吨。

(2)购买量超过 500 吨但不超过 1000 吨时，超过 500 吨的部分为 8000 元/吨。

(3)购买量超过 1000 吨时，超过 1000 吨的部分为 6000 元/吨，应如何安排原油的采购和加工？

(4)利润：销售汽油的收入－购买原油 A 的支出。

(5)难点：原油 A 的购价与购买量的关系较复杂。

(三)模型建立

1. 决策变量：设原油 A 的购买量为 x 吨，用原油 A 生产汽油甲、乙的数量分别为 x_{11}，x_{12}；用原油 B 生产汽油甲、乙的数量分别为 x_{21}、x_{22}；$c(x)$是购买原油 A 的支出(千元)。

2. 目标函数：利润(千元)

$$\max z=4.8(x_{11}+x_{21})+5.6(x_{12}+x_{22})-c(x).$$

$c(x)$如何表述？由已知条件得：

$$c(x)=\begin{cases}10x, 0\leqslant x\leqslant 500,\\ 8x+1000, 500\leqslant x\leqslant 1000,\\ 6x+3000, 1000\leqslant x\leqslant 1500.\end{cases}$$

3. 约束条件：库存 500 吨 A，购买 x 吨 A，库存 1000 吨 B。

$$x_{11}+x_{12}\leqslant 500+x;$$

$$x_{21}+x_{22}\leqslant 1000;$$

$$x\leqslant 1500;$$

$$x_{11}/(x_{11}+x_{21})\geqslant 0.5\Rightarrow x_{11}\geqslant x_{21};$$

$$x_{12}/(x_{12}+x_{22})\geqslant 0.6\Rightarrow 2x_{12}\geqslant 3x_{22}.$$

目标函数中 $c(x)$不是线性函数，是非线性函数。

对于用分段函数定义的 $c(x)$，一般的非线性规划软件也难以输入和求解，应想办法将模型转化，以便用现成的软件求解。

(四)模型求解

1. 解法一

设 x_1,x_2,x_3 是以 10,8,6(千元/吨)的价格采购 A 的吨数,则

$$x=x_1+x_2+x_3, c(x)=10x_1+8x_2+6x_3.$$

目标函数:

$$\max z=4.8(x_{11}+x_{21})+5.6(x_{12}+x_{22})-(10x_1+8x_2+6x_3).$$

当 $500\leqslant x\leqslant 1000$ 时,超过 500 吨的价格是 8 千元/吨。因此,只有当以 10 千元/吨的价格购买 $x_1=500$(吨)时,才能以 8 千元/吨的价格购买 $x_2(x_2>0)$,这个条件可以表示为

$$(x_1-500)x_2=0.$$

同理,只有当以 8 千元/吨的价格购买 $x_2=500$(吨)时,才能以 6 千元/吨的价格购买 $x_3(x_3>0)$,于是

$$(x_2-500)x_3=0.$$

此外,x_1,x_2,x_3 的取值范围是

$$0\leqslant x_1,x_2,x_3\leqslant 500.$$

对此非线性规划模型,可以用 LINGO 求解。但是在使用 LINGO 求全局最优解时,要对 LINGO 软件中"设置"进行考查。具体做法是:选择"LINGO | Options"菜单,在弹出的选项卡中选择"Global Solve",然后再选择"Use Global Solve"。

在 LINGO 软件中录入:

```
Model:
max = 4.8 * x11 + 4.8 * x21 + 5.6 * x12 + 5.6 * x22 - 10 * x1 - 8 * x2 - 6
 * x3;
x11 + x12 < x + 500;
x21 + x22 < 1000;
0.5 * x11 - 0.5 * x21 > 0;
0.4 * x12 - 0.6 * x22 > 0;
x = x1 + x2 + x3;
(x1 - 500) * x2 = 0;
(x2 - 500) * x3 = 0;
x1 < 500;
x2 < 500;
x3 < 500;
x > 0;
```

```
x11>0;
x12>0;
x21>0;
x22>0;
x1>0;
x2>0;
x3>0;
end

SOLVE:
Global optimal solution found.
    Objective value:                        5000.000
  Extended solver steps:                           1
 Total solver iterations:                         36

               Variable         Value        Reduced cost
                    X11      0.000000           0.000000
                    X21      0.000000           0.000000
                    X12      1500.000           0.000000
                    X22      1000.000           0.000000
                     X1      500.0000           0.000000
                     X2      500.0000           0.000000
                     X3      0.000000           0.000000
                      X      1000.000           0.000000

                    Row   Slack or Surplus      Dual Price
                      1       5000.000            1.000000
                      2       0.000000            7.000000
                      3       0.000000            3.500000
                      4       0.000000           -2.600000
                      5       0.000000           -3.500000
                      6       0.000000            7.000000
                      7       0.000000      -0.6000011E-02
```

```
8      0.000000      -1079.391
9      0.000000       0.000000
10     0.000000       0.000000
11     500.0000       0.000000
12     1000.000       0.000000
13     0.000000      -0.9000000
14     1500.000       0.000000
15     0.000000       0.000000
16     1000.000       0.000000
17     500.0000       0.000000
18     500.0000       0.000000
19     0.000000       0.000000
```

全局最优解是购买1000吨原油A，与库存的500吨原油A和1000吨原油B一起，共生产2500吨汽油乙，利润为5000千元。

2. 解法二

引入0-1变量。设$y_1=1,y_2=1,y_3=1$分别表示以10千元/吨，8千元/吨，6千元/吨的价格采购原油A，则约束条件$(x_1-500)x_2=0$和$(x_2-500)x_3=0$变为

$$500y_2\leqslant x_1\leqslant 500y_1,$$

$$500y_3\leqslant x_2\leqslant 500y_2,$$

$$x_3\leqslant 500y_3,$$

$$y_1,y_2,y_3=0\text{ 或 }1.$$

这是0-1整数线性规划模型。

在LINGO软件中录入：

```
Model:
max = 4.8 * x11 + 4.8 * x21 +  5.6 * x12 + 5.6 * x22 -  10 * x1 -  8 * x2 -  6 * x3;
x11 + x12 < x +  500;
x21 + x22 <  1000;
0.5 * x11 -  0.5 * x21 > 0;
0.4 * x12 -  0.6 * x22 > 0;
```

```
x = x1 + x2 + x3;
500 * y2< = x1;
x1< = 500 * y1;
500 * y3< = x2;
x2< = 500 * y2;
x3< = 500 * y3;
@bin(y1);@bin(y2);@bin(y3);
end
```

```
SOLVE:
Global optimal solution found.
    Objective value:                              5000.000
  Extended solver steps:                                 0
 Total solver iterations:                               26

          Variable           Value           Reduced cost
               X11        0.000000               0.000000
               X21        0.000000              0.4000000
               X12        1500.000               0.000000
               X22        1000.000               0.000000
                X1        500.0000               0.000000
                X2        500.0000               0.000000
                X3        0.000000               0.000000
                 X        1000.000               0.000000
                Y2        1.000000               1000.000
                Y1        1.000000               0.000000
                Y3        0.000000              -1000.000

               Row    Slack or Surplus      Dual Price
                 1        5000.000             1.000000
                 2        0.000000             8.000000
                 3        0.000000             2.000000
                 4        0.000000            -6.400000
```

```
5        0.000000        -6.000000
6        0.000000         8.000000
7        0.000000         2.000000
8        0.000000         0.000000
9      500.0000           0.000000
10       0.000000         0.000000
11       0.000000         2.000000
```

显然，这与解法一的结果完全一样。

例3 工作调度问题

在每周的不同工作日，一个邮局需要不同数量的专职员工。表4-2给出了每天需要的专职员工的数量。工会章程规定：每个专职员工每周必须连续工作5天，然后休息2天。这个邮局希望通过只使用专职员工来满足每天的需要，那么这个邮局至少要聘用多少专职员工。

表4-2 邮局不同工作日所需专职员工表

工作日	需要的专职员工数量	工作日	需要专职员工的数量
1＝星期一	17	5＝星期五	14
2＝星期二	13	6＝星期六	16
3＝星期三	15	7＝星期日	11
4＝星期四	19		

(一)一个不正确的模型

有许多学生定义决策变量 x_i 为第 i 天上班员工的数量(第1天＝星期一，第2天＝星期二，依次类推)，然后推出邮局专职员工的数量＝星期一上班员工的数量＋星期二上班员工的数量＋…＋星期日上班员工的数量，于是得到如下目标函数

$$\min z = x_1 + x_2 + x_3 + x_4 + x_5 + x_6 + x_7.$$

添加约束条件 $x_i \geqslant$ 第 i 天需要的员工数量和符号限制条件 $x_i \geqslant 0(i=1,2,\cdots,7)$后，得到如下不正确的线性规划模型：

$$\min z = x_1 + x_2 + x_3 + x_4 + x_5 + x_6 + x_7;$$

$$\text{s.t.}\ x_1 \geqslant 17,$$

$$x_2 \geqslant 13,$$

$$x_3 \geqslant 15,$$

$$x_4 \geqslant 19,$$

$$x_5 \geqslant 14,$$

$$x_6 \geqslant 16,$$

$$x_7 \geqslant 11,$$

x_i 非负整数, $i=1,2,\cdots,7.$

其实这个目标函数不是专职员工的数量，是专职员工的数量的 5 倍，而且约束条件不能反映员工连续工作五天然后休息两天的事实。

(二)正确的模型

问题分析：这个邮局追求的目标是聘用尽可能少的专职员工。正确表述这个问题的关键是，定义的决策变量不应该是每天有多少人上班，而是一周中每天有多少人开始上班。定义决策变量：

$$x_i = \text{第 } i \text{ 天开始上班员工的数量}$$

例如，x_1 是星期一开始上班员工的数量(这些人从星期一工作到星期五)。那么邮局专职员工的数量＝星期一开始上班员工的数量＋星期二开始上班员工的数量＋…＋星期日开始上班员工的数量。由于每个员工都只在一周的某一天开始上班，所以这个表达式不会重复计算员工。因此，追求聘用尽可能少的专职员工的目标函数为

$$\min z = x_1 + x_2 + x_3 + x_4 + x_5 + x_6 + x_7;$$

决策变量满足以下约束条件：

在星期一上班员工的数量不少于 17 人：$x_1+x_4+x_5+x_6+x_7 \geqslant 17$；

在星期二上班员工的数量不少于 13 人：$x_1+x_2+x_5+x_6+x_7 \geqslant 13$；

在星期三上班员工的数量不少于 15 人：$x_1+x_2+x_3+x_6+x_7 \geqslant 15$；

在星期四上班员工的数量不少于 19 人：$x_1+x_2+x_3+x_4+x_7 \geqslant 19$；

在星期五上班员工的数量不少于 14 人：$x_1+x_2+x_3+x_4+x_5 \geqslant 14$；

在星期六上班员工的数量都不少于 16 人：$x_2+x_3+x_4+x_5+x_6 \geqslant 16$；

在星期日上班员工的数量不少于 11 人：$x_3+x_4+x_5+x_6+x_7 \geqslant 11$；

及符号限制条件：

x_i 为非负整数, $i=1,2,\cdots,7.$

邮局追求聘用尽可能少的专职员工的调度方案的数学模型是如下整数规划模型：

$$\min z=x_1+x_2+x_3+x_4+x_5+x_6+x_7;$$

$$\text{s.t.}\ x_1+x_4+x_5+x_6+x_7\geqslant 17,$$

$$x_1+x_2+x_5+x_6+x_7\geqslant 13,$$

$$x_1+x_2+x_3+x_6+x_7\geqslant 15,$$

$$x_1+x_2+x_3+x_4+x_7\geqslant 19,$$

$$x_1+x_2+x_3+x_4+x_5\geqslant 14,$$

$$x_2+x_3+x_4+x_5+x_6\geqslant 16,$$

$$x_3+x_4+x_5+x_6+x_7\geqslant 11.$$

x_i 为非负整数，$i=1,2,\cdots,7$。

这个模型的一个最优解为 $x_1=7,x_2=5,x_3=0,x_4=7,x_5=0,x_6=4,x_7=0$，最优值 $z=23$。

该模型存在另外一个问题：只有在周一、周二开始上班的员工才能在周末休息，而在其他时间开始上班的员工永远不会有在公休日与家人团聚的机会。显然这不公平、不合理。

从该模型的解出发，我们可以设计出如下公平合理的以 23 周为一个轮转周期的员工调度方案：

第 1～7 周：在星期一开始上班；

第 8～12 周：在星期二开始上班；

第 13～19 周：在星期四开始上班；

第 20～23 周：在星期六开始上班。

员工 1 将遵守这个调度方案 23 周，员工 2 从第 2 周开始遵守这个调度方案 23 周（在星期一开始上班的时间为 6 周，在星期二开始上班的时间为 5 周，……，在星期六开始上班的时间为 4 周，在星期一开始上班的时间为 1 周）。以这样的方式继续下去，就可以为每个员工制定一个 23 周调度方案。例如，员工 13 的调度方案如下：

第 1～7 周：在星期四开始上班；

第 8～11 周：在星期六开始上班；

第 12～18 周：在星期一开始上班；

第 19～23 周：在星期二开始上班。

本示例提醒我们，所建立的模型一定要考虑合理性，符合实际，而本示例更符合实际的考虑是员工还有年休假。

例 4 用 MATLAB 求解整数规划问题

使用 MATLAB 求解下面整数规划问题：

$$\min z=-x_1-x_2;$$

s. t.

$$-4x_1+2x_2\leqslant -1;$$

$$4x_1+2x_2\leqslant 11;$$

$$-2x_2\leqslant -1;$$

$$x_1,x_2\geqslant 0,\text{整数}.$$

解:

在 MATLAB 中录入:

```
c=[-1,-1];
intcon=[1,2];
A=[-4,2;4,2;0,-2];
b=[-1;11;-1];
Aeq=[ ];
beq=[ ];
lb=zeros(2,1);
ub=[ ];
[x,fval,flag]=intlinprog(c,intcon,A,b,Aeq,beq,lb,ub)
```

回车,得 x=[2,1],fvall=3.

*使用 MATLAB 软件求解整数规划和 0-1 规划问题的标准形式为:

$$\min_{x}\ \boldsymbol{c}^{\mathrm{T}}\boldsymbol{x};$$

$$\text{s.t.}\quad \boldsymbol{Ax}\leqslant \boldsymbol{b};$$

$$\boldsymbol{Aeq}\times\boldsymbol{x}=\boldsymbol{beq};$$

$$\boldsymbol{lb}\leqslant\boldsymbol{x}\leqslant\boldsymbol{ub};$$

$$\text{某 } x_i \text{ 是整数},$$

命令函数是:

```
[x,fval,exitflag]=intlinprog(c,intcon,A,b,Aeq,beq,lb,ub).
```

其中,命令函数等号左边的 x 表示 intlinprog 返回的各决策变量的值;fval 表示 intlinprog 返回的最优值;exitflag 意为函数的退出标志。等号右边的 c 表示目标函数中各变量的系数矩阵;intcon 代表整数约束变量的位置,如上例中,因为 x_1 和 x_2 都要是整数;intcon 参数位置的值为[1,2];A 表示不等式约束中的系数矩阵;b 表示不等式约束中右边常数列向量;Aeq 表示等号约束中的系数矩阵;beq 表示等号约束中右边的常数列向量;lb 和 ub 分别为决策变量的下界和上界。

现在又有了一个新问题,我们解决了在 MATLAB 上求解一般的整数规划问题,但要是遇到 0-1 整数规划问题呢?只要令 lb=zeros(n,1),ub=ones(n,1)就可以利用 MATLAB 求解 0-1 整数规划了。也就是说求解 0-1 整数规划只要在求解整数规划的基础上加上对决策变量下限约束为 0,上限约束为 1 就行了。

第四节　非线性规划模型

客观世界中的问题多是非线性的，给予线性处理大多是近似的，是在作了科学的假设和简化后得到的。在实际问题中有些问题是不能进行线性化处理的，必须作非线性化操作。如果目标函数或约束条件中包含非线性函数，就称这种规划问题为非线性规划问题。一般说来，解非线性规划要比解线性规划问题困难得多。

非线性规划的内容繁多，算法复杂，我们不可能也没必要把所有方法都包含进来。前面在处理整数规划时也牵涉到一些非线性规划问题，本节我们将通过例子让大家了解体会非线性规划问题的一些解决办法。至于非线性规划的各类算法，请查阅有关文献。

例 1　供应与选址问题

某公司有 6 个建筑工地要开工，每个工地的位置（用平面坐标(a,b)表示，距离单位：km）及水泥日用量 d（单位：吨）由表 4－3 给出。目前有两个临时料场位于 $A(5,1)$ 和 $B(2,7)$，日储量各有 20 吨。

表 4－3　工地的位置(a,b)及水泥日用量 d 的数据

料场	1	2	3	4	5	6
a	1.25	8.75	0.5	5.75	3	7.25
b	1.25	0.75	4.75	5	6.5	7.75
d	3	5	4	7	6	11

（一）提出问题

1. 假设从料场到工地之间均有直线道路相连，试制定每天从 A、B 两料场分别向各工地运送水泥的供应计划，使总的吨公里数最小。

2. 为进一步减少吨公里数，打算舍弃目前的两个临时料场，修建两个新料场，日储量仍各为 20 吨，问建在何处最佳，可以节省多少吨公里数？

（二）分析问题，建立模型，解答问题

建模分析：公司追求的目标是每天从 A、B 两料场分别向各工地运送水泥总的吨公里数最小。

为表述问题，设工地的位置与水泥日用量分别为(a_i,b_i) 和 $d_i(i=1,2,\cdots,6)$，料场位置及其日储量分别为(x_j,y_j) 和 $e_j(j=1,2)$。定义决策变量：

$$w_{ij}(i=1,2,\cdots,6;j=1,2),$$

表示料场 j 向工地 i 的运送量，在问题 2 中，新建料场位置(x_j,y_j)也是决策变量。公司追求总的吨公里数最小的目标函数 f 为

$$\min f=\sum_{j=1}^{2}\sum_{i=1}^{6}w_{ij}\sqrt{(x_j-a_i)^2+(y_j-b_i)^2}.$$

决策变量 $w_{ij}(i=1,2,\cdots,6,j=1,2)$ 必须满足以下约束条件：

满足各工地的水泥日用量：$\sum_{j=1}^{2} w_{ij}=d_i,i=1,2,\cdots,6.$

各料场的运送量不能超过日储量：$\sum_{i=1}^{6} w_{ij}\leqslant e_j,j=1,2.$

符号限制条件：$w_{ij}\geqslant 0,i=1,2,\cdots,6,j=1,2.$

问题 1　公司追求总的吨公里数最小的数学模型是非线性规划模型

$$\min f=\sum_{i=1}^{6} w_{i1}\sqrt{(5-a_i)^2+(1-b_i)^2}+\sum_{i=1}^{6} w_{i2}\sqrt{(2-a_i)^2+(7-b_i)^2};$$

$$\text{s.t.}\quad \sum_{j=1}^{2} w_{ij}=d_i,i=1,2,\cdots,6,$$

$$\sum_{i=1}^{6} w_{ij}\leqslant e_j,j=1,2,$$

$$w_{ij}\geqslant 0,i=1,2,\cdots,6,j=1,2.$$

为了使用 MATLAB 解答这个问题，设

$w_{11}=x(1),w_{21}=x(2),w_{31}=x(3),w_{41}=x(4),w_{51}=x(5),w_{61}=x(6),w_{12}=x(7),w_{22}=x(8),w_{32}=x(9),w_{42}=x(10),w_{52}=x(11),w_{62}=x(12)$；

$a=[a(1),a(2),a(3),a(4),a(5),a(6)],a(i)=a_i,i=1,2,\cdots,6$；

$b=[b(1),b(2),b(3),b(4),b(5),b(6)],b(i)=b_i,i=1,2,\cdots,6$；

$d=[d(1),d(2),d(3),d(4),d(5),d(6)],d(i)=d_i,i=1,2,\cdots,6$；

$e=[e(1),e(2)],e(j)=e_j,j=1,2$；

$aa(i,j)=\sqrt{(x(j)-a(i))^2+(y(j)-b(i))^2},i=1,2,\cdots,6;j=1,2.$

编写程序 gying1. m 文件如下：

```
clear
a = [1.25 8.75 0.5 5.75 3 7.25];
b = [1.25 0.75 4.75 5 6.5 7.75];
d = [3 5 4 7 6 11];
x = [5 2];
y = [1 7];
e = [20 20];
for i = 1:6
    for j = 1:2
      aa(i,j) = sqrt((x(j) - a(i))^2 + (y(j) - b(i))^2);
    end
end
```

```
cc = [aa(:,1);aa(:,2)]';
A = [1 1 1 1 1 1 0 0 0 0 0 0
     0 0 0 0 0 0 1 1 1 1 1 1];
B = [20;20];
Aeq = [1 0 0 0 0 0 1 0 0 0 0 0
       0 1 0 0 0 0 0 1 0 0 0 0
       0 0 1 0 0 0 0 0 1 0 0 0
       0 0 0 1 0 0 0 0 0 1 0 0
       0 0 0 0 1 0 0 0 0 0 1 0
       0 0 0 0 0 1 0 0 0 0 0 1];
beq = [d(1);d(2);d(3);d(4);d(5);d(6)];
vlb = [0 0 0 0 0 0 0 0 0 0 0 0];vub = [ ];
x0 = [1 2 3 0 1 0 0 1 0 1 0 1];
[x,fval] = linprog(cc,A,B,Aeq,beq,vlb,vub,x0)

SOLVE:
Optimization terminated.
x = [3 5 0 7 0 1 0 0 4 0 6 10]'
fval =    136.2275
```

这个模型的解，即料场 A、B 向 6 个工地运送水泥的计划为：

w_{ij}	工地 1	工地 2	工地 3	工地 4	工地 5	工地 6
料场 A	3	5	0	7	0	1
料场 B	0	0	4	0	6	10

总的吨公里数为 136.2275。

问题 2 公司追求总的吨公里数最小的数学模型是如下有约束的非线性规划模型

$$\min f = \sum_{j=1}^{2}\sum_{i=1}^{6} w_{ij}\sqrt{(x_j-a_i)^2+(y_j-b_i)^2};$$

$$\text{s.t.}\quad \sum_{j=1}^{2} w_{ij} = d_i, i=1,2,\cdots,6;$$

$$\sum_{i=1}^{6} w_{ij} \leqslant e_j, j=1,2;$$

$$w_{ij} \geqslant 0, i=1,2,\cdots,6, j=1,2.$$

为了使用 MATLAB 解答这个问题，设

$w_{11}=x(1)$，$w_{21}=x(2)$，$w_{31}=x(3)$，$w_{41}=x(4)$，$w_{51}=x(5)$，$w_{61}=x(6)$，$w_{12}=x(7)$，$w_{22}=x(8)$，$w_{32}=x(9)$，$w_{42}=x(10)$，$w_{52}=x(11)$，$w_{62}=x(12)$，$x_1=x(13)$，$y_1=x(14)$，$x_2=x(15)$，$y_2=x(16)$.

先编写 M 文件 liaoc.m 定义目标函数：

```
function f = liaoch(x);
a = [[1.25 8.75 0.5 5.75 3 7.25];
b = [1.25 0.75 4.75 5 6.5 7.75];
d = [3 5 4 7 6 11];
e = [20 20];
f1 = 0;
for i = 1:6
  s(i) = sqrt((x(13) - a(i))^2 + (x(14) - b(i))^2);
  f1 = s(i) * x(i) + f1;
end
f2 = 0;
for i = 7:12
s(i) = sqrt((x(15) - a(i-6))^2 + (x(16) - b(i-6))^2);
  f2 = s(i) * x(i) + f2;
  end
  f = f1 + f2;
```

取初值为线性规划的计算结果及临时料场的坐标：

```
x0 = [3 5 0 7 0 1 0 0 4 0 6 10 5 1 2 7]';
```

编写主程序 gying2. m 如下：

```
clear
x0 = [3 5 0 7 0 1 0 0 4 0 6 10 5 1 2 7]';
A = [11 1 1 1 1 0 0 0 0 0 0 0 0 0 0;
    0 0 0 0 0 0 1 1 1 1 1 1 0 0 0 0];
B = [20;20];
Aeq = [1 0 0 0 0 0 1 0 0 0 0 0 0 0 0 0;
      0 1 0 0 0 0 0 1 0 0 0 0 0 0 0 0;
      0 0 1 0 0 0 0 0 1 0 0 0 0 0 0 0;
      0 0 0 1 0 0 0 0 0 1 0 0 0 0 0 0;
      0 0 0 0 1 0 0 0 0 0 1 0 0 0 0 0;
      0 0 0 0 01 0 0 0 0 0 1 0 0 0 0];
beq = [3 5 4 7 6 11]';
vlb = [zeros(12,1);0;0;0;0];
```

%考虑到六个工地位置和原来料场的位置，新料场的位置不可能为负数，我们限制新料场的位置坐标都非负．

```
vub = [ ];
[x,fval,exitflag] = fmincon('liaoch',x0,A,B,Aeq,beq,vlb,vub)
```

计算结果为：

```
x = [3 5 4 7 1 0 0 0 0 0 5 11 5.6941 4.9259 7.2500 7.7500]'
fval =   89.8837
```

以问题 1 的解及临时料场的坐标为初始迭代值，利用 MATLAB 工具箱求得模型的一个数值解，两个新料场的位置为 $A(5.6941,4.9259)$ 和 $B(7.2500,7.7500)$ 和它们向 6 个工地运送水泥的计划为：

w_{ij}	工地 1	工地 2	工地 3	工地 4	工地 5	工地 6
料场 A	3	5	4	7	1	0
料场 B	0	0	0	0	5	11

总的吨公里数为 89.8837，比用临时料场节省约 46.3438 吨公里。

若初始迭代值取为上面的计算结果，利用 MATLAB 工具箱得到的两个新料场的位置仍为 $A(5.6941,4.9259)$ 和 $B(7.2500,7.7500)$，它们向 6 个工地运送水泥的计划仍然是：

w_{ij}	工地 1	工地 2	工地 3	工地 4	工地 5	工地 6
料场 A	3	5	4	7	1	0
料场 B	0	0	0	0	5	11

总的吨公里数为 89.8835，仅仅节省约 0.0002 吨公里。可见这个结果应该非常接近最优值了。通过此例可以看出初始迭代值的选取对非线性规划方法是很重要的。

(三)下面用 LINGO 软件解例 1 问题

问题 1

在 LINGO 软件上输入：

```
model:! 模型开始;
sets:! 集合段开始;
demand/1..6/:a,b,d;! 基本集:需求——六个工地,a 表示各工地的横坐标;b 表示各工地的纵坐标;d 为各工地的需求量;
supply/1..2/:x,y,e;! 基本集:供应——两个料场,x 为料场的横坐标,y 为料场的横坐标,e 为料场的日储量;
link(supply,demand):w;! 这是由 demand 与 supply 两个基本集生成的派生集;
endsets! 集合段结束;
data:! 数据段开始;
! 以下是六个工地的横坐标、纵坐标、需求量的值;
a=1.25,8.75,0.5,5.75,3,7.25;
b=1.25,0.75,4.75,5,6.5,7.75;
d=3,5,4,7,6,11;
! 以下是两个料场的横坐标、纵坐标、日储量值;
x=5,2;
y=1,7;
e=20,20;
enddata! 数据段结束;
! 目标与约束段;
```

```
min = @sum(link(i,j):w(i,j) * ((x(i) - a(j))^2 + (y(i) - b(j))^2)^(1/2));! 目标函数;
@for(demand(i):@sum(supply(j):w(j,i)) = d(i));! 满足工地的需求;
@for(supply(i):@sum(demand(j):w(i,j))< = e(i));! 满足料场日储量的要求;
end! 模型结束
```

得到：

```
Global optimal solution found.
Objective value:                              136.2275
Total solver iterations:                             1
```

Variable	Value	Reduced Cost
A(1)	1.250000	0.000000
A(2)	8.750000	0.000000
A(3)	0.5000000	0.000000
A(4)	5.750000	0.000000
A(5)	3.000000	0.000000
A(6)	7.250000	0.000000
B(1)	1.250000	0.000000
B(2)	0.7500000	0.000000
B(3)	4.750000	0.000000
B(4)	5.000000	0.000000
B(5)	6.500000	0.000000
B(6)	7.750000	0.000000
D(1)	3.000000	0.000000
D(2)	5.000000	0.000000
D(3)	4.000000	0.000000
D(4)	7.000000	0.000000
D(5)	6.000000	0.000000
D(6)	11.00000	0.000000
X(1)	5.000000	0.000000
X(2)	2.000000	0.000000
Y(1)	1.000000	0.000000
Y(2)	7.000000	0.000000
E(1)	20.00000	0.000000
E(2)	20.00000	0.000000
w(1,1)	3.000000	0.000000

w(1,2)	5.000000	0.000000
w(1,3)	0.000000	1.341700
w(1,4)	7.000000	0.000000
w(1,5)	0.000000	2.922492
w(1,6)	1.000000	0.000000
w(2,1)	0.000000	3.852207
w(2,2)	0.000000	7.252685
w(2,3)	4.000000	0.000000
w(2,4)	0.000000	1.992119
w(2,5)	6.000000	0.000000
w(2,6)	10.00000	0.000000

Row	Slack or Surplus	Dual Price
1	136.2275	-1.000000
2	0.000000	-3.758324
3	0.000000	-3.758324
4	0.000000	-4.515987
5	0.000000	-4.069705
6	0.000000	-2.929858
7	0.000000	-7.115125
8	4.000000	0.000000
9	0.000000	1.811824

结果表明：

最优值为136.2275，即总的吨公里数是136.2275，而且此解为全局最优解。最优解：由第一个料场向1,2,3,4,5,6工地分别发送3,5,0,7,0,1吨；由第二个料场向1,2,3,4,5,6工地分别发送0,0,4,0,6,10吨。

问题2

在LINGO软件上输入：

```
data:! 数据段开始;
! 以下是六个工地的横坐标、纵坐标、需求量的值;
a = 1.25,8.75,0.5,5.75,3,7.25;
b = 1.25,0.75,4.75,5,6.5,7.75;
d = 3,5,4,7,6,11;
! 以下是两个料场的日储量值;
e = 20,20;
enddata! 数据段结束;
```

```
！目标与约束段；
min = @sum(link(i,j):w(i,j) * ((x(i) - a(j))^2 + (y(i) - b(j))^2)^(1/2));! 目标函数；
@for(demand(i):@sum(supply(j):w(j,i)) = d(i));! 满足工地的需求；
@for(supply(i):@sum(demand(j):w(i,j))< = e(i));! 满足料场日储量的要求；
@for(supply(i):@free(x);@free(y));! 取消 x,y 非负的限制，因为 x,y 为坐标值，可以为负；
end! 模型结束
```

```
SOLVE:
Localoptimal solution found.
Objective value:                        85.26604
Total solver iterations:                      59
```

Variable	Value	Reduced Cost
A(1)	1.250000	0.000000
A(2)	8.750000	0.000000
A(3)	0.5000000	0.000000
A(4)	5.750000	0.000000
A(5)	3.000000	0.000000
A(6)	7.250000	0.000000
B(1)	1.250000	0.000000
B(2)	0.7500000	0.000000
B(3)	4.750000	0.000000
B(4)	5.000000	0.000000
B(5)	6.500000	0.000000
B(6)	7.750000	0.000000
D(1)	3.000000	0.000000
D(2)	5.000000	0.000000
D(3)	4.000000	0.000000
D(4)	7.000000	0.000000
D(5)	6.000000	0.000000
D(6)	11.00000	0.000000
X(1)	3.254883	0.000000
X(2)	7.250000	0.8084079E-07
Y(1)	5.652332	0.000000
Y(2)	7.750000	0.2675276E-06

E(1)	20.00000	0.000000
E(2)	20.00000	0.000000
W(1,1)	3.000000	0.000000
W(1,2)	0.000000	3.455031
W(2,1)	0.000000	0.7586448
W(2,2)	5.000000	0.000000
W(3,1)	4.000000	0.000000
W(3,2)	0.000000	3.934241
W(4,1)	7.000000	0.000000
W(4,2)	0.000000	0.000000
W(5,1)	6.000000	0.000000
W(5,2)	0.000000	2.991344
W(6,1)	0.000000	5.065845
W(6,2)	11.00000	0.000000

Row	Slack or Surplus	Dual Price
OBJ	85.26604	-1.000000
DEMAND_CON(1)	0.000000	-5.390872
DEMAND_CON(2)	0.000000	-7.158911
DEMAND_CON(3)	0.000000	-3.452402
DEMAND_CON(4)	0.000000	-3.132491
DEMAND_CON(5)	0.000000	-1.438667
DEMAND_CON(6)	0.000000	0.000000
SUPPLY_CON(1)	0.000000	0.5535090
SUPPLY_CON(2)	4.000000	0.000000

结果表明：

最优值为 85.22604，即总的吨公里数为 85.22604，而且此解为局部最优解。最优解：由第一个料场向 1,2,3,4,5,6 号工地分别发送 3,0,4,7,6,0 吨；由第二个料场向 1,2,3,4,5,6 号工地分别发送 0,5,0,0,0,11 吨。新的料场坐标为(3.254883,5.652332)和(7.25,7.75)。

为了节省运行时间，我们对(x(i),y(i))，i=1,2 给出一个限制，由上面数据可知，0.5≤x(i)≤8.75；0.75≤y(i)≤7.75，i=1,2，修改上面的程序代码(@for(supply：@bnd(0.5,X,8.75)；@bnd(0.75,Y,7.75)；))后，再运行试一试。

在 LINGO 录入，并使用全局最优解：

```
sets:
        demand/1..6/:a,b,d;
```

```
    supply/1..2/:x,y,e;
    link(demand,supply):w;
endsets
data:
! locations for the demand(需求点的位置);
a=1.25,8.75,0.5,5.75,3,7.25;
b=1.25,0.75,4.75,5,6.5,7.75;
! quantities of the demand and supply(供需量);
d=3,5,4,7,6,11;e=20,20;
! 料场位置;
! x,y=5,1,2,7;
enddata
init:
! initial locations for the supply(初始点);
! x,y=5,1,2,7;
x,y=2,2,3,3;
endinit
[OBJ]min=@sum(link(i,j): w(i,j)*((x(j)-a(i))^2+(y(j)-b(i))^2)^(1/2));
! demand constraints(需求约束);
@for(demand(i):[DEMAND_CON] @sum(supply(j):w(i,j))=d(i););
! supply constraints(供应约束);
@for(supply(j):[SUPPLY_CON] @sum(demand(i):w(i,j))<=e(j););
@for(supply: @bnd(0.5,X,8.75);@bnd(0.75,Y,7.75););
End

SOLVE:
Local optimal solution found.
Objective value:                              85.26604
Extended solver steps:                              53
Total solver iterations:                         63499


                Variable           Value        Reduced Cost
                    A(1)        1.250000            0.000000
                    A(2)        8.750000            0.000000
                    A(3)       0.5000000            0.000000
                    A(4)        5.750000            0.000000
                    A(5)        3.000000            0.000000
                    A(6)        7.250000            0.000000
                    B(1)        1.250000            0.000000
```

B(2)	0.7500000	0.000000
B(3)	4.750000	0.000000
B(4)	5.000000	0.000000
B(5)	6.500000	0.000000
B(6)	7.750000	0.000000
D(1)	3.000000	0.000000
D(2)	5.000000	0.000000
D(3)	4.000000	0.000000
D(4)	7.000000	0.000000
D(5)	6.000000	0.000000
D(6)	11.00000	0.000000
X(1)	3.254883	0.000000
X(2)	7.250000	0.8084079E-07
Y(1)	5.652332	0.000000
Y(2)	7.750000	-0.8808641E-08
E(1)	20.00000	0.000000
E(2)	20.00000	0.000000
w(1,1)	3.000000	0.000000
w(1,2)	0.000000	4.008540
w(2,1)	0.000000	0.2051358
w(2,2)	5.000000	0.000000
w(3,1)	4.000000	0.000000
w(3,2)	0.000000	4.487750
w(4,1)	7.000000	0.000000
w(4,2)	0.000000	0.5535090
w(5,1)	6.000000	0.000000
w(5,2)	0.000000	3.544853
w(6,1)	0.000000	4.512336
w(6,2)	11.00000	0.000000

Row	Slack or Surplus	Dual Price
OBJ	85.26604	-1.000000
DEMAND_CON(1)	0.000000	-4.837363

```
DEMAND_CON(2)        0.000000        -7.158911
DEMAND_CON(3)        0.000000        -2.898893
DEMAND_CON(4)        0.000000        -2.578982
DEMAND_CON(5)        0.000000        -0.8851584
DEMAND_CON(6)        0.000000         0.000000
SUPPLY_CON(1)        0.000000         0.000000
SUPPLY_CON(2)        4.000000         0.000000
```

由此可见 MATLAB 与 LINGO 在处理规划问题方面各有优势，结果也可能不同，这是由于软件的运行机理不同所导致的。

例 2　非线性规划的 MATLAB 解法

如，使用 MATLAB 求解非线性规划

$$
\begin{aligned}
&\min f(x)=x_1^2+x_2^2+x_3^2+8,\\
&\text{s. t. } x_1^2-x_2+x_3^2\geqslant 0,\\
&\qquad x_1+x_2^2+x_3^3\leqslant 20,\\
&\qquad -x_1-x_2^2+2=0,\\
&\qquad x_2+2x_3^2=3,\\
&\qquad x_1,x_2,x_3\geqslant 0.
\end{aligned}
$$

解：(i)编写 M 文件 fun1. m 定义目标函数

```
function f = fun1(x);
f = sum(x.^2) + 8;
```

(ii)编写 M 文件 fun2. m 定义非线性约束条件

```
function [g,h] = fun2(x);
g = [ - x(1)^2 + x(2) - x(3)^2
x(1) + x(2)^2 + x(3)^3 - 20];           % 非线性不等式约束
h = [ - x(1) - x(2)^2 + 2
x(2) + 2 * x(3)^2 - 3];                 % 非线性等式约束
```

(iii)编写主程序文件 example2. m

```
options = optimset('largescale','off');
[x,y] = fmincon('fun1',rand(3,1),[],[],[],[],zeros(3,1),[],'fun2',options)
```

在 MATLAB 主窗口录入：example2，回车，即可得到 x(1)=0.5522，x(2)=1.2033，x(3)=0.9478，最优解是 10.6511。就是说当 $x_1=0.5522$，$x_2=1.2033$，$x_3=0.9478$ 时，满足所给条件的 $\min f(x)=10.6511$。

再如，求下面非线性规划的最优解：

$$\min f(x) = e^{x_1}(4x_1^2 + 2x_2^2 + 4x_1x_2 + 2x_2 + 1),$$

$$\text{s.t. } x_1 + x_2 = 0,$$

$$1.5 + x_1x_2 - x_1 - x_2 \leqslant 0,$$

$$-x_1x_2 - 10 \leqslant 0.$$

解：第一步，编写 M 文件 fun. m 定义目标函数：

```
function f = fun(x);
f = exp(x(1)) * (4 * x(1)^2 + 2 * x(2)^2 + 4 * x(1) * x(2) + 2 * x(2) + 1);
```

第二步，编写 M 文件 nlcon. m 定义非线性约束条件：

```
function [c,ceq] = nlcon(x);
c = [1.5 + x(1) * x(2) - x(1) - x(2)];
ceq = [];
```

第三步，编写主程序 mnlp. m：

```
x0 = [-1,1];
A = [];
b = [];
Aeq = [1 1];
beq = [0];
lb = [];
ub = [];
[x,fval] = fmincon('fun',x0,A,b,Aeq,beq,lb,ub,'nlcon')
```

在 MATLAB 主窗口录入：mnlp，回车，即可得到

```
x = -1.2247   1.2247
fval = 1.8951
```

即，当 $x_1 = -1.2247$，$x_2 = 1.2247$ 时，$\min f(x) = 1.8951$.

＊MATLAB 中非线性规划的数学模型写成以下形式

$$\min f(x)$$

$$\text{s.t.} \quad \boldsymbol{A} \times \boldsymbol{x} \leqslant \boldsymbol{B}$$

$$\boldsymbol{Aeq} \times \boldsymbol{x} = \boldsymbol{beq}$$

$$\boldsymbol{C}(\boldsymbol{x}) \leqslant 0$$

$$\boldsymbol{Ceq}(\boldsymbol{x}) = 0$$

其中 $f(x)$ 是目标函数，$\boldsymbol{A}$，$\boldsymbol{B}$，$\boldsymbol{Aeq}$，$\boldsymbol{beq}$ 是相应维数的矩阵和向量，$\boldsymbol{C}(\boldsymbol{x})$，$\boldsymbol{Ceq}(\boldsymbol{x})$ 是非线性向量函数。MATLAB 中的命令是

x＝fmincon(fun,x0,A,B,Aeq,beq,LB,UB,NONLCON,OPTIONS),

它的返回值是向量 x,其中 fun 是用 M 文件定义的函数 f(x);x0 是 x 的初始值;A,B,Aeq,beq 定义了线性约束 A * x≤B,Aeq * x＝beq,如果没有线性约束,则 A＝[],B＝[],Aeq＝[],beq＝[];LB 和 UB 是变量 x 的下界和上界,如果上界和下界没有约束,则 LB＝[],UB＝[],如果 x 无下界,则 LB 的各分量都为－inf,如果 x 无上界,则 UB 的各分量都为 inf;NONLCON 是用 M 文件定义的非线性向量函数 C(x),Ceq(x);OPTIONS 定义了优化参数,可以使用 MATLAB 缺省的参数设置。

第五节　动态规划模型

动态规划(Dynamic Programming)是运筹学的一个分支,是求解决策过程最优化的数学方法。自动态规划问世以来,在经济管理、生产调度、工程技术和最优控制等方面得到了广泛的应用。例如最短路线、库存管理、资源分配、设备更新等问题,用动态规划方法比用其他方法求解更为方便。虽然动态规划主要用于求解以时间划分阶段的动态过程的优化问题,但是一些与时间无关的静态规划(如线性规划、非线性规划),只要人为地引进时间因素,把它视为多阶段决策过程,也可以用动态规划方法方便地求解。

一、动态规划问题基本要素

动态规划是解决最优化问题的有效方法,这类问题允许把它的求解过程分解为一系列的单级过程(步骤)。为了方便讨论动态规划的求解过程,我们介绍一下动态规划问题的基本要素:

(1)阶段:阶段是对整个过程的自然划分,通常根据时间顺序或空间顺序特征来划分阶段,以便按阶段的次序解优化问题。阶段变量一般用 $k=1,2,\cdots,n$ 表示。

(2)状态:它是表示某段的出发位置,是某支路的起点,又是前一段某支路的终点。第 i 个阶段的状态变量 x_i 应该包含前各阶段决策过程的全部信息,且之后做出的决策与之前的状态和决策无关。

(3)决策:是指某阶段初从给定的状态出发决策者所作出的选择,决策变量 $u_i(x_i)$ 表示第 i 个阶段状态为 x_i 时对方案的选择。决策允许范围记为 $D_i(x_i)$,$u_i(x_i)\in D_i(x_i)$。

(4)策略:即决策序列。n 个阶段动态规划问题的策略可记为

$$\{u_1(x_1),u_2(x_2),\cdots,u_n(x_n)\},$$

当 $k>2$ 时,$\{u_k(x_k),u_{k+1}(x_{k+1}),\cdots,u_n(x_n)\}$ 表示从 k 阶段开始到最后的决策序列。

(5)状态转移方程:表明后一阶段和前一阶段之间的关系,当第 k 个阶段状态和决策给定之后,第 $k+1$ 阶段状态就确定了,记为 $x_{k+1}=T(x_k,u_k(x_k))$。

(6)指标函数:阶段指标函数——对应于某一阶段状态和从该状态出发的决策的某种指标度量。第 k 阶段指标函数记为 $V_k(x_k,u_k(x_k))$;过程指标函数——从某阶段开始到最后过程的指标度量,记为

$$V_{k,n}(x_k, u_k, x_{k+1}, u_{k+1}, \cdots, x_n, u_n),$$

最优策略值记为 $f_k(x_k) = \max V_{k,n}$ 或 $f_k(x_k) = \min V_{k,n}$.

(7)动态规划基本方程:过程指标函数是各阶段指标函数的函数,

当 $V_{k,n} = \sum_{i=k}^{n} V_i$ 时,有 $f_k(x_k) = \max(\min)\{V_k(x_k, u_k) + f_{k+1}(x_{k+1})\}$,

当 $V_{k,n} = \prod_{i=k}^{n} V_i$ 时,有 $f_k(x_k) = \max(\min)\{V_k(x_k, u_k) \cdot f_{k+1}(x_{k+1})\}$.

二、动态规划问题案例

例 1 设某仓库有 12 人巡逻守卫,负责 4 个要害部位,对每个部位可分别派 2 到 4 人巡逻,由于巡逻人数不同,各部位预期在一段时间内可能造成的损失也不一样,具体数字见下表 4-4。问应往各部位分别派多少人巡逻才能使预期损失最小?

表 4-4 仓库损失与巡逻人数关系表

	A	B	C	D
2 人	18	38	24	34
3 人	14	35	22	31
4 人	10	31	21	25

(一)问题要素分析与假设

把 12 人派往 4 个部位(A、B、C、D)看作 4 个阶段($k=1,2,3,4$),每个阶段初可派遣的人数是前面阶段决策的结果,也是本阶段决策的依据。用 x_k 表示第 k 个阶段的状态变量,用 u_k 表示第 k 个阶段的决策变量(即在该阶段派出的人数,显然 $2 \leqslant u_k \leqslant 4$),各阶段可允许的决策集合

$$D_k(x_k) = \{u_k \mid 2 \leqslant u_k \leqslant 4\}, k=1,2,3,4.$$

状态转移方程为

$$x_{k+1} = x_k - u_k, \quad k=1,2,3.$$

用 $P_k(u_k)$ 表示第 k 个阶段派出的巡逻人数为 u_k 时在该部位预期损失值。过程指标函数

$$V_{k,4} = \sum_{i=k}^{4} P_i(u_k).$$

用 $f_k(x_k)$ 表示从第 k 个阶段到结束时预期损失值

$$f_k(x_k) = \min\{P_k(u_k) + f_{k+1}(x_{k+1})\}.$$

(二) 模型的建立与求解

1. 先考虑D部位

此时，$k=4, f_4(x_4)=\min\{P_4(u_4)+f_5(x_5)\}$. 由于 $f_5(x_5)=0$，所以

$$f_4(x_4)=\min\{P_4(u_4)\},\quad 2\leqslant u_4\leqslant 4, 2\leqslant x_4\leqslant 4,$$

因此，$f_4(2)=34, f_4(3)=31, f_4(4)=25$.

2. 再考虑C、D部位

此时，$k=3, f_3(x_3)=\min\{P_3(u_3)+f_4(x_4)\}$. 由于 $4\leqslant x_3\leqslant 8$，所以

$$f_3(4)=\min\{P_3(2)+f_4(2)\}=24+34=58,$$

$$f_3(5)=\min\{P_3(3)+f_4(2), P_3(2)+f_4(3)\}=\min\{22+34, 24+31\}=55,$$

$$f_3(6)=\min\{P_3(3)+f_4(3), P_3(2)+f_4(4), P_3(4)+f_4(2)\}$$

$$=\min\{22+31, 24+25, 21+34\}=49,$$

$$f_3(7)=\min\{P_3(3)+f_4(4), P_3(4)+f_4(3)\}=\min\{22+25, 21+31\}=47,$$

$$f_3(8)=\min\{P_3(4)+f_4(4)\}=21+25=46.$$

3. 然后考虑B、C、D部位

此时，$k=2, f_2(x_2)=\min\{P_2(u_2)+f_3(x_3)\}$. 由于 $8\leqslant x_2\leqslant 10$，所以

$$f_2(8)=\min\{P_2(2)+f_3(6), P_2(3)+f_3(5), P_2(4)+f_3(4)\}$$

$$=\min\{38+49, 35+55, 31+58\}=87,$$

$$f_2(9)=\min\{P_2(2)+f_3(7), P_2(3)+f_3(6), P_2(4)+f_3(5)\}$$

$$=\min\{38+47, 35+49, 31+55\}=84,$$

$$f_2(10)=\min\{P_2(2)+f_3(8), P_2(3)+f_3(7), P_2(4)+f_3(6)\}$$

$$=\min\{38+46, 35+47, 31+49\}=80.$$

4. 最后考虑A、B、C、D部位

此时，$k=1, f_1(x_1)=\min\{P_1(u_1)+f_2(x_2)\}$. 由于 $x_1=12$，所以

$$f_1(12)=\min\{P_1(2)+f_2(10), P_1(3)+f_2(9), P_1(4)+f_2(8)\}$$

$$=\min\{18+80, 14+84, 10+87\}=97.$$

由 $f_1(12)=97$ 可知A部位应安排4人，从而 $x_2=8$；由 $f_2(8)=87$ 确定B部位应安排2

人,由此可知 $x_3=6$;由 $f_3(6)=49$ 确定C部位应安排2人,因此得到 $x_4=4$。由此可见,A,B,C,D四个部位应分别派4人,2人,2人,4人,预期损失值为97。

例2 最短路线问题

图4-1是一个 A 与 G 连接线路网,连线上的数字表示两点之间的距离(或费用)。试寻求一条由 A 到 G 距离最短(或费用最省)的路线。

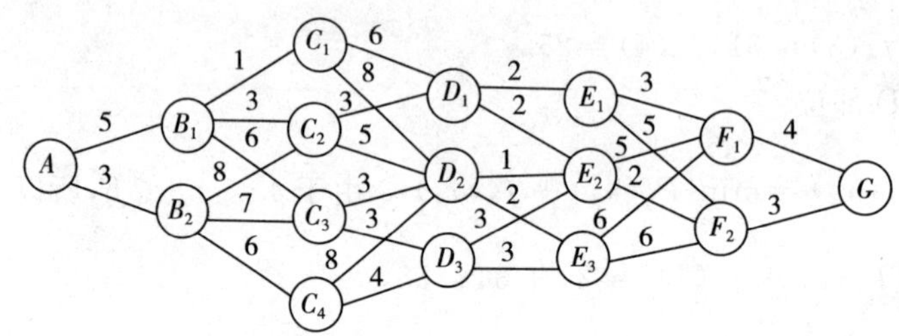

图4-1 A 与 G 连接线路网

(一) 问题分析

1. 阶段

由 A 出发为 $k=1$,由 $B_i(i=1,2)$ 出发为 $k=2$,依此类推,从 $F_i(i=1,2)$ 出发为 $k=6$,共6个阶段。即 A 到 G 分六个阶段:$A\Rightarrow B,B\Rightarrow C,C\Rightarrow D,D\Rightarrow E,E\Rightarrow F,F\Rightarrow G$,这里 $B=\{B_1,B_2\}$,$C=\{C_1,C_2,C_3,C_4\}$,$D=\{D_1,D_2,D_3\}$,$E=\{E_1,E_2,E_3\}$,$F=\{F_1,F_2\}$。

2. 状态

用 x_k 表示第 k 阶段的状态变量,如 x_2 表示可取 B_1、B_2,x_3 表示可取 C_1、C_2 或 C_3,以此类推,x_6 可取 F_1 或 F_2,x_7 取 G。

3. 决策

用 $u_k(x_k)$ 表示第 k 阶段处于状态 x_k 时的决策变量,它是 x_k 的函数,用 $U_k(x_k)$ 表示 x_k 的允许决策集合。如,$u_2(B_1)$ 可取 C_1,C_2 或 C_3。

4. 策略

决策组成的序列称为策略,由初始状态 x_1 开始的全过程的策略记作 $p_{1n}(x_1)$,即 $p_{1n}(x_1)=\{u_1(x_1),u_2(x_2),\cdots,u_n(x_n)\}$。由第 k 阶段的状态 x_k 开始到终止状态的后部子过程的策略记作 $p_{kn}(x_k)$,即

$$p_{kn}(x_k)=\{u_k(x_k),u_{k+1}(x_{k+1}),\cdots,u_n(x_n)\},k=1,2,\cdots,n-1.$$

5. 状态转移方程

本例中的状态转移方程是 $x_{k+1}=u_k(x_k)$。

6. 指标函数和最优值函数

第 k 阶段指标函数记为 $V_k(x_k,u_k(x_k))$;过程指标函数——从某阶段开始到最后过程的指标度量,记为

$$V_{k,n}(x_k,u_k,x_{k+1},u_{k+1},\cdots,x_n,u_n),$$

最优策略值记为 $f_k(x_k)=\max V_{k,n}$ 或 $\min V_{k,n}$。

7. 递归方程

$$\begin{cases} f_{n+1}(x_{n+1})=0, \\ f_k(x_k)=\min\limits_{u_k(x_k)}\{d_k(x_k,u_k(x_k))+f_{k+1}(x_{k+1})\}, k=n,n-1,\cdots,1. \end{cases}$$

(二) 建模与求解

依据上面分析,使用逆推法解决这个动态规划问题。

1. 第六阶段 $F \Rightarrow G$ 最短路

$$f_6(F_1)=4,\quad f_6(F_2)=3.$$

2. 第五阶段 $E \Rightarrow G$ 最短路

$$f_5(E_1)=\min\{d(E_1,F_1)+f_6(F_1),d(E_1,F_2)+f_6(F_2)\}=\min\{3+4,5+3\}=7,$$

$$f_5(E_2)=\min\{d(E_2,F_1)+f_6(F_1),d(E_2,F_2)+f_6(F_2)\}=\min\{5+4,2+3\}=5,$$

$$f_5(E_3)=\min\{d(E_3,F_1)+f_6(F_1),d(E_3,F_2)+f_6(F_2)\}=\min\{6+4,6+3\}=9.$$

3. 第四阶段 $D \Rightarrow G$ 最短路

$$f_4(D_1)=\min\{d(D_1,E_1)+f_5(E_1),d(D_1,E_2)+f_5(E_2)\}=\min\{2+7,2+5\}=7,$$

$$f_4(D_2)=\min\{d(D_2,E_2)+f_5(E_2),d(D_2,E_3)+f_5(E_3)\}=\min\{1+5,2+9\}=6,$$

$$f_4(D_3)=\min\{d(D_3,E_2)+f_5(E_2),d(D_3,E_3)+f_5(E_3)\}=\min\{3+5,3+9\}=8.$$

4. 第三阶段 $C \Rightarrow G$ 最短路

$$f_3(C_1)=\min\{d(C_1,D_1)+f_4(D_1),d(C_1,D_2)+f_4(D_2)\}=\min\{6+7,8+6\}=13,$$

$$f_3(C_2)=\min\{d(C_2,D_1)+f_4(D_1),d(C_2,D_2)+f_4(D_2)\}=\min\{3+7,5+6\}=10,$$

$$f_3(C_3)=\min\{d(C_3,D_2)+f_4(D_2),d(C_3,D_3)+f_4(D_3)\}=\min\{3+6,3+8\}=9,$$

$$f_3(C_4)=\min\{d(C_4,D_2)+f_4(D_2),d(C_4,D_3)+f_4(D_3)\}=\min\{8+6,4+8\}=12.$$

5. 第二阶段 $B \Rightarrow G$ 最短路

$$\begin{aligned} f_2(B_1)&=\min\{d(B_1,C_1)+f_3(C_1),d(B_1,C_2)+f_3(C_2),d(B_1,C_3)+f_3(C_3)\} \\ &=\min\{1+13,3+10,6+9\}=13, \end{aligned}$$

$$\begin{aligned} f_2(B_2)&=\min\{d(B_2,C_2)+f_3(C_2),d(B_2,C_3)+f_3(C_3),d(B_2,C_4)+f_3(C_4)\} \\ &=\min\{8+10,7+9,6+12\}=16. \end{aligned}$$

6. 第一阶段 $A \Rightarrow G$ 最短路

$$f_1(A)=\min\{d(A,B_1)+f_2(B_1),d(A,B_2)+f_2(B_2)\}=\min\{5+13,3+16\}=18.$$

由以上推导的过程可知,最短路是:

$$A \Rightarrow B_1 \Rightarrow C_2 \Rightarrow D_1 \Rightarrow E_2 \Rightarrow F_2 \Rightarrow G,$$

最短路长为 18。

(三)用 LINGO 解答最短路径问题

在 LINGO 软件中录入：

```
model:
Title Dynamic Programming;
sets:
vertex/A,B1,B2,C1,C2,C3,C4,D1,D2,D3,E1,E2,E3,F1,F2,G/:L;
road(vertex,vertex)/A B1,A B2,B1 C1,B1 C2,B1 c3,B2 C2,B2 C3,B2 C4,
C1 D1,C1 D2,C2 D1,C2 D2,C3 D2,C3 D3,C4 D2,C4 D3,
D1 E1,D1 E2,D2 E2,D2 E3,D3 E2,D3 E3,
E1 F1,E1 F2,E2 F1,E2 F2,E3 F1,E3 F2,F1 G,F2 G/:D;
endsets
data:
D=5 3 1 3 6 8 7 6
6 8 3 5 3 3 8 4
2 2 1 2 3 3
3 5 5 2 6 6 4 3;
L=0,,,,,,,,,,,,,,,;
enddata
@for(vertex(i)|i#GT#1:L(i)=@min(road(j,i):L(j)+D(j,i)));
end

SOLVE:
Feasible solution found.
Total solver iterations:                    0

Model Title: Dynamic Programming
```

Variable	Value
L(A)	0.000000
L(B1)	5.000000
L(B2)	3.000000
L(C1)	6.000000
L(C2)	8.000000
L(C3)	10.00000
L(C4)	9.000000
L(D1)	11.00000
L(D2)	13.00000

L(D3)	13.00000
L(E1)	13.00000
L(E2)	13.00000
L(E3)	15.00000
L(F1)	16.00000
L(F2)	15.00000
L(G)	18.00000
D(A,B1)	5.000000
D(A,B2)	3.000000
D(B1,C1)	1.000000
D(B1,C2)	3.000000
D(B1,C3)	6.000000
D(B2,C2)	8.000000
D(B2,C3)	7.000000
D(B2,C4)	6.000000
D(C1,D1)	6.000000
D(C1,D2)	8.000000
D(C2,D1)	3.000000
D(C2,D2)	5.000000
D(C3,D2)	3.000000
D(C3,D3)	3.000000
D(C4,D2)	8.000000
D(C4,D3)	4.000000
D(D1,E1)	2.000000
D(D1,E2)	2.000000
D(D2,E2)	1.000000
D(D2,E3)	2.000000
D(D3,E2)	3.000000
D(D3,E3)	3.000000
D(E1,F1)	3.000000
D(E1,F2)	5.000000
D(E2,F1)	5.000000
D(E2,F2)	2.000000

```
D(E3,F1)        6.000000
D(E3,F2)        6.000000
D(F1,G)         4.000000
D(F2,G)         3.000000
```

由 L(G)=18 可知,最短路长为 18,最短路径是:

$$A \Rightarrow B_1 \Rightarrow C_2 \Rightarrow D_1 \Rightarrow E_2 \Rightarrow F_2 \Rightarrow G.$$

综上所述,如果一个问题能用动态规划方法求解,那么,我们可以按下列步骤操作,建立起动态规划的数学模型:

(1)将过程划分成恰当的阶段;

(2)正确选择状态变量 x_k,使它既能描述过程的状态,又满足无后效性,同时确定允许状态集合 X_k;

(3)选择决策变量 u_k,确定允许决策集合 $U_k(x_k)$;

(4)写出状态转移方程;

(5)确定阶段指标 $v_k(x_k, u_k)$ 及指标函数 V_{kn} 的形式(阶段指标之和,或阶段指标之积,阶段指标之极大值或极小值等);

(6)写出基本方程即最优值函数满足的递归方程以及端点条件。

习题四

1. 用长度为 500cm 的条材,分别截成长度为 98cm 与 78cm 的两种毛坯,要求截出长 98cm 的毛坯共 1000 根,78cm 的毛坯共 2000 根,问怎样截才能使所用的原材料最少,试建立数学模型。

2. 某厂拟用集装箱托运甲乙两种货物,每箱的体积、重量、可获利润以及托运所受限制如下表 4-5 所示。

表 4-5 甲乙两种货物体积、重量和利润表

货 物	体积每箱(m^3)	重量每箱(百斤)	利润每箱(千元)
甲	2	2	3
乙	3	1	2
托运限制	14	9	

问:两种货物各托运多少箱,可使获得利润为最大?

3. 某银行经理计划用一笔资金进行有价证券的投资,可供购进的证券以及其信用等级、到期年限、收益如下表 4-6 所示。按照规定,市政证券的收益可以免税,其他证券的收益需按 50%的税率纳税。此外还有以下限制:

(1)政府及代办机构的证券总共至少要购进 400 万元;

(2)所购证券的平均信用等级不超过1.4(信用等级数字越小,信用程度越高);

(3)所购证券的平均到期年限不超过5年。

表4-6 证券信息表

证券名称	证券种类	信用等级	到期年限	到期税前收益%
A	市政	2	9	4.3
B	代办机构	2	15	5.4
C	政府	1	4	5.0
D	政府	1	3	4.4
E	市政	5	2	4.5

问:(1)若该经理有1000万元资金,应如何投资?

(2)如果能够以2.75%的利率借到不超过100万元资金,该经理应如何操作?

(3)在1000万元资金情况下,若证券A的税前收益增加为4.5%,投资应否改变?如证券C的税前收益减少为4.8%,投资应否改变?

4. 一家出版社准备在某市建立两个销售代理点,向7个区的大学生售书,每个区的大学生数量(单位:千人)已经表示在图4-2上。每个销售代理点只能向本区和一个相邻区的大学生售书,这2个销售代理点应该建在何处,才能使所能供应的大学生的数量最大?建立该问题的整数线性模型并求解。

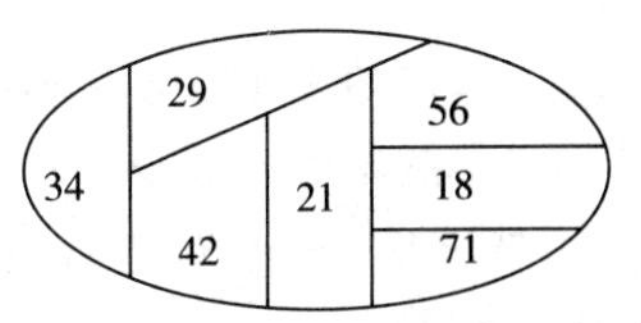

图4-2 某市七个区的大学生数量分布图

5. 一家保姆服务公司专门向顾主提供保姆服务。根据估计,下一年的需求是:春季6000人日,夏季7500人日,秋季5500人日,冬季9000人日。公司新招聘的保姆必须经过5天的培训才能上岗,每个保姆每季度工作(新保姆包括培训)65天。保姆从该公司而不是从顾主那里得到报酬,每人每月工资800元。春季开始时公司拥有120名保姆,在每个季度结束后,将有15%的保姆自动离职。

(1)如果公司不允许解雇保姆,请你为公司制定下一年的招聘计划,哪些季度需求的增加不影响招聘计划?可以增加多少?

(2)如果公司在每个季度结束后允许解雇保姆,请为公司制定下一年的招聘计划。

6. 某公司将4种不同含硫量的液体原料(分别记为甲、乙、丙、丁)混合生产两种产品(分别记为A、B)。按照生产工艺的要求,原料甲、乙、丁必须首先倒入混合池中混合,混合后的液体再分别与原料丙混合生产A、B。已知原料甲、乙、丙、丁的含硫量分别是3%,1%,2%,1%,进货价格分别为6,16,10,15(千元/吨)。产品A、B的含硫量分别不能超过2.5%,1.5%,售价分别为9,15(千元/吨)。根据市场信息,原料甲、乙、丙的供应没有限制,原料丁的供应量最多为50吨;产品A、B的市场需求量分别为100吨、200吨。问应如何安排生产?

7. 某工厂向用户提供发动机,按合同规定,其交货数量和日期是:第一季度末交40台,第二季末交60台,第三季末交80台。工厂的最大生产能力为每季100台,每季的生产费用是$f(x)=50x+0.2x^2$(元),此处x为该季生产发动机的台数。若工厂生产得多,多余的发动机可移到下季向用户交货，这样，工厂就需支付存贮费，每台发动机每季的存贮费为4元。问该厂每季应生产多少台发动机，才能既满足交货合同，又使工厂所花费的费用最少(假定第一季度开始时发动机无存货)。

8. 有4个工人，要指派他们分别完成4项工作，每人做各项工作所消耗的时间如表4-7所示。

表4-7 甲乙丙丁做不同工作所需时间表

工人＼工作	A	B	C	D
甲	15	18	21	24
乙	19	23	22	18
丙	26	17	16	19
丁	19	21	23	17

问指派哪个人去完成哪项工作，可使总的消耗时间为最小？试对此问题用动态规划方法求解。

9. 某工厂购进100台机器，准备生产Ⅰ、Ⅱ两种产品，若生产产品Ⅰ，每台机器每年可收入45万元，损坏率为65%；若生产产品Ⅱ，每台机器每年收入为35万元，损坏率为35%。估计，三年后将有新型机器出现，旧的机器将全部淘汰。试问每年应如何安排生产，使在三年内收入最多？

10. 3名商人各带一名随从乘船渡河，小船只能容纳2人，由他们自己划行。随从们密约，在河的任意一岸，一旦随从人数比商人多，就杀人越货，此密约被商人知道，如果乘船渡河的大权掌握在商人们手中，那么商人们怎样安排每次乘船，才能安全渡河呢？

第五章　统计回归分析模型

在实际生活中，我们经常接触到大量的数据，若能通过对数据的统计分析，找出与数据拟合较好的合乎机理规律的数学模型，揭示研究对象内在的因果关系，从而达到认识客观事物规律的目的，就达到了我们本章设置的初衷。而统计回归分析模型是用统计分析方法解决这类问题最常用的一类模型。

本章首先向读者简要介绍使用 MATLAB 处理统计回归模型的基本原理和方法，然后通过实例讨论如何选择不同类型的模型解决问题，并对软件得到的结果进行分析，对模型进行改进，让读者对于统计回归模型的处理有所认识。

第一节　用 MATLAB 解决统计回归模型概述

回归分析(regression analysis)是确定两种或两种以上变量间相互依赖的定量关系的一种统计分析方法。回归分析按照涉及的变量的多少，分为一元回归分析和多元回归分析；按照因变量的多少，可分为简单回归分析和多重回归分析；按照自变量和因变量之间的关系类型，可分为线性回归分析和非线性回归分析。如果在回归分析中，只包括一个自变量和一个因变量，且二者的关系可用一条直线近似表示，这种回归分析称为一元线性回归分析。如果回归分析中包括两个或两个以上的自变量，且自变量之间线性相关，则称为多重线性回归分析。本节中我们将对 MATLAB 中一元回归、多元线性回归、多项式回归、非线性回归和逐步回归模型做一下介绍。

一、一元回归模型

(一)一元线性回归模型

设有两个相关的变量 x 和 y，称由

$$\begin{cases} y=\beta_0+\beta_1 x+\varepsilon, \\ E_\varepsilon=0, D_\varepsilon=\sigma^2 \end{cases}$$

确定的模型为一元线性回归模型，其中 β_0，β_1 为未知参数，也称为回归系数，自变量 x 称为回归变量，ε 是均值为 0，方差为 σ^2 的随机变量，在模型中 ε 代表其他随机因素对 y 产生影响。

记 $Y=Ey$，则 $Y=\beta_0+\beta_1 x$，称为 y 对 x 的回归直线方程。

在该模型下，第 i 个观测值可看成样本 $Y_i=\beta_0+\beta_1 x_i+\varepsilon_i$ 的实际抽样值，即样本值，并且

$\varepsilon_1,\varepsilon_2,\cdots,\varepsilon_n$ 相互独立。

一元线性回归分析的主要任务是用样本值对回归系数 β_0,β_1 和 σ 作点估计;对回归系数 β_0,β_1 作假设检验;在 $x=x_0$ 处对 y 作预测,即对 y 作区间估计。

(二)可线性化的一元非线性回归

在很多情况下,两个变量之间的关系可能不是线性关系,而是非线性关系。设变量 x 和 y 的 n 次试验观测值数据点为 $(x_i,y_i)(i=1,2,\cdots,n)$,在坐标系中画出散点图,由散点图所呈现出的形状,与常见的已知函数图做比较,选择一条曲线拟合这 n 个点。采用的方法是通过等量代换,把非线性回归化成线性回归,从而就可以估计曲线的参数。通常采用的是以下6类曲线:

1. 双曲线:$1/y=a+b/x$。作变换 $u=1/x,v=1/y$,则有 $v=a+bu$。

2. 幂函数曲线:$y=ax^b$,其中 $x>0,a>0$。两边取对数得 $\ln y=\ln a+b\ln x$,作变换 $u=\ln x,v=\ln y,a'=\ln a$,则有 $v=a'+bu$。

3. 指数曲线:$y=ae^{bx}$,其中参数 $a>0$。两边取对数得 $\ln y=\ln a+bx$,作变换 $v=\ln y,a'=\ln a$,则有 $v=a'+bx$。

4. 倒数指数曲线:$y=ae^{b/x}$,其中参数 $a>0$。两边取对数得 $\ln y=\ln a+b/x$,作变换 $u=1/x,v=\ln y,a'=\ln a$,则有 $v=a'+bu$。

5. 对数曲线:$y=a+b\ln x$。作变换 $u=\ln x$,则有 $y=a+bu$。

6. S形曲线:$1/y=a+be^{-x}$。作变换 $v=1/y,u=e^{-x}$,则有 $v=a+bu$。

二、MATLAB 中多元线性回归

有多个自变量的线性回归模型称为多元线性回归模型。假设 y 是一个可观测的随机变量,$x_1,x_2,\cdots,x_k$ 为 k 个自变量,它们之间有如下关系:

$$y=\beta_0+\beta_1 x_1+\beta_2 x_2+\cdots+\beta_k x_k+\varepsilon,$$

其中 $\beta_0,\beta_1,\beta_2,\cdots,\beta_k$ 为未知参数,ε 为随机误差,并且 $\varepsilon\sim N(0,\sigma^2)$。

(一)确定回归系数的点估计值、区间估计、回归模型的检验

为了估计参数,做了 n 次观测,得到 n 组观测值

$$(y_j,x_{j1},x_{j2},\cdots,x_{jk})(j=1,2,\cdots,n),$$

并且它们满足

$$y_j=\beta_0+\beta_1 x_{j1}+\beta_2 x_{j2}+\cdots+\beta_k x_{jk}+\varepsilon_j,j=1,2,\cdots,n,$$

其中 $\varepsilon_1,\varepsilon_2,\cdots,\varepsilon_n$ 相互独立与 ε 同分布。若即

$$\boldsymbol{Y}=\begin{bmatrix}Y_1\\Y_2\\\cdots\\Y_n\end{bmatrix},\boldsymbol{X}=\begin{bmatrix}1 & x_{11} & x_{12} & \cdots & x_{1k}\\1 & x_{21} & x_{22} & \cdots & x_{2k}\\\cdots & \cdots & \cdots & \cdots & \cdots\\1 & x_{n1} & x_{n2} & \cdots & x_{nk}\end{bmatrix},\boldsymbol{\beta}=\begin{bmatrix}\beta_0\\\beta_1\\\cdots\\\beta_k\end{bmatrix},\boldsymbol{\varepsilon}=\begin{bmatrix}\varepsilon_1\\\varepsilon_2\\\cdots\\\varepsilon_n\end{bmatrix}$$

则有

$$\begin{cases} \boldsymbol{Y}=\boldsymbol{X\beta}+\boldsymbol{\varepsilon}, \\ E(\varepsilon)=0, \operatorname{cov}(\varepsilon,\varepsilon)=\sigma^2 I_n. \end{cases}$$

在 MATLAB 软件,使用命令:b=regress(Y,X)对 $\boldsymbol{\beta}$ 做出点估计,其中

$$\boldsymbol{b}=\begin{bmatrix} \hat{\beta}_0 \\ \hat{\beta}_1 \\ \cdots \\ \hat{\beta}_k \end{bmatrix}.$$

如果使用命令:[b,bint,r,rint,stats]=regress(Y,X,alpha)。那么 b 表示对 $\boldsymbol{\beta}$ 做出点估计;bint 表示回归系数的区间估计;r 表示残差,是随机误差 ε 的点估计值;rint 表示 r 的置信区间;stats 表示检验回归模型的统计量,有四个数值:相关系数 R^2、统计量值 F、与 F 对应的概率值 p、残差方差的无偏估计值 s^2;alpha 表示显著性水平(缺省时为 0.05)。

注:相关系数 R^2 越接近 1,说明回归方程越显著;$F>F_{1-\alpha}(k,n-k-1)$时,拒绝 H_0($\boldsymbol{b}=\boldsymbol{0}$,此时线性关系不显著),$F$ 越大,说明回归方程越显著;与 F 对应的概率 $p<\alpha$(alpha)时,拒绝 H_0,回归模型成立;残差方差的无偏估计值 s^2 越小,数据拟合得越好。

(二)画出残差及其置信区间

命令为:rcoplot(r,rint)

例 1　测 16 名成年女子的身高与腿长所得数据如下:

(单位:cm)

身高	143	145	146	147	149	150	153	154
腿长	88	85	88	91	92	93	93	95
身高	155	156	157	158	159	160	162	164
腿长	96	98	97	96	98	99	100	102

通过上述数据找到腿长与身高之间的关系,并以身高为横坐标,以腿长为纵坐标将这些数据点在平面直角坐标系上标出。

解:(1)在 MATLAB 中输入数据

```
x = [143 145 146 147 149 150 153 154 155 156 157 158 159 160 162 164]';
X = [ones(16,1) x];
Y = [88 85 88 91 92 93 93 95 96 98 97 96 98 99 100 102]';
```

(2)回归分析及检验

```
[b,bint,r,rint,stats] = regress(Y,X)
```

得到结果:b =　　　　　　　　　　bint =

```
    -16.0730                    -33.7071    1.5612
    0.7194                      0.6047      0.8340
    stats =
        0.9282   180.9531   0.0000   1.7437
```

即 $\hat{\beta}_0=-16.073$,$\hat{\beta}_1=0.7194$;$\hat{\beta}_0$ 的置信区间为$[-33.7017,1.5612]$,$\hat{\beta}_1$ 的置信区间为$[0.6047,0.834]$;$r^2=0.9282$,$F=180.9531$,$p=0.0000000021312$,$s^2=1.7437$。我们知道$r^2=0.9282>0.9$,$F=180.9531>F_{0.95}(1,14)=4.60$,$p<0.05$ 符合条件,可知回归模型 $y=-16.073+0.7194x$ 成立。

(3)残差分析,作残差图

MATLAB 命令:rcoplot(r,rint)

从残差图 5-1 可以看出,除第二个数据外,其余数据的残差离零点均较近,且残差的置信区间均包含零点,这说明回归模型 $y=-16.073+0.7194x$ 能较好的符合原始数据,而第二个数据可视为异常点。

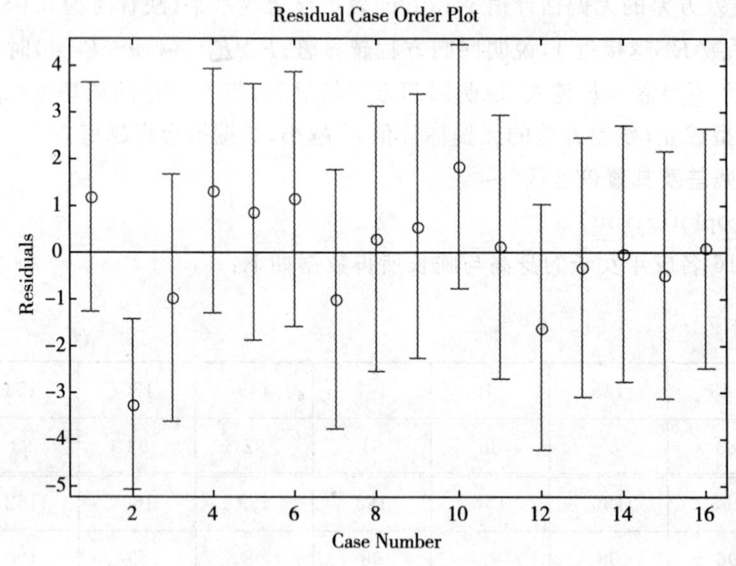

图 5-1　回归模型 $y=-16.073+0.7194x$ 的残差图

(4)预测及作图

```
z = b(1) + b(2) * x;
plot(x,Y,'k+',x,z,'r')
```

由图 5-2 可知数据拟合比较完美。

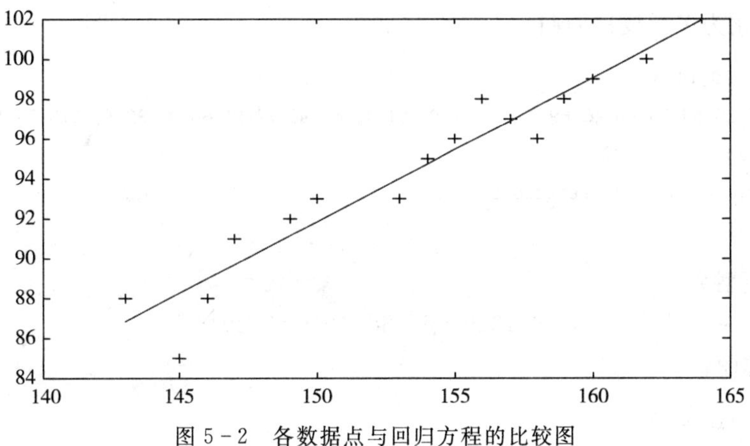

图 5-2　各数据点与回归方程的比较图

三、MATLAB 中多项式回归

(一)一元多项式回归

1. 一元多项式回归：$y=a_1x^m+a_2x^{m-1}+\cdots+a_mx+a_{m+1}$

(1)确定多项式系数的命令：[p,S]=polyfit(x,y,m)

说明：x=$(x_1,x_2,\cdots,x_n)$，y=$(y_1,y_2,\cdots,y_n)$；p=$(a_1,a_2,\cdots,a_{m+1})$是多项式 $y=a_1x^m+a_2x^{m-1}+\cdots+a_mx+a_{m+1}$ 的系数；S 是一个矩阵，用来估计预测误差。

(2)一元多项式回归命令：polytool(x,y,m)

2. 预测和预测误差估计

(1)Y=polyval(p,x)求 polyfit 所得的回归多项式在 x 处的预测值 Y；

(2)[Y,DELTA]=polyconf(p,x,S,alpha)求 polyfit 所得的回归多项式在 x 处的预测值 Y 及预测值的显著性为 1－alpha 的置信区间 Y±DELTA；alpha 缺省时为 0.05。

例 2　观测物体降落的距离 s 与时间 t 的关系，得到数据如下表，求 s(关于 t 的回归方程 $\hat{s}=a+bt+ct^2$)。

t(s)	1/30	2/30	3/30	4/30	5/30	6/30	7/30
s(cm)	11.86	15.67	20.60	26.69	33.71	41.93	51.13
t(s)	8/30	9/30	10/30	11/30	12/30	13/30	14/30
s(cm)	61.49	72.90	85.44	99.08	113.77	129.54	146.48

解法一：直接作二次多项式回归

```
t = 1/30:1/30:14/30;
s = [11.86 15.67 20.60 26.69 33.71 41.93 51.13 61.49 72.90 85.44 99.08 113.77 129.54 146.48];
[p,s] = polyfit(t,s,2)
```

得回归模型为：

$$\hat{s}=489.2946t^2+65.8896t+9.1329.$$

解法二:化为多元线性回归

```
t = 1/30:1/30:14/30;
s = [11.86 15.67 20.60 26.69 33.71 41.93 51.13 61.49 72.90 85.44 99.08 113.77 129.54 146.48];
T = [ones(14,1) t' (t.^2)'];
[b,bint,r,rint,stats] = regress(s',T);
b,stats
```

得回归模型为:

$$\hat{s}=9.1329+65.8896t+489.2946t^2.$$

预测及作图:

```
Y = polyconf(p,t,s)
Y = 11.8729   15.7002   20.6148   26.6168   33.7060   41.8826   51.1465   61.4978   72.9363
85.4622   99.0754   113.7759   129.5637   146.4389
plot(t,s,'k+',t,Y,'r')
```

由图 5-3 可知数据拟合很完美。

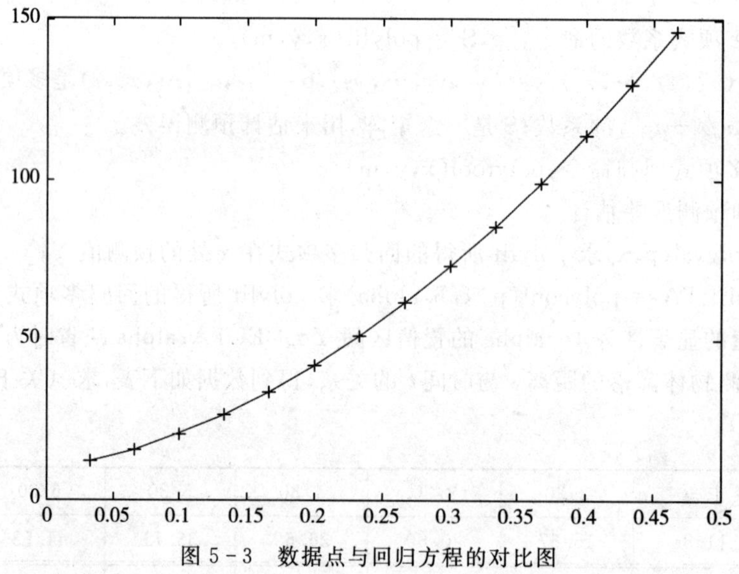

图 5-3　数据点与回归方程的对比图

(二)多元二次式回归

多元二次式回归命令:rstool(x,y,'model',alpha)

说明:x 表示 $n\times m$ 矩阵;y 表示 n 维列向量;alpha 表示显著性水平(缺省时为 0.05);model 表示由下列 4 个模型中选择 1 个(用字符串输入,缺省时为线性模型):

linear(线性):$y=\beta_0+\beta_1x_1+\cdots+\beta_mx_m$;

purequadratic(纯二次):$y=\beta_0+\beta_1x_1+\cdots+\beta_mx_m+\sum_{j=1}^{n}\beta_{jj}x_j^2$;

interaction(交叉):$y=\beta_0+\beta_1x_1+\cdots+\beta_mx_m+\sum_{1\leqslant j\neq k\leqslant m}\beta_{jk}x_jx_k$;

quadratic(完全二次)：$y=\beta_0+\beta_1 x_1+\cdots+\beta_m x_m+\sum\limits_{1\leqslant j,k\leqslant m}\beta_{jk}x_j x_k$.

例 3　设某商品的需求量与消费者的平均收入、商品价格的统计数据如下，建立回归模型，预测平均收入为 1000 元、价格为 6 元时的商品需求量。

需求量(件)	100	75	80	70	50	65	90	100	110	60
收入(元)	1000	600	1200	500	300	400	1300	1100	1300	300
价格(元)	5	7	6	6	8	7	5	4	3	9

解法一：选择纯二次模型，即 $y=\beta_0+\beta_1 x_1+\beta_2 x_2+\beta_{11} x_1^2+\beta_{22} x_2^2$

直接用多元二项式回归：

```
x1 = [1000 600 1200 500 300 400 1300 1100 1300 300];
x2 = [5 7 6 6 8 7 5 4 3 9];
y = [100 75 80 70 50 65 90 100 110 60]';
x = [x1' x2'];
rstool(x,y,'purequadratic')
```

在图 5-4 左边图形下方的方框中输入 1000，右边图形下方的方框中输入 6，则画面左边的“Predicted Y”下方的数据变为 88.4791，即预测出平均收入为 1000 元、价格为 6 元时的商品需求量为 88.4791 件。

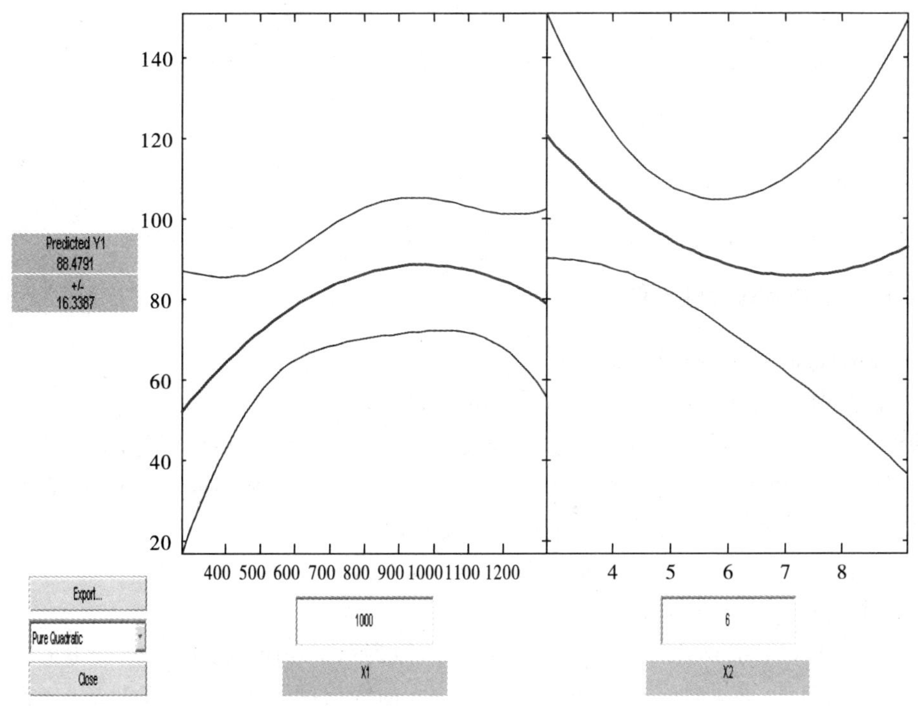

图 5-4　收入为 1000 元、价格为 6 元时商品需求量状态图

在画面左下方的下拉式菜单中选"all",则 beta、rmse 和 residuals 都传送到 MATLAB 工作区中。

在 MATLAB 工作区中输入命令:beta,rmse,得结果:

```
beta =
        110.5313
        0.1464
        - 26.5709
        - 0.0001
        1.8475
rmse =
        4.5362
```

故回归模型为:$y=110.5313+0.1464x_1-26.5709x_2-0.0001x_1^2+1.8475x_2^2$。

剩余标准差为 4.5362,说明此回归模型的显著性较好。

解法二:将 $y=\beta_0+\beta_1x_1+\beta_2x_2+\beta_{11}x_1^2+\beta_{22}x_2^2$ 化为多元线性回归

```
X = [ones(10,1) x1' x2' (x1.^2)' (x2.^2)'];
[b,bint,r,rint,stats] = regress(y,X);
b,stats
```

结果为:
```
b =
        110.5313
        0.1464
        - 26.5709
        - 0.0001
        1.8475
stats =
        0.9702   40.6656   0.0005   20.5771
```

显然这与解法一结果一样。

四、MATLAB 中非线性回归

(一)MATLAB 中非线性回归

1. 确定回归系数的命令:[beta,r,J]=nlinfit(x,y,'model',beta0)

说明:beta 表示估计出的回归系数;r 表示残差;J 表示 Jacobian 矩阵;x、y 表示输入数据,x、y 分别为矩阵和 n 维列向量,对一元非线性回归,x 为 n 维列向量;model 表示是事先用 m 文件定义的非线性函数;beta0 表示回归系数的初值。

2. 非线性回归命令:nlintool(x,y,'model',beta0,alpha)

(二)预测和预测误差估计

[Y,DELTA]=nlpredci('model',x,beta,r,J)表示 nlinfit 或 nlintool 所得的回归函数在 x 处的预测值 Y 及预测值的显著性为 1-alpha 的置信区间 Y±DELTA。

例 4(一元非线性回归) 炼钢厂出钢时所用的盛钢水的钢包,由于钢水对耐火材料的侵蚀,容积不断增大,现有实验数据如下表所示,试建立增大容积与使用次数之间的回归模型。

表 5－1　盛钢水的钢包被钢水侵蚀的数据表

使用次数 x	2	3	4	5	6	7	8	9
增大容积 y	6.42	8.20	9.58	9.5	9.7	10	9.93	9.99
使用次数 x	10	11	12	13	14	15	16	
增大容积 y	10.49	10.59	10.6	10.8	10.6	10.9	10.76	

解：(1)输入数据，观察 x 和 y 的散点图：

```
>>x = 2:16;
>>y = [6.42 8.20 9.58 9.5 9.7 10 9.93 9.99 10.49 10.59 10.60 10.80 10.60 10.90 10.76];
>> plot(x,y,'*')
```

从散点图 5－5 看出，观测点的分布趋势比较接近倒指数曲线图形，因此，选用 $y=ae^{b/x}$ 来进行拟合，下面我们采用非线性回归命令 nlinfit 求解。

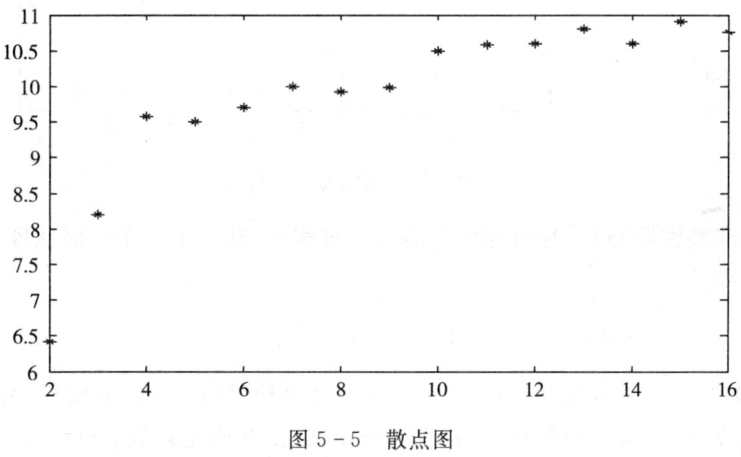

图 5－5　散点图

(2)对将要拟合的非线性模型 $y=ae^{b/x}$，建立 m 文件 volum.m 如下：

```
function yhat = volum(beta,x)
yhat = beta(1) * exp(beta(2)./x);
```

(3)输入数据：

```
beta0 = [8 2]';
```

(4)求回归系数：

```
[beta,r,J] = nlinfit(x',y','volum',beta0);
    beta
```

(5)运行结果：

```
beta =
      11.6036
      -1.0641
```

即得回归模型为：

$$y=11.6036e^{-\frac{1.10641}{x}}$$

(6)预测及作图：

```
[YY,delta] = nlpredci('volum',x',beta,r,J);
plot(x,y,'k+',x,YY,'r')
```

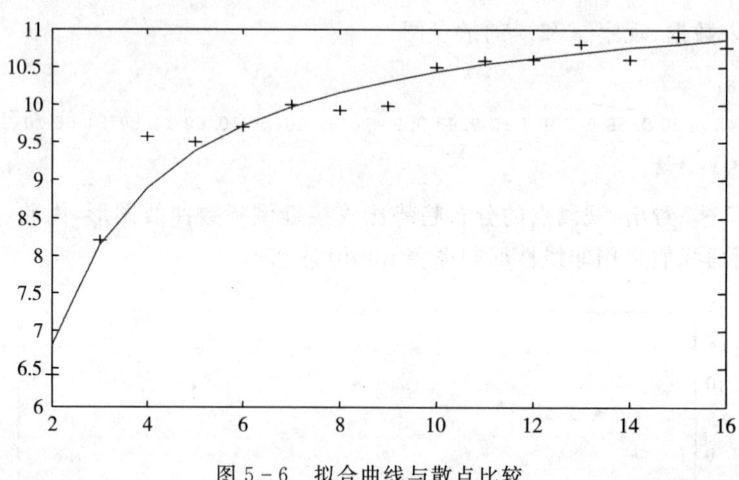

图 5-6　拟合曲线与散点比较

例 5(多元非线性回归)　在研究化学的反应过程中，建立了一个反应速度和反应物含量的数学模型，形式为

$$y=(1+\beta_2 x_1+\beta_3 x_2+\beta_4 x_3)^{-1}(\beta_1 x_2-x_3/\beta_5),$$

其中 $\beta_i(i=1,2,3,4,5)$为未知参数，$x_i(i=1,2,3)$为三种反应物(氢、n 戊烷、异构戊烷)的含量，y 为反应速度，今测得一组数据如表 5-2 所示，试由此确定参数 $\beta_i(i=1,2,3,4,5)$，并给出置信区间，其中 $\beta_i(i=1,2,3,4,5)$的参考值为(1,0.05,0.02,0.1,2)。

表 5-2　反应速度与反应物含量关系表

反应速度 y	8.55	3.79	4.82	0.02	2.75	14.39	2.54	4.35	13	8.5	0.05	11.32	3.13
氢 x_1	470	285	470	470	470	100	100	470	100	100	100	285	285
正戊烷 x_2	300	80	300	80	80	190	80	190	300	300	80	300	190
异构戊烷 x_3	10	10	120	120	10	10	65	65	54	120	120	10	120

解：(1)先定义非线性函数 $y=(1+\beta_2 x_1+\beta_3 x_2+\beta_4 x_3)^{-1}(\beta_1 x_2-x_3/\beta_5)$，创建 m 文件 hxfy. m.

```
function yhat = hxfy(beta,x);
b1 = beta(1);b2 = beta(2);b3 = beta(3);b4 = beta(4);b5 = beta(5);
x1 = x(:,1);x2 = x(:,2);x3 = x(:,3);
yhat = (b1 * x2 - x3/b5)./(1 + b2 * x1 + b3 * x2 + b4 * x3);
```

(2)求回归系数,输入

```
>>x1 = [470 285 470 470 470 100 100 470 100 100 100 285 285]';
>> x2 = [300 80 300 80 80 190 80 190 300 300 80 300 190]';
>> x3 = [10 10 120 120 10 10 65 65 54 120 120 10 120]';
>>x = [x1,x2,x3];
>>y = [8.55 3.79 4.82 0.02 2.75 14.39 2.54 4.35 13 8.5 0.05 11.32 3.13]';
>> beta0 = [1,0.05,0.02,0.1,2]';
>>[betahat,r,J] = nlinfit(x,y,hxfy,beta0)
```

得到

```
betahat =

    1.2526
    0.0628
    0.0400
    0.1124
    1.1914
r =
    0.1321
   -0.1642
   -0.0909
    0.0310
    0.1142
    0.0498
   -0.0262
    0.3115
   -0.0292
    0.1096
    0.0716
   -0.1501
   -0.3026

J =
    6.8739    -90.6525    -57.8634    -1.9288    0.1614
    3.4454    -48.5350    -13.6239    -1.7030    0.3034
    5.3563    -41.2094    -26.3039   -10.5216    1.5095
    1.6950      0.1091      0.0186     0.0278    1.7913
    2.2967    -35.5653     -6.0537    -0.7567    0.2023
   11.8669    -89.5648   -170.1730    -8.9565    0.4400
```

```
4.4973      -14.4261     -11.5409     -9.3769    2.5744
4.1831      -41.7891     -16.8935     -5.7794    1.0082
11.8285     -51.3718    -154.1151    -27.7408    1.5001
9.1514      -25.5946     -76.7838    -30.7135    2.5790
3.3373        0.0900       0.0720      0.1079    3.5269
9.3663     -102.0600    -107.4317     -3.5811    0.2200
4.7512      -24.4628     -16.3086    -10.3001    2.1141
```

即得

$$\beta_1=1.2526,\beta_2=0.0628,\beta_3=0.04,\beta_4=0.1124,\beta_5=1.1914.$$

所以模型为

$$y=(1+0.0628x_1+0.04x_2+0.1124x_3)^{-1}(1.2526x_2-x_3/1.1914).$$

(3)求参数的置信区间,输入

```
betaci = nlparci(beta,r,J)
```

得到

```
betaci =
        -0.9993   2.9993
        -0.0505   0.1505
        -0.0512   0.0912
        -0.0733   0.2733
         0.0705   3.9295
```

即 $\beta_i(i=1,2,3,4,5)$ 的置信区间分别为[−0.9993,2.9993],[−0.0505,0.1505],[−0.0512,0.0912],[−0.0733,0.2733],[0.0705,3.9295].

五、MATLAB 中逐步回归

(一)逐步回归的命令:stepwise(x,y,inmodel,alpha)

说明:x 表示自变量数据,是 $n\times m$ 阶矩阵;y 表示因变量数据,是 $n\times 1$ 阶矩阵;inmodel 表示矩阵的列数的指标,给出初始模型中包括的子集(缺省时设定为全部自变量);alpha 表示显著性水平(缺省时为 0.05)。

(二)运行 stepwise 命令时产生三个图形窗口:Stepwise Plot,Stepwise Table,Stepwise History

在 Stepwise Plot 窗口,显示出各项的回归系数及其置信区间。在 Stepwise Table 窗口中列出了一个统计表,包括回归系数及其置信区间,以及模型的统计量剩余标准差(RMSE)、相关系数(R - square)、F 值、与 F 对应的概率 p。

例 6 水泥凝固时放出的热量 y 与水泥中 4 种化学成分的含量 x_1、x_2、x_3、x_4 有关,今测得一组数据如表 5－3，试用逐步回归法确定一个线性模型。

表 5－3　水泥凝固时放出的热量 y 与水泥中的 4 种化学成分关系表

序号	1	2	3	4	5	6	7	8	9	10	11	12	13
x_1	7	1	11	11	7	11	3	1	2	21	1	11	10
x_2	26	29	56	31	52	55	71	31	54	47	40	66	68
x_3	6	15	8	8	6	9	17	22	18	4	23	9	8
x_4	60	52	20	47	33	22	6	44	22	26	34	12	12
y	78.5	74.3	104.3	87.6	95.9	109.2	102.7	72.5	93.1	115.9	83.8	113.3	109.4

解：(1)数据输入

```
x1 = [7  1  11  11  7  11  3  1  2  21  1  11  10]';
x2 = [26 29 56 31 52 55 71 31 54 47 40 66 68]';
x3 = [6 15 8 8 6 9 17 22 18 4 23 9 8]';
x4 = [60 52 20 47 33 22 6 44 22 26 34 12 12]';
y = [78.5 74.3 104.3 87.6 95.9 109.2 102.7 72.5 93.1 115.9 83.8 113.3 109.4]';
x = [x1 x2 x3 x4];
```

(2)逐步回归

① 先在初始模型中取全部自变量：stepwise(x,y)，得到图 5－7。

由图 5－7 可知模型的显著性不好。

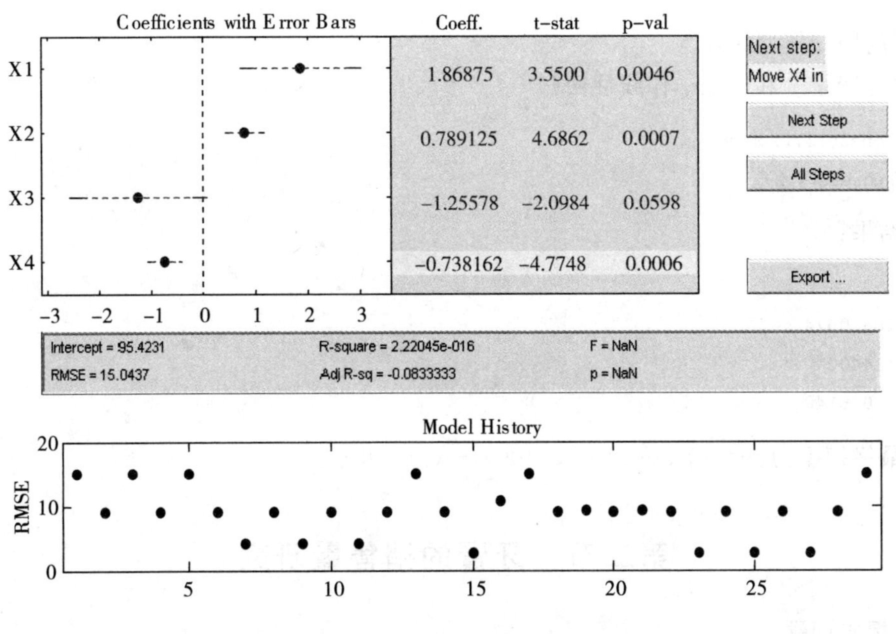

图 5－7　全部自变量拟合效果图

② 在图 5-7 中,点击 All steps,得到图 5-8。

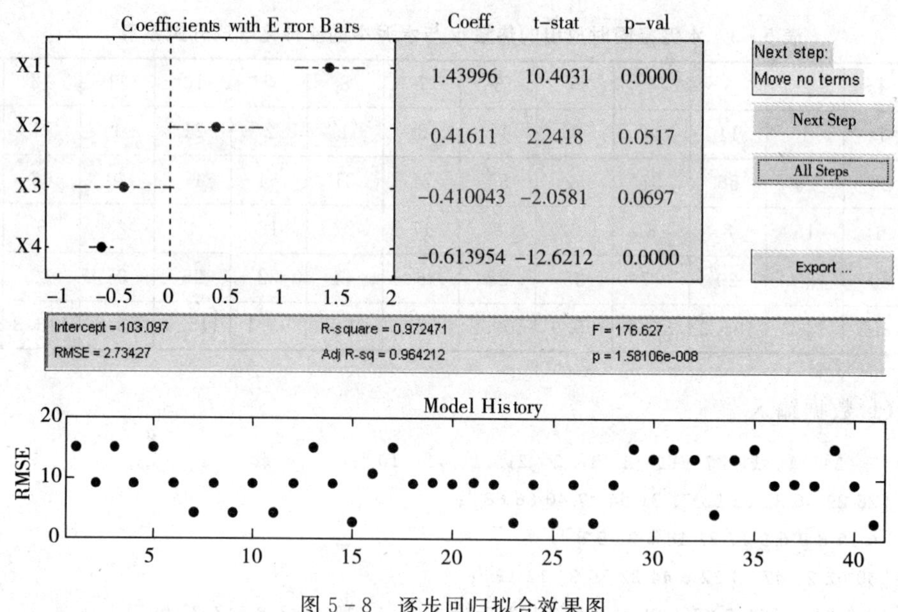

图 5-8　逐步回归拟合效果图

最后,要保留的标为实线,不需要的就标为虚线。显然移去变量 x_2 和 x_3 后,模型具有显著性变化:

$$\text{R - square}=0.972471,\text{F}=176.627,\text{RMSE}=2.73427,$$

$$\text{Adj R}-\text{sq}=0.964212,\text{p}=1.58106\text{e}-008.$$

因此,新的回归模型更好。

(3)对变量 y 和 x_1、x_4 作线性回归

```
X = [ones(13,1) x1 x4];
b = regress(y,X)
```

得结果:

```
b =
   103.0974
   1.4400
   -0.6140
```

故最终模型为:$y=103.0974+1.4400x_1-0.6140x_2$。

第二节　牙膏的销售量研究

一、提出问题

某大型牙膏制造企业为了更好地拓展产品市场,有效地管理库存,公司董事会要求销售部门根据市场调查，找出公司生产的牙膏销售量与销售价格、广告投入等之间的关系，从而预测出在不同价格和广告费用下的销售量。为此，销售部的研究人员收集了过去30个销售周期（每个销售周期为4周）公司生产的牙膏的销售量、销售价格、投入的广告费用，以及同期其他厂家生产的同类牙膏的市场平均销售价格，见表5-4（其中价格差指其他厂家平均价格与公司销售价格之差）。试根据这些数据建立一个数学模型，分析牙膏销售量与其他因素的关系，为制订价格策略和广告投入策略提供数量依据。

表5-4　牙膏销售量与销售价格、广告费用等数据

销售周期	公司销售价格（元）	其他厂家平均价格（元）	价格差（元）	广告费用（百万元）	销售量（百万支）
1	3.85	3.80	−0.05	5.5	7.38
2	3.75	4.00	0.25	6.75	8.51
3	3.70	4.30	0.60	7.25	9.52
4	3.60	3.70	0.00	5.50	7.50
5	3.60	3.85	0.25	7.00	9.33
6	3.6	3.80	0.20	6.50	8.28
7	3.6	3.75	0.15	6.75	8.75
8	3.8	3.85	0.05	5.25	7.87
9	3.8	3.65	−0.15	5.25	7.10
10	3.85	4.00	0.15	6.00	8.00
11	3.90	4.10	0.20	6.50	7.89
12	3.90	4.00	0.10	6.25	8.15
13	3.70	4.10	0.40	7.00	9.10
14	3.75	4.20	0.45	6.90	8.86
15	3.75	4.10	0.35	6.80	8.90
16	3.80	4.10	0.30	6.80	8.87
17	3.70	4.20	0.50	7.10	9.26
18	3.80	4.30	0.50	7.00	9.00
19	3.70	4.10	0.40	6.80	8.75
20	3.80	3.75	−0.05	6.50	7.95
21	3.80	3.75	−0.05	6.25	7.65
22	3.75	3.65	−0.10	6.00	7.27
23	3.70	3.90	0.20	6.50	8.00
24	3.55	3.65	0.10	7.00	8.50
25	3.60	4.10	0.50	6.80	8.75

（续表）

销售周期	公司销售价格（元）	其他厂家平均价格（元）	价格差（元）	广告费用（百万元）	销售量（百万支）
26	3.70	4.25	0.60	6.80	9.21
27	3.75	3.65	−0.05	6.50	8.27
28	3.75	3.75	0.00	5.75	7.67
29	3.80	3.85	0.05	5.80	7.93
30	3.70	4.25	0.55	6.80	9.26

二、分析与假设

由于牙膏是生活中的必需品，对大多数顾客来说，在购买同类产品的牙膏时，更多会在意不同品牌之间的价格差异，而不是它们的价格本身。因此，在研究各个因素对销售量的影响时，用价格差代替公司销售价格和其他厂家平均价格更为合适。

记牙膏销售量为 y，其他厂家平均价格与公司销售价格之差（价格差）为 x_1，公司投入的广告费用为 x_2，其他厂家平均价格和公司销售价格分别为 x_3 和 x_4，$x_1=x_3-x_4$，基于上面的分析，我们利用 x_1 和 x_2 来建立 y 的预测模型。

三、基本模型

为了大致分析 y 与 x_1 和 x_2 的关系，首先利用表 5-4 的数据分别做出 y 对 x_1 和 x_2 的散点图（见图 5-9 和图 5-10 中的圆点）。

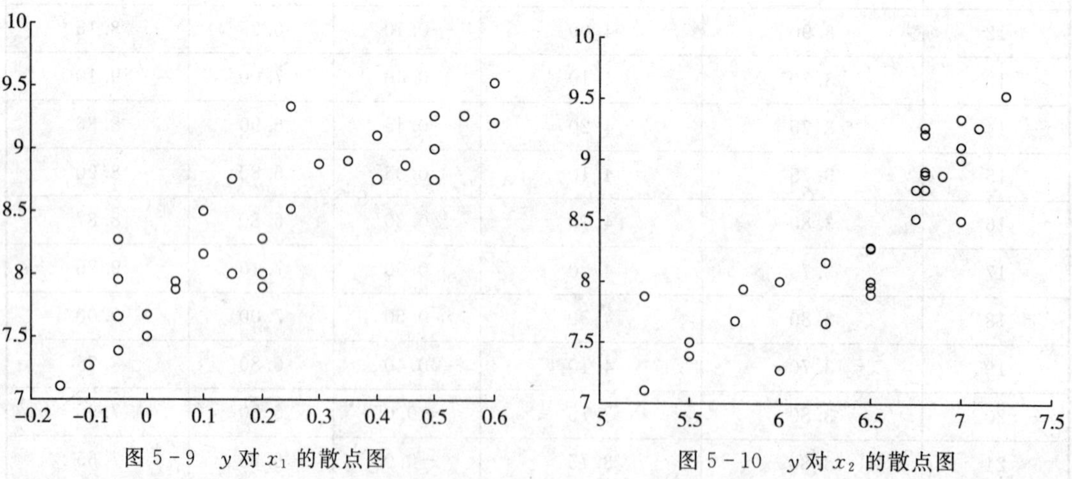

图 5-9 y 对 x_1 的散点图　　图 5-10 y 对 x_2 的散点图

从图 5-9 可以发现，随着 x_1 的增加，y 的值有比较明显的线性增长趋势，因此构造线性模型

$$y=\beta_0+\beta_1 x_1+\varepsilon. \tag{5-1}$$

而在图 5-10 中，当 x_2 增大时，y 有向上弯曲增加的趋势，因此构造二次函数模型

$$y=\beta_0+\beta_1 x_2+\beta_2 x_2^2+\varepsilon. \tag{5-2}$$

综合上面的分析，结合模型(5－1)和(5－2)，建立如下回归模型

$$y=\beta_0+\beta_1 x_1+\beta_2 x_2+\beta_3 x_2^2+\varepsilon. \tag{5-3}$$

式(5－3)右端的 x_1 和 x_2 称为回归变量(自变量)，$\beta_0+\beta_1 x_1+\beta_2 x_2+\beta_3 x_2^2$ 是给定价格差 x_1、广告费用 x_2 时，牙膏销售量 y 的平均值，其中的参数 $\beta_0,\beta_1,\beta_2,\beta_3$ 称为回归系数，由表 5－4 的数据估计，影响 y 的其他因素作用都包含在随机误差 ε 中。如果模型选择得合适，ε 应大致服从均值为 0 的正态分布。

四、模型求解

直接利用 MATLAB 统计工具箱中的命令 regress 求解，使用格式为

[b,bint,r,rint,stats]=regress(y,X)，

其中输入 y 为模型销售量数据(30 列维向量)，X 为对应于回归系数 $\beta_0,\beta_1,\beta_2,\beta_3$ 的数据矩阵 $[\mathbf{1},\boldsymbol{x}_1,\boldsymbol{x}_2,\boldsymbol{x}_2^2]$(30×4 矩阵，其中第一列全为 1)。输出 b 为向量 $\hat{\boldsymbol{\beta}}=(\beta_0,\beta_1,\beta_2,\beta_3)$的估计值，bint 为 b 的置信区间，r 为残差向量 $\boldsymbol{y}-\boldsymbol{X}\hat{\boldsymbol{\beta}}$，rint 为 r 的置信区间，stats 为回归模型的检验统计量，有 4 个值，第一个是回归方程的决定系数 R^2(R 是相关系数)，第二个是 F 统计量，第三个是与 F 统计量对应的概率 p，第四个是剩余方差 s^2。

得到模型(5－3)的回归系数估计值及置信区间(置信水平 $\alpha=0.05$)，检验统计量 R^2,F,p,s^2 的结果见表 5－5。

表 5－5　模型(5－3)的计算结果

参数	参数估计值	参数置信区间
β_0	17.3244	[5.7282,28.9206]
β_1	1.3070	[0.6829,1.9311]
β_2	－3.6956	[－7.4989,0.1077]
β_3	0.3486	[0.0379,0.6594]
$R^2=0.90540$，　$F=82.9409$，　$p<0.0001$，　$s^2=0.0490$		

五、结果分析

表 5－5 显示，$R^2=0.90540$ 指因变量 y(销售量)的 90.54%可由模型(5－3)确定，$F=82.9409$ 远远超过 F 检验的临界值，$p<0.0001$ 远小于 0.05，$s^2=0.0490$。因此模型(5－3)从整体来看是可用的。

表 5－5 的回归系数给出了模型(5－3)中 $\beta_0,\beta_1,\beta_2,\beta_3$ 的估计值，即 $\hat{\beta}_0=17.3244,\hat{\beta}_1=1.3070,\hat{\beta}_2=-3.6956,\hat{\beta}_3=0.3486$。检查它们的置信区间，发现只有 β_2 的置信区间包含零点(但区间右端点距零点很近)，表明回归变量 x_2(对因变量 y 的影响)不是太显著，但由于 x_2^2 是显著的，我们仍将变量 x_2 保留在模型中。使用 rcoplot(r,rint)(%使用命令 set(gca,

'Color','w')使得图片背景呈现白色)命令画出其残差图 5-11,由图可知只有一个残差的置信区间不包括零点,但是很接近零点,这说明模型(5-3)较好地反映了原始数据。

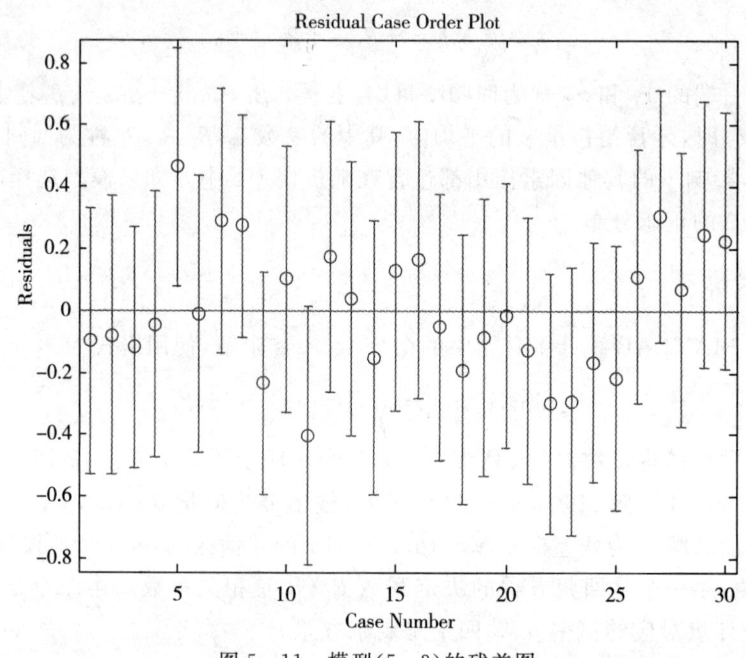

图 5-11 模型(5-3)的残差图

六、销售量预测

将回归系数的估计值带入模型(5-3)即可预测公司未来某个销售周期牙膏的销售量 y,预测值记作 $\hat{y}$,得到模型(5-3)的预测方程

$$\hat{y}=\hat{\beta}_0+\hat{\beta}_1 x_1+\hat{\beta}_2 x_2+\hat{\beta}_3 x_2^2. \qquad (5-4)$$

只需知道该销售周期的价格差 x_1 和投入的广告费用 x_2,就可计算预测值 $\hat{y}$。

值得注意的是公司无法直接确定价格差 x_1,而只能制定公司该周期的牙膏售价 x_4,但是同期其他厂家的平均价格 x_3,一般可以通过分析和预测当时的市场情况及原材料的价格变化等估计出。模型中引入价格差 $x_1=x_3-x_4$ 作为回归变量,而非 x_3,x_4 的好处在于,公司可以更灵活地来预测产品的销售量(或市场需求量),因为 x_3 的值不是公司所能控制的。预测时只要调整 x_4 达到设定的回归变量 x_1 的值即可。比如公司计划在未来的某个销售周期中,维持产品的价格差 $x_1=0.2$ 元,并将投入 $x_2=6.5$ 百万元的广告费用,则该周期的牙膏销售量的估计值为 $\hat{y}=17.3244+1.3070\times0.2-3.6956\times6.5+0.3486\times6.5\times6.5=8.2928$ 百万支。

回归模型的一个重要应用是对于给定的回归变量的取值,可以以一定的置信度预测因变量的取值范围,即预测区间。比如当 $x_1=0.2$,$x_2=6.5$ 时,可以算出牙膏销售量的置信度为 95%的预测区间为[7.8230,8.7636](参见文献[25]中(4.77)~(4.79)式),它表明在将来的某个销售周期中,如公司维持产品的价格差为 0.2 元,并投入 650 万元的广告费用,那么可以有 95%的把握保证牙膏的销售量在 7.823 到 8.7636 百万支之间,实际操作时,预测上限可以用来作为库存管理的目标值,即公司可以生产(或库存)8.7636 百万支牙膏来满足该销售周期顾客的需求；预测下限则可以用来较好地把握（或控制）公司的现金流，理由是公司对该周期销售 7.823 百万支牙膏十分自信，如果在该销售周期中公司将牙膏销售价定为 3.70 元，且估计同期其他厂家的平均价格为 3.90 元，那么董事会可以有充分的依据知道公司的牙膏销售额应在 7.823×3.7≈29 百万元以上。

七、模型改进

模型（5-3）中回归变量 x_1 和 x_2 对因变量 y 的影响是相互独立的，即牙膏销售量 y 的平均值与广告费用 x_2 的二次关系由回归系数 β_2 和 β_3 确定，而不依赖于价格差 x_1，同样，y 的均值与 x_1 的线性关系由回归系数 β_1 确定，不依赖于 x_2。根据直觉和经验可以猜想，x_1 和 x_2 之间交换作用会对 y 有影响，不妨简单地用 x_1 和 x_2 的积代表它们的交换作用，于是将模型（5-3）增加一项，得到

$$y=\beta_0+\beta_1 x_1+\beta_2 x_2+\beta_3 x_2^2+\beta_4 x_1 x_2+\varepsilon, \tag{5-5}$$

在这个模型中，y 的均值与 x_2 的关系为 $(\beta_2+\beta_4 x_1)x_2+\beta_3 x_2^2$，由系数 β_2,β_3,β_4 确定，并依赖于价格差 x_1。

下面让我们用表 5-4 的数据估计模型（5-5）的系数，利用 MATLAB 的统计工具箱，在 MATLAB 主窗口输入：

```
X = [ones(30,1),x1,x2,x2.^2,x1. * x2];
[b,bint,r,rint,stats] = regress(y,X)
```

得到的主要结果见表 5-6。

表 5-6　模型（5-5）计算主要结果

参数	参数估计值	参数置信区间
β_0	29.1133	[13.7013,44.5252]
β_1	11.1342	[1.9778,20.2906]
β_2	−7.6080	[−12.6932,−2.5228]
β_3	0.6712	[0.2538,1.0887]
β_4	−1.4777	[−2.8518,−0.1037]
$R^2=0.9209$，　$F=72.7771$，　$p<0.0001$，　$s^2=0.0426$		

表 5-6 和表 5-5 的结果相比，统计量有所提高，说明模型（5-5）比模型（5-3）有所改进，并且所有参数的置信区间，特别是 x_1 和 x_2 的交互作用项 x_1x_2 的系数 β_4 的置信区间不包含零点，所以有理由相信模型（5-5）比模型（5-3）更符合实际。

另外，我们可以在主窗口输入：rcoplot(r,rint)，得到模型（5-5）的残差图 5-12，由图可知模型（5-5）在反应原始数据方面有异常数据，可能是数据统计有错误或其他原因。

用模型（5-5）对公司牙膏销售量做预测，仍设在某个销售周期中，维持产品的价格差 $x_1=0.2$ 元，并将投入 $x_2=6.5$ 百万元的广告费用，则该周期牙膏销售量 y 的估计值为

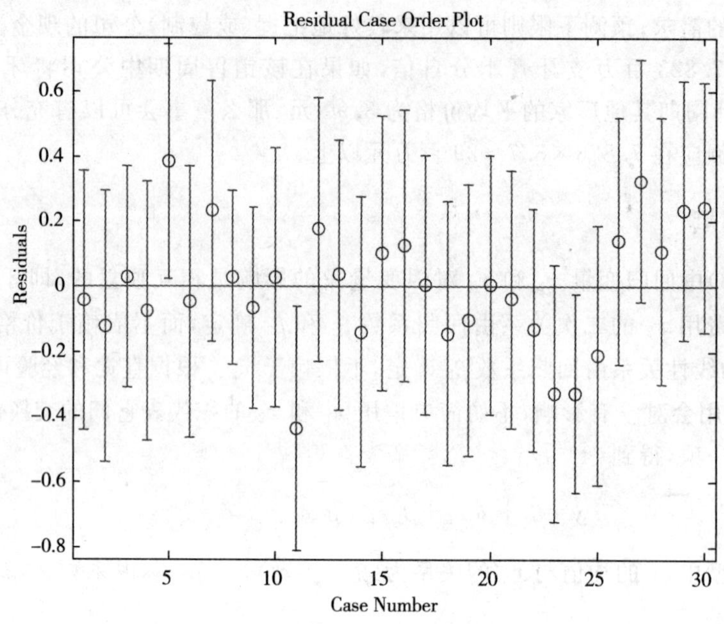

图 5-12　模型(5-5)的残差图

$$\hat{y}=\hat{\beta}_0+\hat{\beta}_1 x_1+\hat{\beta}_2 x_2+\hat{\beta}_3 x_2^2+\hat{\beta}_4 x_1 x_2$$

$$=29.1133+11.1342\times 0.2-7.6080\times 6.5+0.6712\times 6.5^2-1.4777\times 0.2\times 6.5$$

$$=8.3253.$$

置信度为 95％的预测区间为[7.895,8.7592]，与模型(5-3)的结果相比，$\hat{y}$ 略有增加，而预测区间长度短一些。

在保持广告费用 $x_2=6.5$ 百万元不变的条件下，分别对模型(5-3)和模型(5-5)中牙膏销售量的均值 $\hat{y}$ 与价格差 x_1 的关系作图，见图 5-13 和图 5-14。

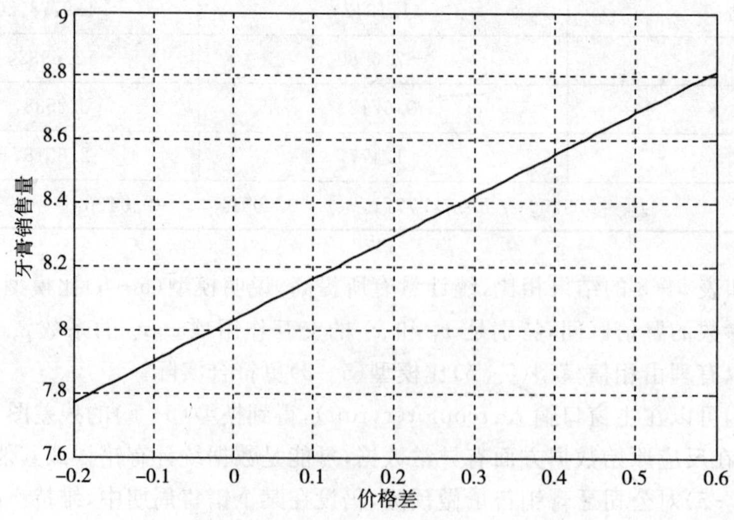

图 5-13　模型(5-3)中 $\hat{y}$ 与 x_1 的关系

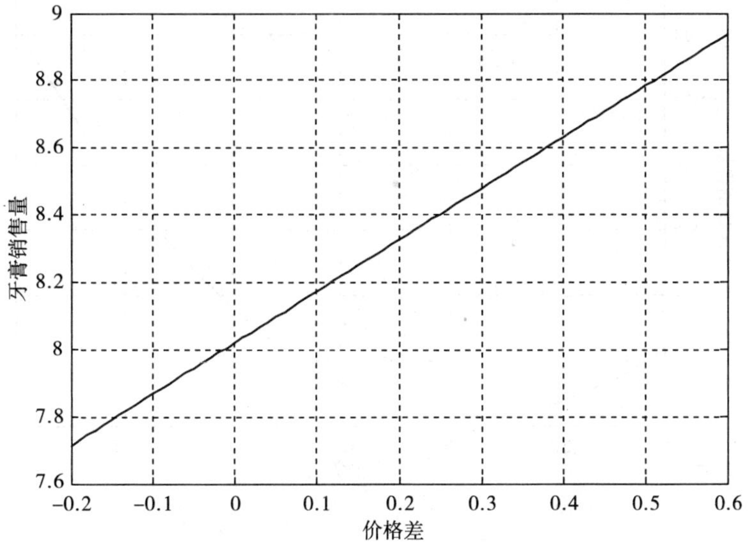

图 5-14 模型(5-5)中 $\hat{y}$ 与 x_1 的关系

在保持价格差 $x_1=0.2$ 元不变的条件下，分别对模型(5-3)和模型(5-5)中牙膏销售量的均值 $\hat{y}$ 与广告费 x_2 的关系作图，见图 5-15 和图 5-16。

可以看出，在模型(5-5)中，交互作用项 x_1x_2 加入后，对 $\hat{y}$ 与 x_1 的关系有影响，而 $\hat{y}$ 与 x_2 的关系有较大变化，当 $x_2<6$ 时，$\hat{y}$ 出现下降，当 $x_2>6$ 时，$\hat{y}$ 上升则快得多。

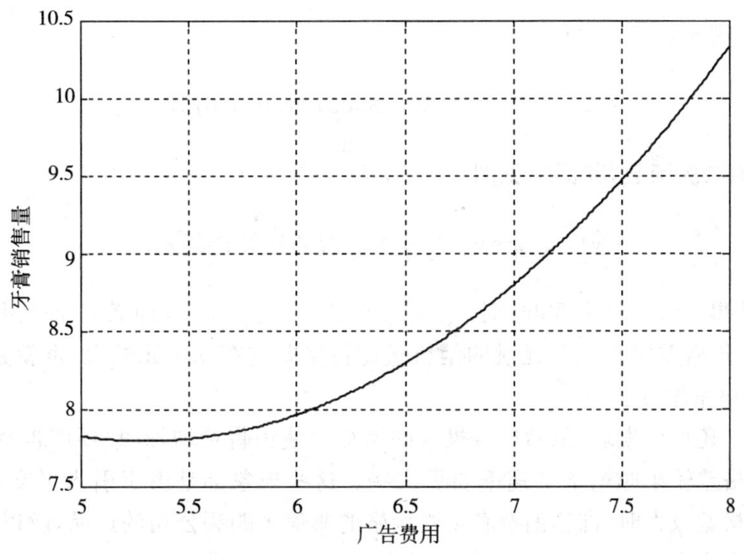

图 5-15 模型(5-3)中 $\hat{y}$ 与 x_2 的关系

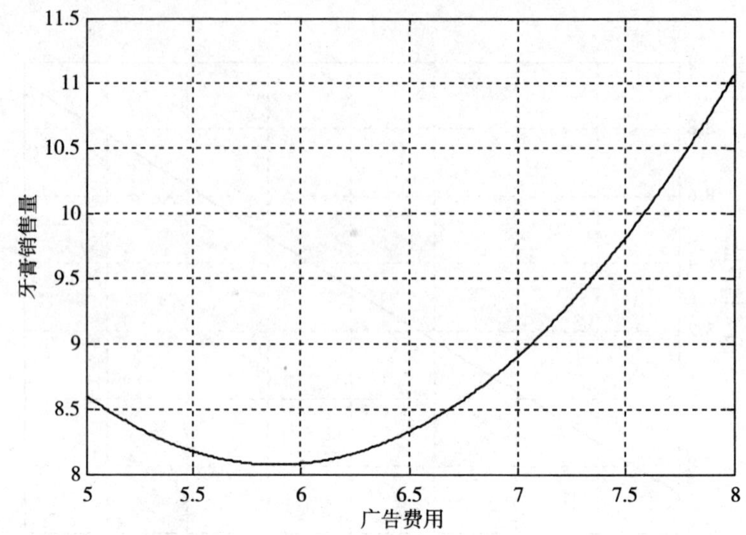

图 5-16　模型(5-5)中 $\hat{y}$ 与 x_2 的关系

八、进一步讨论

为进一步了解 x_1 和 x_2 之间的交互作用，考查模型(5-5)的预测方程

$$\hat{y}=29.1133+11.1342x_1-7.6080x_2+0.6712x_2^2-1.4777x_1x_2. \qquad (5-6)$$

如果取价格差 $x_1=0.1$，代入式(5-6)可得

$$\hat{y}|_{x_1=0.1}=30.2267-7.7558x_2+0.6712x_2^2. \qquad (5-7)$$

再取 $x_1=0.3$，代入式(5-6)得

$$\hat{y}|_{x_1=0.3}=32.4536-8.0513x_2+0.6712x_2^2. \qquad (5-8)$$

他们均为 x_2 的二次函数，其图形见图 5-17，且

$$\hat{y}|_{x_1=0.3}-\hat{y}|_{x_1=0.1}=2.2269-0.2955x_2. \qquad (5-9)$$

由式(5-9)可得，当 $x_2<7.5360$ 时，总有 $\hat{y}|_{x_1=0.3}>\hat{y}|_{x_1=0.1}$，即若广告费用不超过大约 7.536 百万元，价格差定在 0.3 元时的销售量比价格差定在 0.1 元的大，也就是说，这时的价格优势会使销售量增加。

由图 5-17 还可以发现，虽然广告投入的增加会使销售量增加(只要广告费用超过大约 6 百万元)，但价格差较小时增加的速率要更大些。这些现象都是由于引入了交互作用项 x_1x_2 后产生的。价格差较大时，许多消费者是受价格的驱使来购买公司的产品，所以可以较少地依赖广告投入的增加来提高销售量。价格差较大时，则更需要靠广告来吸引更多的顾客。

另外，当公司牙膏的售价在市场中明显处于弱势时，x_1 和 x_2 之间的交互作用项不见得就是它们的乘积 x_1x_2 了，可能出现其他形式的组合。

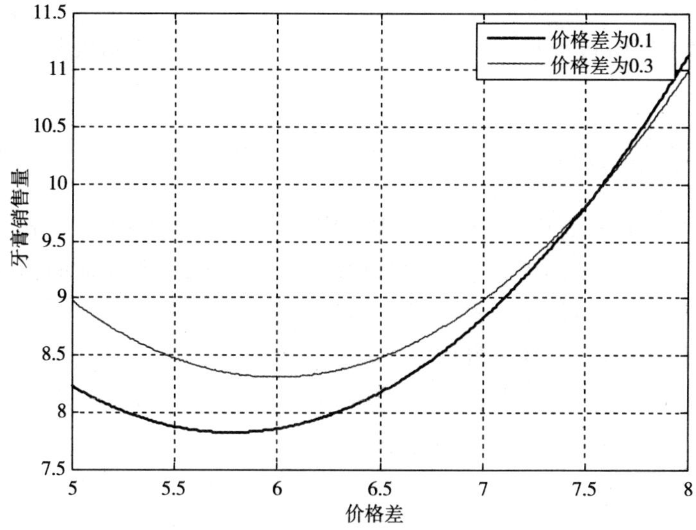

图 5-17　$\hat{y}$ 与 x_2 的关系(式(5-7)和式(5-8)的图形)

九、完全二次多项式模型

与 x_1 和 x_2 的完全的二次多项式模型

$$y=\beta_0+\beta_1 x_1+\beta_2 x_2+\beta_3 x_1 x_2+\beta_4 x_1^2+\beta_5 x_2^2+\varepsilon. \tag{5-10}$$

相比,模型(5-5)只少 x_1^2 项,我们不妨增加这一项,建立模型(5-10)。这样做的好处之一是 MATLAB 统计工具箱有直接的命令 rstool 求解,并且以交互式画面求出 y 的估计值 $\hat{y}$ 和预测区间。在 MATLAB 主窗口输入:

```
>>x=[x1,x2];
>> rstool(x,y,'quadratic')
```

得到图 5-18。

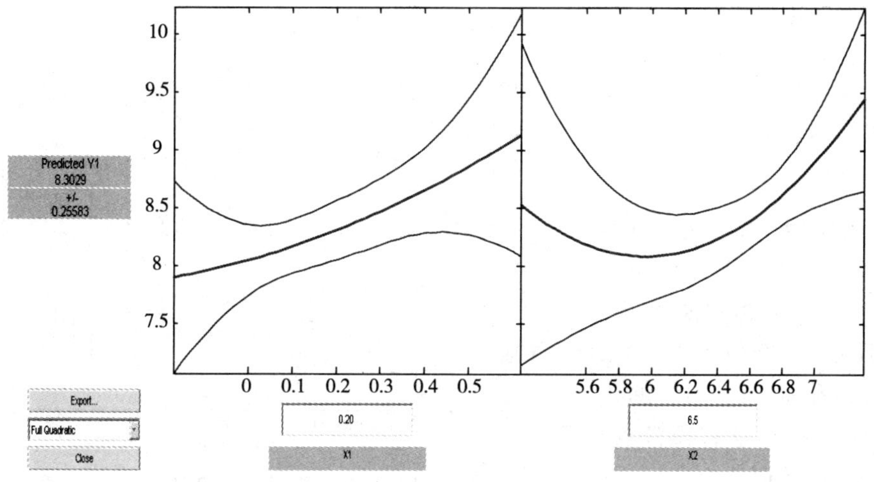

图 5-18　完全二次多项式模型(5-10)输出图

从左下方的输出 Export 中点击 beta 可以在 workspace 中得到模型(5－10)的回归系数的估计值为：

$$\hat{\beta}=(\hat{\beta}_0,\hat{\beta}_1,\hat{\beta}_2,\hat{\beta}_3,\hat{\beta}_4,\hat{\beta}_5)=(32.0984,14.7436,-8.6367,-2.1038,1.1074,0.7594).$$

用鼠标移动交互式画面中的十字线，或在图下方的窗口内输入，可改变 x_1 和 x_2 的数值，图中当 $x_1=0.2$，$x_2=6.5$ 时，左边的窗口显示 $\hat{y}=8.3029$，预测区间为 $8.3029\pm0.2558=[8.0471,8.5587]$。这些结果与模型(5－5)相差不大。

另外，也可以在 *MATLAB* 主窗口输入：

```
>> X=[ones(30,1),x1,x2,x1.*x2,x1.^2,x2.^2];
>>  [b,bint,r,rint,stats]=regress(y,X)
```

回车得到：

```
b =

    32.0984
    14.7436
    -8.6367
    -2.1038
    1.1074
    0.7594
bint =

    14.3635   49.8333
    0.9508   28.5364
    -14.5484   -2.7250
    -4.3565   0.1489
    -2.0281   4.2430
    0.2688   1.2500
stats =
    0.9226   57.2365
    0.0000   0.0434
```

在主窗口输入 rcoplot(r,rint)，得到其残差图 5－19，由此可知模型(5－10)相对模型(5－5)改善不大。结合模型(5－3)、模型(5－5)和模型(5－10)的残差图看，统计的数据有异常点，可能有误差或其他情况。

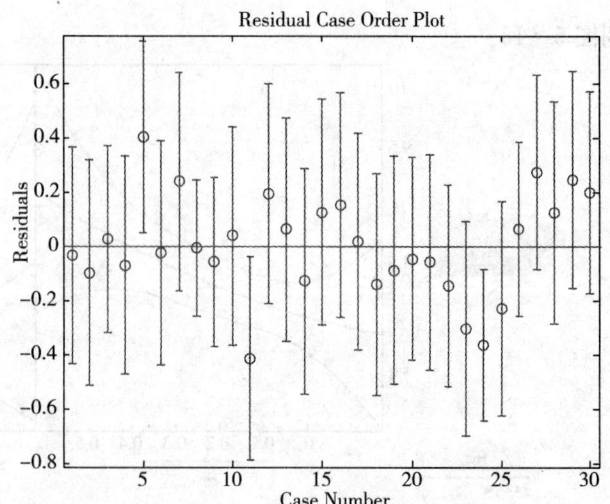

图 5－19　完全二次多项式模型(5－10)残差图

十、评注

从这个实例我们看到，建立回归模型可以先根据已知的数据，从常识和经验进行分析，辅以作图(如图 5-9，图 5-10 的散点图)，决定取哪几个回归变量，及它们的函数形式(如线性的、二次的)。用软件(如 MATLAB 统计工具箱)求解后，作统计分析：R^2，F，p，s^2 的大小是对模型整体的评价，每个回归系数置信区间是否包含零点，可以用来检验对应的回归变量对因变量的影响是否显著(若包含零点则不显著)。如果对结果不够满意，则应改进模型，如添加二次项、交互项等。

对因变量进行预测，经常是建立回归模型的主要目的之一，本节提供了预测的方法，以及对结果作进一步讨论的实例。

第三节 软件开发人员的薪金

一、问题提出

一家高技术公司人事部门为研究软件开发人员的薪金与他们的资历、管理责任、教育程度等因素之间的关系，要建立一个数学模型，以便分析公司人事策略的合理性，并作为新聘用人员薪金的参考。他们认为目前公司人员的薪金总体上是合理的，可以作为建模的依据，于是调查了 46 名软件开发人员的档案资料，如表 5-7 所示，其中资历一列指从事专业工作的年数；管理一列中 1 表示管理人员，0 表示非管理人员；教育一列中 1 表示中学程度，2 表示大学程度，3 表示更高程度(研究生)。

表 5-7 软件开发人员的薪金与资历、管理责任、教育程度的关系

编号	薪金(元)	资历(年)	管理	教育
01	13876	1	1	1
02	11608	1	0	3
03	18701	1	1	3
04	11283	1	0	2
05	11767	1	0	3
06	20872	2	1	2
07	11772	2	0	2
08	10535	2	0	1
09	12195	2	0	3
10	12313	3	0	2
11	14975	3	1	1

（续表）

编号	薪金(元)	资历(年)	管理	教育
12	21371	3	1	2
13	19800	3	1	3
14	11417	4	0	1
15	20263	4	1	3
16	13231	4	0	3
17	12884	4	0	2
18	13245	5	0	2
19	13677	5	0	3
20	15965	5	1	1
21	12366	6	0	1
22	21352	6	1	3
23	13839	6	0	2
24	22884	6	1	2
25	16978	7	1	1
26	14803	8	0	2
27	17404	8	1	1
28	22184	8	1	3
29	13548	8	0	1
30	14467	10	0	1
31	15942	10	0	2
32	23174	10	1	3
33	23780	10	1	2
34	25410	11	1	2
35	14861	11	0	1
36	16882	12	0	2
37	24170	12	1	3
38	15990	13	0	1
39	26330	13	1	2
40	17949	14	0	2
41	25685	15	1	3
42	27837	16	1	2

（续表）

编号	薪金（元）	资历（年）	管理	教育
43	18838	16	0	2
44	17483	16	0	1
45	19207	17	0	2
46	19364	20	0	1

二、分析与假设

按照常识，薪金自然随着资历（年）的增长而增长，管理人员的薪金高于非管理人员，教育程度越高薪金也越高。薪金记作 y，资历（年）记作 x_1，为了表示是否为管理人员，定义

$$x_2=\begin{cases}1, & \text{管理人员，}\\ 0, & \text{非管理人员。}\end{cases}$$

为了表示三种教育程度，定义

$$x_3=\begin{cases}1, & \text{中学，}\\ 0, & \text{其他。}\end{cases}\quad x_4=\begin{cases}1, & \text{大学，}\\ 0, & \text{其他。}\end{cases}\quad x_5=\begin{cases}1, & \text{研究生，}\\ 0, & \text{其他。}\end{cases}$$

这样，中学用 $x_3=1,x_4=0,x_5=0$ 表示，大学用 $x_3=0,x_4=1,x_5=0$ 表示，研究生则用 $x_3=0,x_4=0,x_5=1$ 表示。后面我们将影响因素分成资历和管理-教育组合两类，管理-教育组合的定义如表 5－8，则表 5－7 可以转化为表 5－9。

表 5－8　管理-教育组合

管理-教育组合	1	2	3	4	5	6
管理	0	1	0	1	0	1
教育	1	1	2	2	3	3

表 5－9　软件开发人员的薪金与资历、管理责任、教育程度的关系表

编号	薪金（元）	资历（年）	管理	中学	大学	研究生	管理-教育组合
1	13876	1	1	1	0	0	2
2	11608	1	0	0	0	1	5
3	18701	1	1	0	0	1	6
4	11283	1	0	0	1	0	3
5	11767	1	0	0	0	1	5

（续表）

编号	薪金(元)	资历(年)	管理	中学	大学	研究生	管理-教育组合
6	20872	2	1	0	1	0	4
7	11772	2	0	0	1	0	3
8	10535	2	0	1	0	0	1
9	12195	2	0	0	0	1	5
10	12313	3	0	0	1	0	3
11	14975	3	1	1	0	0	2
12	21371	3	1	0	1	0	4
13	19800	3	1	0	0	1	6
14	11417	4	0	1	0	0	1
15	20263	4	1	0	0	1	6
16	13231	4	0	0	0	1	5
17	12884	4	0	0	1	0	3
18	13245	5	0	0	1	0	3
19	13677	5	0	0	0	1	5
20	15965	5	1	1	0	0	2
21	12366	6	0	1	0	0	1
22	21352	6	1	0	0	1	6
23	13839	6	0	0	1	0	3
24	22884	6	1	0	1	0	4
25	16978	7	1	1	0	0	2
26	14803	8	0	0	1	0	3
27	17404	8	1	1	0	0	2
28	22184	8	1	0	0	1	6
29	13548	8	0	1	0	0	1
30	14467	10	0	1	0	0	1
31	15942	10	0	0	1	0	3
32	23174	10	1	0	0	1	6
33	23780	10	1	0	1	0	4
34	25410	11	1	0	1	0	4
35	14861	11	0	1	0	0	1
36	16882	12	0	0	1	0	3

（续表）

编号	薪金(元)	资历(年)	管理	中学	大学	研究生	管理-教育组合
37	24170	12	1	0	0	1	6
38	15990	13	0	1	0	0	1
39	26330	13	1	0	1	0	4
40	17949	14	0	0	1	0	3
41	25685	15	1	0	0	1	6
42	27837	16	1	0	1	0	4
43	18838	16	0	0	1	0	3
44	17483	16	0	1	0	0	1
45	19207	17	0	0	1	0	3
46	19364	20	0	1	0	0	1

三、基本模型

为简单起见，我们先假定资历(年)对薪金的作用是线性的，即资历每加一年，薪金的增长是常数；管理责任、教育程度、资历诸因素没有交互作用，建立线性回归模型。

设薪金 y 与资历 x_1，管理责任 x_2，教育程度 x_3,x_4,x_5 之间的多元线性回归模型为

$$y=b_0+b_1x_1+b_2x_2+b_3x_3+b_4x_4+b_5x_5+\varepsilon, \tag{5-11}$$

其中 $b_i(i=0,1,2,3,4,5)$是待估计的回归系数，ε 是随机误差。

利用 MATLAB 的统计工具箱输入：

```
>> X = [ones(46,1),x1,x2,x3,x4,x5];
>> [b,bint,r,rint,stats] = regress(y,X)
```

可以得到回归系数及其置信区间(置信水平 $\alpha=0.05$)，检验统计量 R^2,F,p,s^2 的结果，见表 5-10。

表 5-10　模型(5-11)的计算结果

参数	参数估计值	参数置信区间
b_0	11032	[10257，　11807]
b_1	546.32	[484.63，　608.01]
b_2	6881.9	[6247.4，　7516.5]
b_3	−2993.5	[−3825.8，　−2161.3]
b_4	147.05	[−636.53，　930.64]
b_5	0	[0,0]
$R^2=0.95668, F=226.37, p<0.000001, s^2=1.0575\times10^6$		

在 MATLAB 主窗口输入：<< rcoplot(r,rint),set(gca,' Color ',' w ')；可以得到模型(5-11)的残差图 5-20。

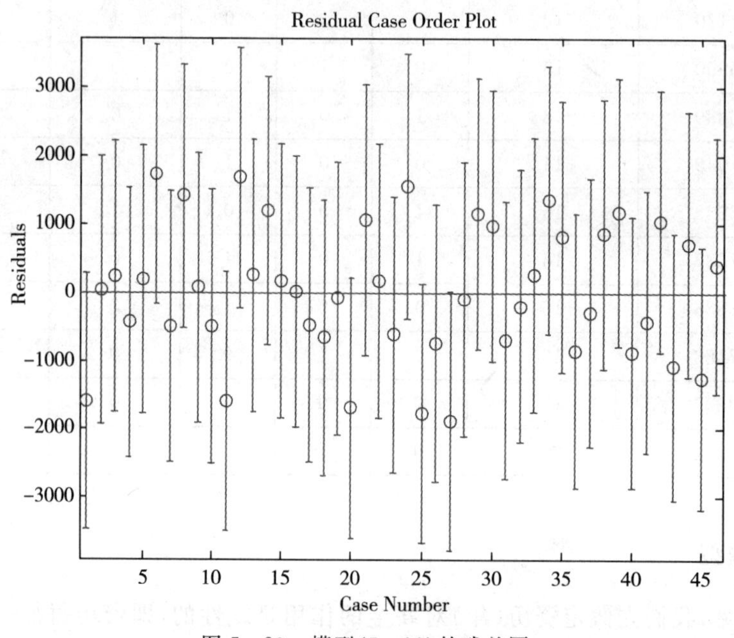

图 5-20　模型(5-11)的残差图

四、结果分析

从表 5-10 知 $R^2=0.95668$，即因变量(薪金)的 95.668%可由模型确定，F 远远超过 F 检验的临界值，p 远小于 0.05，并结合残差图(图 5-20)，可知模型(5-11)从整体来看是可用的。利用模型可以估计(或预测)一个大学毕业、有 2 年资历、非管理人员的薪金为

$$\hat{y}=11032+546.32\times2+6881.9\times0-2993.5\times0+147.05\times1=12272.$$

模型中各个回归系数的含义可初步解释如下：x_1 的系数为 546.32，说明资历每增长 1 年，薪金增长 546 元；x_2 的系数为 6881.9，说明管理人员的薪金比非管理人员多 6881.9 元；x_3 的系数为 -2993.5，说明中学程度的薪金比研究生少 2994 元；x_4 的系数为 148，说明大学程度的薪金比研究生多 148 元，但是应该注意到 b_4 的置信区间包含零点，所以这个系数的解释是不可靠的。

需要指出，以上解释是就平均值来说，并且一个因素改变引起的因变量的变化量，都是在其他因素不变的条件下才成立的。

五、进一步的讨论

b_4 的置信区间包含零点，说明基本模型(5-11)存在缺点。为寻找改进的方向，考虑残差分析(残差 r 指薪金的实际值 y 与模型估计的薪金 $\hat{y}$ 之差，是模型(5-11)中随机误差 ε 的估计值)。

为了对残差进行分析，图 5 - 21 给出 r 与资历 x_1 的关系，图 5 - 22 给出 r 与"管理-教育"组合间的关系。

从图 5 - 21 来看，残差大概分成 3 个水平，这是由于 6 种管理-教育组合混合在一起，在模型中未被正确反映的结果；从图 5 - 22 来看，对于前 4 个管理-教育组合，残差或者全为正，或者全为负，也表明管理-教育组合在模型中处理不当。

在模型(5 - 11)中，管理责任和教育程度是分别起作用的，二者可能起着交互作用，如大学程度的管理人员的薪金会比二者分别的薪金之和高一点。

以上分析提示我们，应在基本模型(5 - 11)中增加管理 x_2 与教育 x_3，x_4 的交互项，建立新的回归模型。

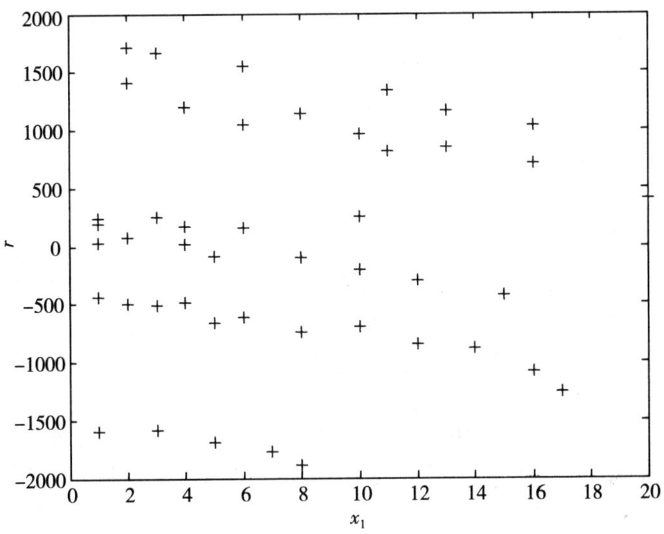

图 5 - 21　模型(5 - 11)中 r 与 x_1 的关系

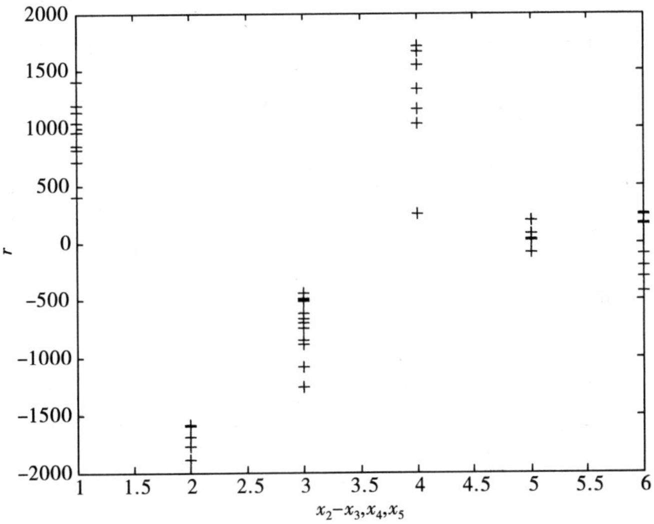

图 5 - 22　模型(5 - 11)中 r 与 x_2-x_3，x_4，x_5 关系

六、更好的模型

增加 x_2 与 x_3, x_4, x_5 的交互项后，模型记作

$$y=b_0+b_1x_1+b_2x_2+b_3x_3+b_4x_4+b_5x_5+b_6x_2x_3+b_7x_2x_4+b_8x_2x_5+\varepsilon. \quad (5-12)$$

利用 MATLAB 的统计工具箱，得到的结果如表 5-11。

表 5-11　模型(5-12)的计算结果

参数	参数估计值	参数置信区间
b_0	11203	[11044,11363]
b_1	497.05	[485.83,508.27]
b_2	7047.1	[6840.4,7253.9]
b_3	−1725.9	[−1938.2,−1513.6]
b_4	−349.42	[−546.05−152.79]
b_5	0	[0,0]
b_6	−3070.8	[−3371.7,−2769.8]
b_7	1836.7	[1572.4,2101.1]
b_8	0	[0,0]
$R^2=0.99883, F=5555.7, p<0.000001, s^2=29990$		

由表 5-11 可知，模型(5-12)的 R^2 和 F 值都比模型(5-11)有所改进，并且除 b_5 和 b_8 外，其他所有回归系数置信区间都不含有零点，表明模型(5-12)是完全可用的。

与模型(5-11)类似，作模型(5-12)的分析图(图 5-23，图 5-24)，可以看出，已经消除了图 5-21、图 5-22 中的不正常现象，这也说明了模型(5-12)的适用性。

从图 5-23、图 5-24 和图 5-25 可以发现一个异常点：具有 10 年资历、大学程度的管

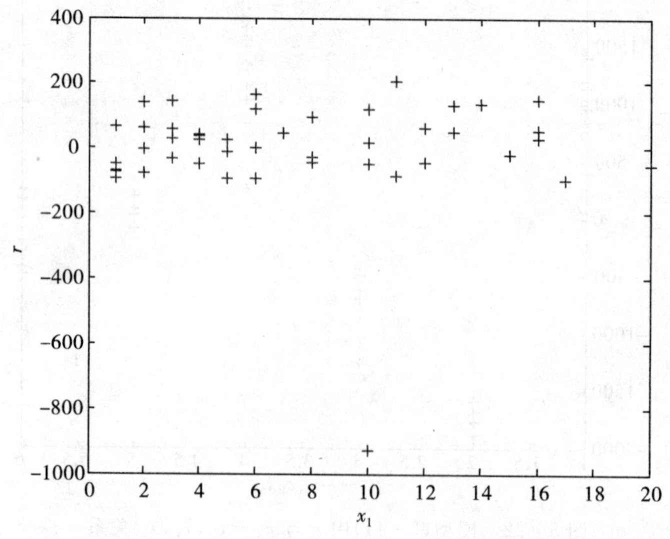

图 5-23　模型(5-12)中 r 与 x_1 的关系

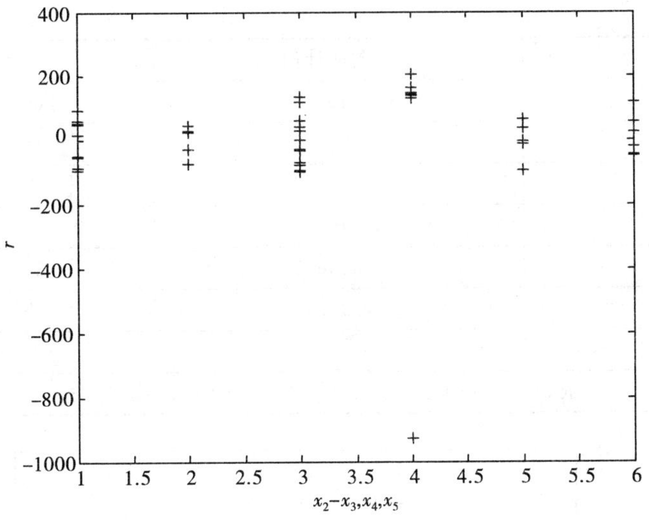

图 5-24　模型(5-12)中 r 与 x_2-x_3，x_4，x_5 关系

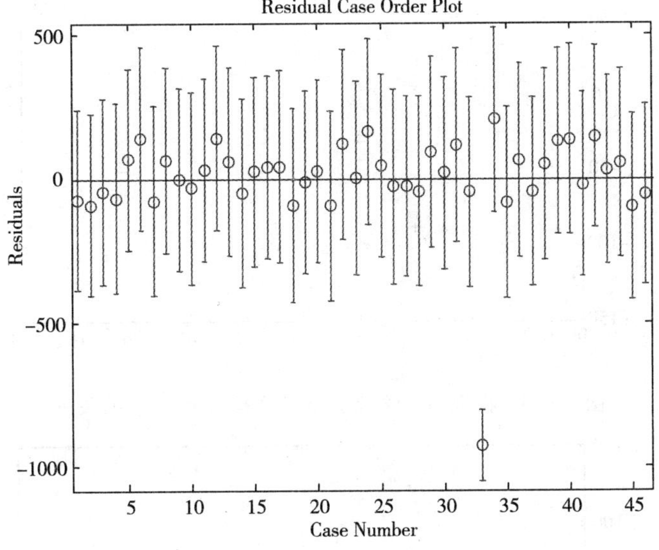

图 5-25　模型(5-12)的残差图

理人员，从表 5-7 可以查出是 33 号，他的实际薪金明显低于模型的估计值，也明显低于与他有类似经历的其他人的薪金。这可能是由于统计错误或其他未知的原因造成的。为了使个别的数据不影响整个模型，应该将这个异常数据去掉，对模型(5-12)重新估计回归系数，得到的结果如表 5-12 所示，残差分析见图 5-26 和图 5-27。可以看出，去掉异常数据后结果又有改善。

表 5-12　模型(5-12)去掉异常数据后的计算结果

参数	参数估计值	参数置信区间
b_0	11200	[11139,11260]
b_1	498.48	[494.24,502.72]

（续表）

参数	参数估计值	参数置信区间
b_2	7040.3	[6962.1,7118.4]
b_3	−1736.5	[−1816.7,−1656.2]
b_4	−357.39	[−431.7,−283.07]
b_5	0	[0,0]
b_6	−3056.5	[−3170.2,−2942.7]
b_7	1997.8	[1895.7,2099.9]
b_8	0	[0,0]
$R^2=0.99983, F=37321, p<0.000001, s^2=4275.6$		

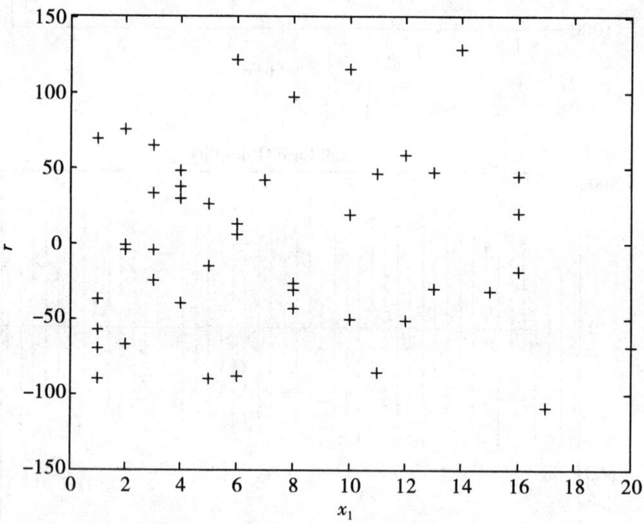

图 5-26　模型(5-12)去掉异常数据后 r 与 x_1 的关系

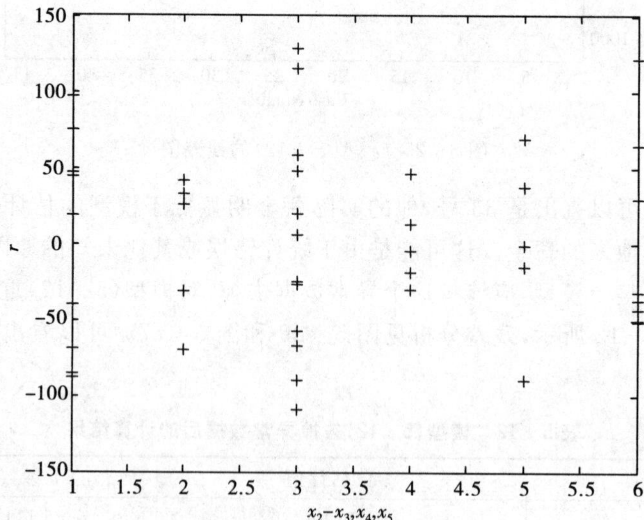

图 5-27　模型(5-12)去掉异常数据后 r 与 x_2-x_3，x_4，x_5 的关系

七、模型应用

对于回归模型(5-12),用去掉异常数据(33 号)后估计出的系数,得到的结果是满意的。作为这个模型的应用之一,不妨用它来"制定"6 种管理-教育组合人员的"基础"薪金(即资历为零的薪金,当然这也是平均意义上的)。利用模型(5-12)和表 5-12 容易得到表 5-13。

表 5-13 6 种管理-教育组合人员的"基础"薪金

组合	管理	教育	系数	"基础"薪金
1	0	1	b_0+b_3	9463.5
2	1	1	$b_0+b_2+b_3+b_6$	13447.3
3	0	2	b_0+b_4	10842.61
4	1	2	$b_0+b_2+b_4+b_7$	19880.71
5	0	3	b_0	11200
6	1	3	b_0+b_2	18240.3

可以看出,大学程度的管理人员的薪金比研究生程度的管理人员的薪金高,而大学程度的非管理人员的薪金比研究生程度的非管理人员的薪金略低。当然,这是根据这家公司实际数据建立的模型得到的结果,并不具普遍性。

八、评注

通过本例我们知道了以下内容:

(1)对于影响因变量的定性因素(管理、教育),可以引入 0-1 变量来处理。

(2)用残差分析方法可以发现模型的缺陷,引入交互作用项常常能够给予改善。

(3)若发现异常值,应剔除,这样有助于结果的合理性。

在本例中,我们由简到繁,先分别引进管理和教育因素,再进入交互项研究。

习题五

1. 某人记录了 21 天每天使用空调器的时间和使用烘干器的次数,并监视电表以计算出每天的耗电量,数据见表 5-14,试研究耗电量(KWH)与空调器使用的小时数(AC)和烘干器使用次数(DRYER)之间的关系,建立并检验回归模型,诊断是否有异常点。

表 5-14 KWH、AC 和 DRYER 之间的关系表

序号	1	2	3	4	5	6	7	8	9	10	11
KWH	35	63	66	17	94	79	93	66	94	82	78
AC	1.5	4.5	5.0	2.0	8.5	6.0	13.5	8.0	12.5	7.5	6.5
DRYER	1	2	2	0	3	3	1	1	1	2	3

（续表）

序号	12	13	14	15	16	17	18	19	20	21	
KWH	65	77	75	62	85	43	57	33	65	33	
AC	8.0	7.5	8.0	7.5	12.0	6.0	2.5	5.0	7.5	6.0	
DRYER	1	2	2	1	1	0	3	0	1	0	

2. 一矿脉有13个相邻样本点，人为地设定一原点，现测得各样本点对原点的距离 x，与该样本点处某种金属含量 y 的多组数据如表5－15所示，画出散点图观测二者的关系，试建立合适的回归模型，如二次曲线、双曲线、对数曲线等。

表5－15　不同样本点关于某某金属含量 y 的数据表

x	2	3	4	5	7	8	10
y	106.42	109.20	109.58	109.50	110.00	109.93	110.49
x	11	14	15	16	18	19	
y	110.59	110.60	110.90	110.76	111.00	111.20	

第六章　主成分分析模型

主成分分析又称主分量分析，是由皮尔逊(Pearson)于1901年首先引入的，后来由霍特林(Hotelling)于1933年进行了发展。主成分分析是一种通过降维技术把多个变量化为少数几个主成分(即综合变量)的多元统计方法，这些主成分能够反映原始变量的大部分信息，通常表示为原始变量的线性组合，为使得这些主成分所包含的信息互不重叠，要求各主成分之间互不相关。主成分分析在很多领域有着广泛的应用，一般来说，当研究的问题涉及很多变量，并且变量间相关性明显，即包含的信息有所重叠时，可以考虑用主成分分析的方法，这样更容易抓住事物的主要矛盾，使得问题得到简化。

本章主要内容：主成分分析法简介，主成分分析的MATLAB实现，主成分分析的具体案例(此部分内容主要参考了文献[26])。

第一节　主成分分析法简介

在实际问题研究中，经常会遇到多变量问题。变量太多，无疑会增加分析问题的难度与复杂性，而且在许多实际问题中，多个变量之间是具有一定的相关关系的。因此，人们会很自然地想到，能否在相关分析的基础上，用较少的新变量代替原来较多的旧变量，而且使这些较少的新变量尽可能多地保留原来变量所反映的信息。事实上，这种想法是可以实现的，主成分分析方法就是综合处理多变量问题的一种强有力的工具。主成分分析是把原来多个变量划为少数几个综合指标从而进行分析的一种统计分析方法。从数学角度来看，这是一种降维处理技术。

一、总体的主成分

(一)从总体协方差矩阵出发求解主成分

设 $\boldsymbol{x}=(x_1,x_2,\cdots,x_p)'$ 为一个 p 维总体，假定 $\boldsymbol{x}$ 的期望和协方差矩阵均存在并已知，记 $E(\boldsymbol{x})=\mu$，$var(\boldsymbol{x})=\sum$，考虑如下线性变换

$$\begin{cases} y_1=a_{11}x_1+a_{12}x_2+\cdots+a_{1p}x_p=\boldsymbol{a}'_1\boldsymbol{x}, \\ y_2=a_{21}x_1+a_{22}x_2+\cdots+a_{2p}x_p=\boldsymbol{a}'_2\boldsymbol{x}, \\ \vdots \\ y_p=a_{p1}x_1+a_{p2}x_2+\cdots+a_{pp}x_p=\boldsymbol{a}'_p\boldsymbol{x}. \end{cases} \tag{6-1}$$

其中，$\boldsymbol{a}_1,\boldsymbol{a}_2,\cdots,\boldsymbol{a}_p$ 均为单位向量。下面求$\boldsymbol{a}_1$，使得 y_1 的方差达到最大。

设 $\lambda_1\geqslant\lambda_2\geqslant\cdots\geqslant\lambda_p\geqslant 0$ 为$\sum$ 的 p 个特征值，$\boldsymbol{t}_1,\boldsymbol{t}_2,\cdots,\boldsymbol{t}_p$ 为相应的正交单位特征向量，即

$$\sum \boldsymbol{t}_i=\lambda_i\boldsymbol{t}_i,\quad \boldsymbol{t}'_i\boldsymbol{t}_i=1,\quad \boldsymbol{t}'_i\boldsymbol{t}_j=0,\quad i\neq j;i,j=1,2,\cdots,p.$$

由矩阵知识可知

$$\sum=\boldsymbol{T\Lambda T}'=\sum_{i=1}^{p}\lambda_i\boldsymbol{t}_i\boldsymbol{t}'_i,$$

其中 $\boldsymbol{T}=(\boldsymbol{t}_1,\boldsymbol{t}_2,\cdots,\boldsymbol{t}_p)$ 为正交矩阵，$\boldsymbol{\Lambda}$ 是对角线元素为 $\lambda_1,\lambda_2,\cdots,\lambda_p$ 的对角阵。

考虑 y_1 的方差

$$\begin{aligned}\operatorname{var}(y_1)&=\operatorname{var}(\boldsymbol{a}'_1\boldsymbol{x})=\boldsymbol{c}'_1\operatorname{var}(\boldsymbol{x})\,\boldsymbol{a}_1=\sum_{i=1}^{p}\lambda_i\boldsymbol{a}'_1\boldsymbol{t}_i\boldsymbol{t}'_i\boldsymbol{a}_1=\sum_{i=1}^{p}\lambda_i\,(\boldsymbol{a}'_1\boldsymbol{t}_i)^2\\&\leqslant\lambda_1\sum_{i=1}^{p}(\boldsymbol{a}'_1\boldsymbol{t}_i)^2=\lambda_1\boldsymbol{a}'_1(\sum_{i=1}^{p}\boldsymbol{t}_i\boldsymbol{t}'_i)\,\boldsymbol{a}_1=\lambda_1\boldsymbol{a}'_1\boldsymbol{TT}'\boldsymbol{a}_1=\lambda_1\boldsymbol{a}'_1\boldsymbol{a}_1=\lambda_1.\end{aligned}\tag{6-2}$$

由式(6-2)可知，当$\boldsymbol{a}_1=\boldsymbol{t}_1$ 时，$y_1=\boldsymbol{t}'_1\boldsymbol{x}$ 的方差达到最大，最大值为λ_1。称 $y_1=\boldsymbol{t}'_1\boldsymbol{x}$ 为第一主成分。如果第一主成分从原始数据中提取的信息还不够多，还应考虑第二主成分。下面求$\boldsymbol{a}_2$，在 $\operatorname{cov}(y_1,y_2)=0$ 条件下，使得 y_2 的方差达到最大。由

$$\operatorname{cov}(y_1,y_2)=\operatorname{cov}(\boldsymbol{t}'_1\boldsymbol{x},\boldsymbol{a}'_2\boldsymbol{x})=\boldsymbol{t}'_1\sum\boldsymbol{a}_2=\boldsymbol{a}'_2\sum\boldsymbol{t}_1=\lambda_1\boldsymbol{a}'_2\boldsymbol{t}_1=0,$$

可得$\boldsymbol{a}'_2\boldsymbol{t}_1=0$，

$$\begin{aligned}\operatorname{var}(y_2)&=\operatorname{var}(\boldsymbol{a}'_2\boldsymbol{x})=\boldsymbol{a}'_2\operatorname{var}(\boldsymbol{x})\,\boldsymbol{a}_2=\sum_{i=1}^{p}\lambda_i\boldsymbol{a}'_2\boldsymbol{t}_i\boldsymbol{t}'_i\boldsymbol{a}_2=\sum_{i=2}^{p}\lambda_i\,(\boldsymbol{a}'_2\boldsymbol{t}_i)^2\\&\leqslant\lambda_2\sum_{i=2}^{p}(\boldsymbol{a}'_2\boldsymbol{t}_i)^2=\lambda_2\boldsymbol{a}'_2(\sum_{i=1}^{p}\boldsymbol{t}_i\boldsymbol{t}'_i)\,\boldsymbol{a}_2=\lambda_2\boldsymbol{a}'_2\boldsymbol{TT}'\boldsymbol{a}_2=\lambda_2\boldsymbol{a}'_2\boldsymbol{a}_2=\lambda_2.\end{aligned}\tag{6-3}$$

由式(6-3)可知，当$\boldsymbol{a}_2=\boldsymbol{t}_2$ 时，$y_2=\boldsymbol{t}'_2\boldsymbol{x}$ 的方差达到最大，最大值为λ_2。称 $y_2=\boldsymbol{t}'_2\boldsymbol{x}$ 为第二主成分。类似地，在约束 $\operatorname{cov}(y_k,y_1)=0(k=1,2,\cdots,i-1)$ 下可得，当$\boldsymbol{a}_i=\boldsymbol{t}_i$ 时，$y_i=\boldsymbol{t}'_i\boldsymbol{x}$ 的方差达到最大，最大值为 λ_i。称 $y_i=\boldsymbol{t}'_i\boldsymbol{x}\,(i=1,2,\cdots,p)$ 为第 i 主成分。

(二) 主成分的性质

1. 主成分向量的协方差矩阵为对角阵

记

$$\boldsymbol{y}=\begin{bmatrix}y_1\\y_2\\\vdots\\y_p\end{bmatrix}=\begin{bmatrix}\boldsymbol{t}'_1\boldsymbol{x}\\\boldsymbol{t}'_2\boldsymbol{x}\\\vdots\\\boldsymbol{t}'_p\boldsymbol{x}\end{bmatrix}=(\boldsymbol{t}_1,\boldsymbol{t}_2,\cdots,\boldsymbol{t}_p)'\boldsymbol{x}=\boldsymbol{T}'\boldsymbol{x},\tag{6-4}$$

则

$$E(\boldsymbol{y})=E(\boldsymbol{T}'\boldsymbol{x})=\boldsymbol{T}'\boldsymbol{\mu},\mathrm{var}(\boldsymbol{y})=\mathrm{var}(\boldsymbol{T}'\boldsymbol{x})=\boldsymbol{T}'\mathrm{var}(\boldsymbol{x})\boldsymbol{T}=\boldsymbol{T}'\sum\boldsymbol{T}=\boldsymbol{\Lambda},$$

即主成分向量的协方差矩阵为对角阵。

2. 主成分的总方差等于原始变量的总方差

设协方差矩阵 $\sum=(\sigma_{ij})$，则 $\mathrm{var}(x_i)=\sigma_{ii}(i=1,2,\cdots,p)$，于是

$$\sum_{i=1}^{p}\mathrm{var}(y_i)=\sum_{i=1}^{p}\lambda_i=\mathrm{tr}(\sum)=\sum_{i=1}^{p}\sigma_{ii}=\sum_{i=1}^{p}\mathrm{var}(x_i)。$$

由此可见，原始数据的总方差等于 p 个互不相关的主成分的方差之和，也就是说 p 个互不相关的主成分包含了原始数据中的全部信息，但是主成分所包含的信息更为集中。

总方差中第 i 个主成分 y_i 的方差所占的比例 $\lambda_i/\sum_{j=1}^{p}\lambda_j(i=1,2,\cdots,p)$ 称为主成分 y_i 的贡献率。主成分的贡献率反映了主成分综合原始变量信息的能力，也可理解为解释原始变量的能力。由贡献率定义可知，p 个主成分的贡献率依次递减，即综合原始变量信息的能力依次递减。第一个主成分的贡献率最大，即第一个主成分综合原始变量信息最强。

前 $m(m\leqslant p)$ 个主成分的贡献率之和 $\sum_{i=1}^{m}\lambda_i/\sum_{j=1}^{p}\lambda_j$ 称为前 m 个主成分的累计贡献率，它反映了前 m 个主成分综合原始变量信息(或解释原始变量)的能力。由于主成分分析的主要目的是降维，所以需要在信息损失不多的情况下，用少数几个主成分来代替原始变量 x_1，x_2，…，x_p，以进行后续的分析。究竟用几个主成分来代替原始变量才合适呢？通常做法是取较小的 m，使得前 m 个主成分的累计贡献率不低于某一水平(如85%以上)，这样就达到了降维的目的。

3. 原始变量 x_i 与主成分 y_i 之间的相关系数 $\rho(x_i,y_i)$

由式(6-4)可知 $\boldsymbol{x}=\boldsymbol{T}\boldsymbol{y}$，于是

$$x_i=t_{i1}y_1+t_{i2}y_2+\cdots+t_{ip}y_p, \tag{6-5}$$

从而

$$\mathrm{cov}(x_i,y_j)=\mathrm{cov}(t_{ij}y_j,y_j)=t_{ij}\mathrm{cov}(y_j,y_j)=t_{ij}\lambda_j,$$

$$\rho(x_i,y_j)=\frac{\mathrm{cov}(x_i,y_j)}{\sqrt{\mathrm{var}(x_i)}\sqrt{\mathrm{var}(y_j)}}=\frac{\sqrt{\lambda_j}}{\sqrt{\sigma_{ii}}}t_{ij},\quad i,j=1,2,\cdots,p.$$

4. 前 m 个主成分对变量 x_i 的贡献率

称

$$\sum_{j=1}^{m}\rho^2(x_i,y_j)=\frac{1}{\sigma_{ii}}\sum_{j=1}^{m}\lambda_j t_{ij}^2,$$

为前 m 个主成分对变量 x_i 的贡献率。这个贡献率反映了前 m 个主成分从变量 x_i 中提取的信息的多少。

由式(6-5)可知 $\sigma_{ii}=\lambda_1 t_{i1}^2+\lambda_2 t_{i2}^2+\cdots+\lambda_p t_{ip}^2$，故所有 p 个主成分对变量 x_i 的贡献率为

$$\sum_{j=1}^{p}\rho^2(x_i,y_j)=\frac{1}{\sigma_{ii}}\sum_{j=1}^{p}\lambda_j t_{ij}^2=1.$$

5. 原始变量对主成分 y_i 的贡献

主成分 y_j 的表达式为

$$y_j=t'_j\boldsymbol{x}=t_{1j}x_1+t_{2j}x_2+\cdots+t_{pj}x_p, j=1,2,\cdots,p.$$

称 t_{ij} 为第 j 个主成分 y_j 在第 i 个原始变量 x_i 的载荷，它反映了 x_i 对 y_j 的重要程度。在实际问题中，通常根据载荷 t_{ij} 解释主成分的实际意义。

(三) 从总体相关系数矩阵出发求解主成分

当总体各变量取值的单位或数量级不同时，从总体协方差矩阵出发求解主成分就显得不合适了，此时应将每个变量标准化。记标准化变量为

$$x_i^*=\frac{x_i-E(x_i)}{\sqrt{\operatorname{var}(x_i)}}, i=1,2,\cdots,p,$$

则可以从标准化总体 $\boldsymbol{x}^*=(x_1^*,x_2^*,\cdots,x_p^*)'$ 的协方差矩阵出发求解主成分，即从总体 $\boldsymbol{x}$ 的相关系数矩阵出发求解主成分，因为总体 $\boldsymbol{x}^*$ 协方差矩阵就是总体 $\boldsymbol{x}$ 的相关系数矩阵。

设总体 $\boldsymbol{x}$ 的相关系数矩阵为 $\boldsymbol{R}$，从 $\boldsymbol{R}$ 出发求解主成分的步骤与从 $\sum$ 出发求解主成分的步骤一样。设 $\lambda_1^*\geqslant\lambda_2^*\geqslant\cdots\geqslant\lambda_p^*\geqslant 0$ 为 $\boldsymbol{R}$ 的 p 个特征值，$\boldsymbol{t}_1^*,\boldsymbol{t}_2^*,\cdots,\boldsymbol{t}_p^*$ 为相应的正交单位特征向量，则 p 个主成分为

$$y_i^*=\boldsymbol{t}_i^{*\prime}\boldsymbol{x}^*, i=1,2,\cdots,p. \tag{6-6}$$

记

$$\boldsymbol{y}^*=\begin{bmatrix}y_1^*\\y_2^*\\\vdots\\y_p^*\end{bmatrix}=\begin{bmatrix}\boldsymbol{t}_1^{*\prime}\boldsymbol{x}^*\\\boldsymbol{t}_2^{*\prime}\boldsymbol{x}^*\\\vdots\\\boldsymbol{t}_p^{*\prime}\boldsymbol{x}^*\end{bmatrix}=(\boldsymbol{t}_1^*,\boldsymbol{t}_2^*,\cdots,\boldsymbol{t}_p^*)'\boldsymbol{x}^*=\boldsymbol{T}^{*\prime}\boldsymbol{x}^*. \tag{6-7}$$

则有以下结论

$$E(\boldsymbol{y}^*)=0, \operatorname{var}(\boldsymbol{y}^*)=\boldsymbol{\Lambda}^*=\operatorname{diag}(\lambda_1^*,\lambda_2^*,\cdots,\lambda_p^*),$$

$$\sum_{i=1}^{p}\lambda_i^*=\operatorname{tr}(\boldsymbol{R})=p,$$

$$\rho(x_i^*,y_j^*)=\frac{\operatorname{cov}(x_i^*,y_j^*)}{\sqrt{\operatorname{var}(x_i^*)}\sqrt{\operatorname{var}(y_j^*)}}=\sqrt{\lambda_j^*}\,t_{ij}^*, i,j=1,2,\cdots,p,$$

此时前 m 个主成分的累计贡献率为 $\frac{1}{p}\sum_{i=1}^{m}\lambda_i^*$。

二、样本的主成分

在实际问题中，总体 $\boldsymbol{x}$ 的协方差矩阵 $\sum$ 或相关性系数矩阵 $\boldsymbol{R}$ 往往是未知的，需要由样本进行估计。设 $\boldsymbol{x}_1,\boldsymbol{x}_2,\cdots,\boldsymbol{x}_n$ 为取自 $\boldsymbol{x}$ 的总体样本，其中 $\boldsymbol{x}_i=(x_{i1},x_{i2},\cdots,x_{ip})'(i=1,2,\cdots,n)$。记样本观测值矩阵为

$$\boldsymbol{X}=\begin{bmatrix} x_{11} & x_{12} & \cdots & x_{1p} \\ x_{21} & x_{22} & \cdots & x_{2p} \\ \vdots & \vdots & & \vdots \\ x_{n1} & x_{n2} & \cdots & x_{np} \end{bmatrix}.$$

$\boldsymbol{X}$ 的每一行对应一个样品，每一列对应一个变量。记样本协方差矩阵和样本相关系数矩阵分别为

$$\boldsymbol{S}=\frac{1}{n-1}\sum_{i=1}^{n}(\boldsymbol{x}_i-\bar{\boldsymbol{x}})(\boldsymbol{x}_i-\bar{\boldsymbol{x}})'=(s_{ij}),$$

$$\hat{\boldsymbol{R}}=(r_{ij}),\quad r_{ij}=\frac{s_{ij}}{\sqrt{s_{ii}}\sqrt{s_{jj}}}.$$

其中，$\bar{x}=\frac{1}{n}\sum_{i=1}^{n}x_i$ 为样本均值。将 $\boldsymbol{S}$ 作为 $\sum$ 的估计，$\hat{\boldsymbol{R}}$ 作为 $\boldsymbol{R}$ 的估计，从 $\boldsymbol{S}$ 或 $\hat{\boldsymbol{R}}$ 出发可求得样本的主成分。

(一) 从样本协方差矩阵 S 出发求解主成分

设 $\hat{\lambda}_1\geqslant\hat{\lambda}_2\geqslant\cdots\geqslant\hat{\lambda}_p\geqslant 0$ 为 $\boldsymbol{S}$ 的 p 个特征值，$\hat{\boldsymbol{t}}_1,\hat{\boldsymbol{t}}_2,\cdots,\hat{\boldsymbol{t}}_p$ 为相应的正交单位特征向量，则样本的 p 个主成分为

$$\hat{y}_i=\hat{\boldsymbol{t}}_i'\boldsymbol{x},i=1,2,\cdots,p. \tag{6-8}$$

将样品 $\boldsymbol{x}_i$ 的观测值代入第 j 个主成分，称得到的值

$$\hat{y}_{ij}=\hat{\boldsymbol{t}}_j'\boldsymbol{x}_i,(i=1,2,\cdots,n;j=1,2,\cdots,p).$$

为样品 $\boldsymbol{x}_i$ 的第 j 主成分得分。

(二) 从样本相关系数矩阵 $\hat{R}$ 出发求解主成分

设 $\hat{\lambda}_1^*\geqslant\hat{\lambda}_2^*\geqslant\cdots\geqslant\hat{\lambda}_p^*\geqslant 0$ 为 $\hat{\boldsymbol{R}}$ 的 p 个特征值，$\hat{\boldsymbol{t}}_1^*,\hat{\boldsymbol{t}}_2^*,\cdots,\hat{\boldsymbol{t}}_p^*$ 为相应的正交单位特征向量，则样本的 p 个主成分为

$$\hat{y}_i^*=\hat{\boldsymbol{t}}_i^{*\prime}\boldsymbol{x}^*,i=1,2,\cdots,p. \tag{6-9}$$

将样品 $\boldsymbol{x}_i$ 标准化后的观测值 $\boldsymbol{x}_i^*$ 代入第 j 个主成分，即可得到样品 $\boldsymbol{x}_i$ 的第 j 个主成分得分

$$\hat{y}_{ij}=\hat{\boldsymbol{t}}_j^{*\prime}\boldsymbol{x}_i^*,i=1,2,\cdots,n;j=1,2,\cdots,p.$$

(三) 由主成分得分重建(恢复) 原始数据

假定从样本协方差矩阵 $\boldsymbol{S}$ 出发求解主成分,记 $\hat{\boldsymbol{Y}}$ 为样本的主成分得分值矩阵,则

$$\hat{\boldsymbol{Y}}=\begin{bmatrix}\hat{y}_{11} & \hat{y}_{12} & \cdots & \hat{y}_{1p}\\ \hat{y}_{21} & \hat{y}_{22} & \cdots & \hat{y}_{2p}\\ \vdots & \vdots & \cdots & \vdots\\ \hat{y}_{n1} & \hat{y}_{n2} & \cdots & \hat{y}_{np}\end{bmatrix}=\begin{bmatrix}x_{11} & x_{12} & \cdots & x_{1p}\\ x_{21} & x_{22} & \cdots & x_{2p}\\ \vdots & \vdots & \cdots & \vdots\\ x_{n1} & x_{n2} & \cdots & x_{np}\end{bmatrix}(\hat{\boldsymbol{t}}_1,\hat{\boldsymbol{t}}_2,\cdots,\hat{\boldsymbol{t}}_p)=\boldsymbol{X}\hat{\boldsymbol{T}}. \quad (6-10)$$

注意到 $\hat{\boldsymbol{T}}$ 为正交矩阵,则有$\hat{\boldsymbol{T}}^{-1}=\hat{\boldsymbol{T}}'$,于是由式(6-10)可得 $\boldsymbol{X}=\hat{\boldsymbol{Y}}\hat{\boldsymbol{T}}'$,也就是说根据主成分得分和主成分表达式,可以重建(恢复) 原始数据,这在数据压缩与解压中有着重要的应用。当然在实际应用中,可能不会用到 p 个主成分,假定只用前 $m(m\leqslant p)$ 个主成分,记样本的前 m 个主成分矩阵为

$$\hat{\boldsymbol{Y}}_m=\begin{bmatrix}\hat{y}_{11} & \hat{y}_{12} & \cdots & \hat{y}_{1m}\\ \hat{y}_{21} & \hat{y}_{22} & \cdots & \hat{y}_{2m}\\ \vdots & \vdots & \cdots & \vdots\\ \hat{y}_{n1} & \hat{y}_{n2} & \cdots & \hat{y}_{nm}\end{bmatrix},$$

当前 m 个主成分的累计贡献率达到一个比较高的水平时,由$\boldsymbol{X}_m=\hat{\boldsymbol{Y}}_m\hat{\boldsymbol{T}}'$ 得到的矩阵$\boldsymbol{X}_m$ 可以作为原始样本观测值矩阵$\boldsymbol{X}$ 的一个很好的近似,此时称 $\boldsymbol{X}-\boldsymbol{X}_m$ 为样本的残差,MATLAB统计工具箱中提供了重建数据和求残差的函数 pcares。若$\hat{\boldsymbol{Y}}_m$ 和$\hat{\boldsymbol{T}}$ 的数据量小于原始样本观测值矩阵 $\boldsymbol{X}$ 的数据量,就能起到压缩数据的目的。

以上讨论的是从样本协方差矩阵 $\boldsymbol{S}$ 出发求解主成分,然后由样本的主成分得分重建原始数据。若从样本的相关系数矩阵 $\hat{\boldsymbol{R}}$ 出发求解主成分,同样可以由样本的主成分得分重建原始数据,只是此时需要进行逆标准化变换,这里不再作详细讨论。

三、关于主成分表达式的说明

这里需要说明的是,即使限定了协方差矩阵或相关系数矩阵的 p 个特征值对应的特征向量为正交单位向量,它们也不是唯一的,从而主成分的表达式也是不唯一的,例如若 $y=\boldsymbol{t}'\boldsymbol{x}$ 是总体或样本的一个主成分,则 $y=-\boldsymbol{t}'\boldsymbol{x}$ 也是总体或样本的一个主成分。主成分表达式不唯一对后续分析没有太大影响。

若第 p 个主成分的贡献率非常小,可认为第 p 个主成分 y_p 的方差 $\mathrm{var}(y_p)\approx 0$,即 $y_p\approx c$(c 为一个常数),这揭示了变量之间的一个共线性关系:$\boldsymbol{t}'_p\boldsymbol{x}=c$.

第二节　主成分分析的 MATLAB 函数

与主成分分析相关的 MATLAB 函数主要有 pcacov、princomp 和 pcares,下面分别介绍。

一、pcacov 函数

pcacov 函数用来根据协方差矩阵或相关系数矩阵进行主成分分析，其调用格式如下：

```
COEFF = pcacov(V)
[COEFF,latent] = pcacov(V)
[COEFF,latent,explained] = pcacov(V)
```

以上调用中输入参数 V 是总体或样本协方差矩阵或相关系数矩阵，对于 p 维总体，V 是 $p\times p$ 的矩阵。输出参数 COEFF 是 p 个主成分的系数矩阵，它是 $p\times p$ 的矩阵，它是第 i 列是 i 个主成分的系数向量。输出参数 latent 是 p 个主成分的方差构成的列向量，即 V 的 p 个特征值(从大到小) 构成的向量。输出参数 explained 是 p 个主成分的贡献率向量，已经转化为百分比。

二、princomp 函数

princomp 函数用于根据样本观测值矩阵进行主成分分析，其调用格式如下：

(1)[COEFF,SCORE]＝princomp(X)

根据样本观测值矩阵 X 进行主成分分析。输入参数 X 是 n 行 p 列的矩阵，每一行对应一个观测(样品)，每一列对应一个变量。输出参数 COEFF 是 p 个主成分的系数矩阵，它是 $p\times p$ 的矩阵，它的第 i 列是第 i 个主成分的系数向量。输出参数 SCORE 是 n 个样品的 p 个主成分得分矩阵，它是 n 行 p 列的矩阵，每一行对应一个观测，每一列对应一个主成分，第 i 行第 j 列元素是第 i 个样品的第 j 个主成分得分。

(2)[COEFF,SCORE,latent]＝princomp(X)

返回样本协方差矩阵的特征值向量 latent，它是由 p 个特征值构成的列向量，其中特征值按降序排列。

(3)[COEFF,SCORE,latent,tsquare]＝princomp(X)

返回一个包含 p 个元素的列向量 tsquare，它的第 i 个元素是第 i 个观测对应的霍特林(Hotelling) T^2 统计量，描述了第 i 个观测与数据集(样本观测矩阵) 的中心之间的距离，可用来寻找远离中心的极端数据。

设 $\lambda_1\geqslant\lambda_2\geqslant\cdots\geqslant\lambda_p\geqslant 0$ 为样本协方差矩阵的 p 个特征值，并设第 i 个样品的第 j 个主成分得分为 $y_{ij}(i=1,2,\cdots,n;j=1,2,\cdots,p)$，则第 i 个样品对应的霍特林(Hotelling) T^2 统计量为

$$T_i^2=\sum_{j=1}^{p}\frac{y_{ij}^2}{\lambda_j},i=1,2,\cdots,n.$$

注意：princomp 函数对样本数据进行了中心化处理，即把 X 中的每一个元素减去其所在列的均值，相应地，princomp 函数返回的主成分得分就是中心化的主成分得分。

当 $n\leqslant p$，即观测的个数小于或等于维数时，SCORE 矩阵的第 n 列到第 p 列元素均为 0，latent 的第 n 到第 p 个元素均为 0。

(4) [⋯] = princomp(X,'econ')

通过设置'econ'参数,使得当$n \leqslant p$时,只返回latent中的前$n-1$个元素(去掉不必要的0元素)及COEFF和SCORE矩阵中相应的列。

三、pcares函数

在第一节中曾讨论过由样本的主成分得分重建(恢复)原始数据的问题,若只用前m($m \leqslant p$)个主成分得分来重建原始数据,则可能会有一定的误差,称之为残差。MATLAB统计工具箱中提供了pcares函数,用来重建数据,并求样本观测值矩阵中的每个观测值的每一个分量所对应的残差,其调用格式如下:

```
residuals = pcares(X,ndim)
[residuals,reconstructed] = pcares(X,ndim)
```

上述调用中的X是n行p列的样本观测值矩阵,它的每一行对应一个观测(样品),每一列对应一个变量。ndim参数用来指定所用的主成分的个数,它是一个小于或等于p的正的标量,最好取值为正整数。输出参数residuals是一个与X同样大小的矩阵,其元素为X中相应元素所对应的残差。输出参数reconstructed为用前ndim个主成分的得分重建的观测数据,它是X的一个近似。

注意:pcares调用了princomp函数,它只能接受原始样本观测数据作为它的输入,并且它不会自动对数据做标准化变换,若需要对数据做标准化变换,可以先用zscore函数将数据标准化,然后调用pcares函数重建观测数据并求残差。若从协方差矩阵或相关系数矩阵出发求解主成分,请用pcacov函数,此时无法重建观测数据和求残差。

第三节　从协方差矩阵或相关系数矩阵出发求解主成分的建模案例

在制定服装标准的过程中,对128名成年男子的身材进行了测量,每人测了六项指标:身高(x_1)、坐高(x_2)、胸围(x_3)、手臂长(x_4)、肋围(x_5)和腰围(x_6),样本相关系数矩阵如表6-1所示。试根据样本相关系数矩阵进行主成分分析。

表6-1　128名成年男子身材的六项指标的样本相关系数矩阵

变量	身高(x_1)	坐高(x_2)	胸围(x_3)	手臂长(x_4)	肋围(x_5)	腰围(x_6)
身高(x_1)	1	0.79	0.36	0.76	0.25	0.51
坐高(x_2)	0.79	1	0.31	0.55	0.17	0.35
胸围(x_3)	0.36	0.31	1	0.35	0.64	0.58
手臂长(x_4)	0.76	0.55	0.35	1	0.16	0.38
肋围(x_5)	0.25	0.17	0.64	0.16	1	0.63
腰围(x_6)	0.51	0.35	0.58	0.38	0.63	1

一、调用 pcacov 函数作主成分分析

对于本例，调用 pcacov 函数作主成分分析的命令与结果如下：

```
% 定义相关系数矩阵 PHO
>> PHO = [1 0.79  0.36  0.76  0.25  0.51
0.79  1  0.31  0.55  0.17  0.35
0.36  0.31  1  0.35  0.64  0.58
0.76  0.55  0.35  1  0.16  0.38
0.25  0.17  0.64  0.16  1  0.63
0.51  0.35  0.58  0.38  0.63 1];
>> [COEFF,latent,explained] = pcacov(PHO)
% 调用 pcacov 函数根据相关系数矩阵作主成分分析；
% COEFF 表示返回主成分表达式的系数矩阵；
% latent 表示返回相关系数矩阵的特征值向量；
% explained 表示返回主成分贡献率向量.
得到：
COEFF =

 -0.4689   -0.3648    0.0922   -0.1224   -0.0797    0.7856
 -0.4037   -0.3966    0.6130    0.3264    0.0270   -0.4434
 -0.3936    0.3968   -0.2789    0.6557    0.4052    0.1253
 -0.4076   -0.3648   -0.7048   -0.1078   -0.2346   -0.3706
 -0.3375    0.5692    0.1643   -0.0193   -0.7305   -0.0335
 -0.4268    0.3084    0.1193   -0.6607    0.4899   -0.1788

latent =
    3.2872
    1.4062
    0.4591
    0.4263
    0.2948
    0.1263
explained =
    54.7867
    23.4373
    7.6516
    7.1057
    4.9133
    2.1054

% 为了更加直观，以元胞数组形式显示结果.
```

```
>>result1(1,:) = {'特征值','差值','贡献率','累积贡献率'};
>>result1(2:7,1) = num2cell(latent);
>>result1(2:6,2) = num2cell( - diff(latent));
% diff 函数是用于求导数和差分的.
>>result1(2:7,3:4) = num2cell([explained,cumsum(explained)])
% cumsum 函数通常用于计算一个数组各行的累加值.
result1 =

'特征值'     '差值'      '贡献率'     '累积贡献率'
[3.2872]    [1.8810]    [54.7867]    [  54.7867]
[1.4062]    [0.9471]    [23.4373]    [  78.2240]
[0.4591]    [0.0328]    [ 7.6516]    [  85.8756]
[0.4263]    [0.1315]    [ 7.1057]    [  92.9813]
[0.2948]    [0.1685]    [ 4.9133]    [  97.8946]
[0.1263]       []       [ 2.1054]    [ 100.0000]
```

% 由 result1 可以看出,前三个主成分累积贡献率为 85.8756 %,因此可以只用前 3 个主成分进行后续分析.

```
>> s = {'标准化变量';'x1:身高';'x2:坐高';'x3:胸围';'x4:手臂长';'x5:肋围';'x6:腰围'};
>> result2(:,1) = s;
>> result2(1,2:4) = {'Prin1','Prin2','Prin3'};
>> result2(2:7,2:4) = num2cell(COEFF(:,1:3))
% 以元胞数组形式显示前 3 个主成分表达式

result2 =

'标准化变量'   'Prin1'      'Prin2'      'Prin3'
'x1:身高'     [-0.4689]    [-0.3648]    [ 0.0922]
'x2:坐高'     [-0.4037]    [-0.3966]    [ 0.6130]
'x3:胸围'     [-0.3936]    [ 0.3968]    [-0.2789]
'x4:手臂长'   [-0.4076]    [-0.3648]    [-0.7048]
'x5:肋围'     [-0.3375]    [ 0.5692]    [ 0.1643]
'x6:腰围'     [-0.4268]    [ 0.3084]    [ 0.1193]
```

为了结果看上去更加直观,上面定义了两个元胞数组:result1 和 result2,用 result1 存放特征值、贡献率和累积贡献率等数据,用 result2 存放前三个主成分表达式的系数数据,即 COEFF 矩阵的前三列。这样做的目的仅是为了直观,读者也可以直接对 pcacov 函数返回结果进行分析。

二、结果分析

从 result1 的结果来看，前三个主成分的累计贡献率达到了 85.8756%，因此可以只用前三个主成分进行后续的分析；这样做虽然会有一定的信息损失，但是损失不大，不影响大局。result2 中列出了前三个主成分的相关结果，可知前三个主成分的表达式分别为

$$y_1=-0.4689x_1^*-0.4037x_2^*-0.3936x_3^*-0.4076x_4^*-0.3375x_5^*-0.4268x_6^*,$$

$$y_2=-0.3648x_1^*-0.3966x_2^*+0.3968x_3^*-0.3648x_4^*+0.5692x_5^*+0.3084x_6^*,$$

$$y_3=0.0922x_1^*+0.6130x_2^*-0.2789x_3^*-0.7408x_4^*+0.1643x_5^*+0.1193x_6^*.$$

从第一主成分 y_1 的表达式来看，它在每个标准化变量上有相近的负载荷，说明每个标准化变量对 y_1 的重要性都差不多。当一个人的身材“五大三粗”，也就是说又高又胖时，x_1^*，x_2^*，…，x_6^* 都比较大，此时 y_1 的值就比较小，反之，当一个人又矮又瘦时，x_1^*，x_2^*，…，x_6^* 都比较小，此时 y_1 的值就比较大，所以可以认为第一主成分 y_1 是身材的综合成分（或魁梧成分）。

从第二主成分 y_2 的表达式来看，它的标准化变量 x_1^*、x_2^* 和 x_4^* 有相近的负载荷，在 x_3^*、x_5^* 和 x_6^* 上有相近的正载荷，说明当 x_1^*、x_2^* 和 x_4^* 增大时，y_2 的值减小，当 x_3^*、x_5^* 和 x_6^* 增大时，y_2 的值增大。当一个人的身材瘦高时，y_2 的值比较小，当一个人的身材矮胖时，y_2 的值比较大，所以可认为第二主成分 y_2 是身材高矮和胖瘦的协调成分。

从第三主成分 y_3 的表达式来看，它在标准化变量 x_2^* 上有比较大的正载荷，在 x_4^* 上有比较大的负载荷，在其他变量上的载荷比较小，说明 x_2^*（坐高）和 x_4^*（手臂长）对 y_3 的影响比较大，也就是说 y_3 反映了坐高（即上半身）与手臂长之间的协调关系，这为制作长袖上衣时制定衣服和袖子的长短提供了参考。所以可认为第三主成分 y_3 是臂长成分。

后 3 个主成分的贡献率比较小，分别只有 7.1057%、4.9133%和 2.1054%，可以不用对它们做出解释。最后一个主成分的贡献率非常小，它揭示了标准化变量之间的如下线性关系

$$0.7856x_1^*-0.4434x_2^*+0.1253x_3^*-0.3706x_4^*-0.0335x_5^*-0.1788x_6^*=c.$$

第四节　从样本观测值矩阵出发求解主成分的建模案例

表 6－2 列出了 2007 年我国大陆 31 个省、市、自治区和直辖市的农村居民家庭平均每人每年消费性支出的 8 个主要变量数据。数据来源：中华人民共和国国家统计局网站，2008 年《中国统计年鉴》。数据保存在文件 example2.xls 中，数据格式如表 6－2 所列。试根据这 8 个主要变量的观测数据，进行主成分分析。

表6-2　2007年我国大陆各地区农村居民家庭平均每人生活消费支出　(单位:元)

地区	食品	衣着	居住	家庭设备及服务	交通和通讯	文教娱乐用品及服务	医疗保健	其他商品及服务
北　京	2132.51	513.44	1023.21	340.15	778.52	870.12	629.56	111.75
天　津	1367.75	286.33	674.81	126.74	400.11	312.07	306.19	64.30
河　北	1025.72	185.68	627.98	140.45	318.19	243.30	188.06	57.40
山　西	1033.68	260.88	392.78	120.86	268.75	370.97	170.85	63.81
内蒙古	1280.05	228.40	473.98	117.64	375.58	423.75	281.46	75.29
辽　宁	1334.18	281.19	513.11	142.07	361.77	362.78	265.01	108.05
吉　林	1240.93	227.96	399.11	120.95	337.46	339.77	311.37	87.89
黑龙江	1077.34	254.01	691.02	104.99	335.28	312.32	272.49	69.98
上　海	3259.48	475.51	2097.21	451.40	883.71	857.47	571.06	249.04
江　苏	1968.88	251.29	752.73	228.51	543.97	642.52	263.85	134.41
浙　江	2430.60	405.32	1498.50	338.80	782.98	750.69	452.44	142.26
安　徽	1192.57	166.31	479.46	144.23	258.29	283.17	177.04	52.98
福　建	1870.32	235.61	660.55	184.21	465.40	356.26	174.12	107.00
江　西	1492.02	147.71	474.49	121.54	277.15	252.78	167.71	61.08
山　东	1369.20	224.18	682.13	195.99	422.36	424.89	230.84	71.98
河　南	1017.43	189.71	615.62	136.37	269.46	212.36	173.19	62.26
湖　北	1479.04	168.64	434.91	166.25	281.12	284.13	178.77	97.13
湖　南	1675.16	161.79	508.33	152.60	278.78	293.89	219.95	86.88
广　东	2087.58	162.33	763.01	163.85	443.24	254.94	199.31	128.06
广　西	1378.78	86.90	554.14	112.24	245.97	172.45	149.01	47.98
海　南	1430.31	86.26	305.90	93.26	248.08	223.98	95.55	73.23
重　庆	1376.00	136.34	263.73	138.34	208.69	195.97	168.57	39.06
四　川	1435.52	156.65	366.45	142.64	241.49	177.19	174.75	52.56
贵　州	998.39	99.44	329.64	70.93	154.52	147.31	79.31	34.16
云　南	1226.69	112.52	586.07	107.15	216.67	181.73	167.92	38.43
西　藏	1079.83	245.00	418.83	133.26	156.57	65.39	50.00	68.74
陕　西	941.81	161.08	512.40	106.80	254.74	304.54	222.51	55.71
甘　肃	944.14	112.20	295.23	91.40	186.17	208.90	149.82	29.36
青　海	1069.04	191.80	359.74	122.17	292.10	135.13	229.28	47.23
宁　夏	1019.35	184.26	450.55	109.27	265.76	192.00	239.40	68.17
新　疆	939.03	218.18	445.02	91.45	234.70	166.27	210.69	45.25

一、调用 princomp 函数作主成分分析

根据原始样本观测数据，调用 princomp 函数作主成分分析的命令与结果如下：

```
% 读取数据，并进行标准化变换
>>[X,textdata] = xlsread('example2.xlsx');  % 从 Excel 文件中读取数据
>>XZ = zscore(X); % 数据标准化
>>[COEFF,SCORE,latent,tsquare] = princomp(XZ)
% 调用 princomp 函数根据标准化后原始样本观测数据作主成分分析
% 返回主成分表达式的系数矩阵 COEFF，主成分得分数据 SCORE
% 样本相关系数矩阵的特征值向量 latent 和每个观测值的霍特林 T2 统计量
```

得到

```
COEFF =

  -0.3431  -0.5035   0.3199  -0.0540  -0.0233  -0.4961   0.2838   0.4431
  -0.3384   0.4866  -0.4698   0.4032  -0.3003  -0.2240   0.2427   0.2573
  -0.3552  -0.1968  -0.5365  -0.5759   0.0954   0.3915   0.0612   0.2225
  -0.3692  -0.1088  -0.0094  -0.1808  -0.5714  -0.2354  -0.5508   0.3657
  -0.3752   0.0547   0.1748  -0.0644   0.0246   0.0981   0.6231   0.6504
  -0.3587   0.2208   0.5463   0.1209  -0.1923   0.5930  -0.1221   0.3255
  -0.3427   0.4783   0.1450  -0.2390   0.6201  -0.3271  -0.2901   0.0034
  -0.3441  -0.4225  -0.1977   0.6279   0.3893   0.1638  -0.2570   0.1590


SCORE =

  -5.9541   2.2203   0.6308  -0.0527  -0.2786  -0.4948  -0.0248  -0.0017
  -0.3308   0.8350  -0.3055  -0.1295   0.2685  -0.2011   0.4443  -0.1510
   0.8923   0.2047  -0.3571  -0.3368  -0.1210   0.2988  -0.0114   0.2755
   0.8222   0.7077  -0.1050   0.5950  -0.4269   0.3500   0.0184  -0.2306
  -0.0111   0.6750   0.4051   0.2669   0.3206   0.2472   0.1237  -0.0773
  -0.4487   0.3683  -0.2149   0.8315   0.2708   0.0292  -0.0439  -0.0044
   0.1213   0.6348   0.2032   0.4677   0.6190  -0.1036  -0.1593   0.0630
   0.2357   0.7793  -0.4848  -0.0349   0.4070   0.3055   0.1748  -0.1405
  -9.2452  -1.3354  -0.7018  -0.1934   0.2578   0.0228  -0.3668   0.1275
  -2.4797  -0.5379   0.7765   0.5676  -0.2202   0.5212   0.0028   0.0668
  -5.7951   0.0460  -0.0430  -0.5484  -0.3318   0.1985   0.2888   0.0399
   1.0918   0.0493   0.1110  -0.2043  -0.2771   0.1090  -0.1961  -0.0102
  -0.9318  -0.8256   0.0918   0.3878  -0.3151  -0.0778   0.4663   0.1275
```

```
    1.0374   -0.4433    0.2810   -0.1418   -0.0208   -0.1032    0.1334   -0.1716
   -0.5439    0.2052    0.1717   -0.2251   -0.4386    0.3177   -0.0285    0.2331
    1.0741    0.0907   -0.5337   -0.1937   -0.1148    0.2357   -0.1254    0.1530
    0.4319   -0.6415    0.1661    0.4258   -0.0538   -0.1051   -0.3750    0.1054
    0.2698   -0.6192    0.3332    0.0717    0.1751   -0.2811   -0.2288   -0.2121
   -0.8484   -1.6459    0.0554    0.1609    0.4701   -0.2558    0.3650    0.1364
    1.6456   -0.6975    0.1665   -0.6683    0.1120   -0.0028    0.0628   -0.0401
    1.7888   -0.9874    0.5313    0.2543    0.0904    0.1284    0.1263   -0.0017
    1.6986   -0.1589    0.4479   -0.2121   -0.3020   -0.5301   -0.1798   -0.0768
    1.3130   -0.2989    0.1663   -0.1472   -0.1935   -0.5380   -0.0793   -0.0238
    2.7981   -0.2784    0.0289   -0.1842   -0.1393    0.2218    0.0652   -0.1352
    1.7217   -0.2685   -0.0307   -0.7478    0.0820    0.0613   -0.0149   -0.1721
    1.8386   -0.3280   -1.1474    0.6183   -0.7418   -0.2957   -0.0234   -0.0857
    1.2350    0.4721    0.0308   -0.2018    0.2490    0.4568   -0.2382   -0.0038
    2.4005    0.2229    0.2867   -0.2980   -0.0723    0.1464   -0.1408   -0.0101
    1.3999    0.4905   -0.1902   -0.1386    0.1306   -0.4714    0.0446    0.3488
    1.1873    0.3604   -0.2717    0.0506    0.4491   -0.0665   -0.1732    0.1878
    1.5850    0.7043   -0.4983   -0.0396    0.1457   -0.1233    0.0934   -0.0610

latent =
    6.8645
    0.5751
    0.1689
    0.1450
    0.0989
    0.0838
    0.0429
    0.0209

tsquare =
   19.8320
    8.8021
    6.5783
    9.3362
    4.6669
    6.1060
    7.2411
```

```
6.9117
23.3204
11.1360
10.5853
2.3586
9.3238
3.0621
6.4126
4.4109
6.1294
5.9990
12.0246
4.7812
4.9300
7.2740
4.7256
3.2727
5.9570
18.0844
5.3358
2.8002
9.7476
5.3676
3.4868
%为了直观,定义元胞数组 result1,用来存放特征值、贡献率和累积贡献率等数据
% princomp 函数不返回贡献率,需要用协方差矩阵的特征值向量 latent 来计算
>>explained = 100 * latent/sum(latent); %计算贡献率
>>[m,n] = size(X); %求 X 的行数和列数
>>result1 = cell(n + 1,4); %定义一个 n + 1 行、4 列的元胞数组

% result1 中第一行存放的数据
>>result1(1,:) = {'特征值','差值','贡献率','累积贡献率'};

% result1 中第 1 列的第 2 行到最后一行存放的数据(latent)特征值
>>result1(2:end,1) = num2cell(latent);

% result1 中第 2 列的第 2 行到倒数第 2 行存放的数据(latent 的方差,特征值的方差)
>>result1(2:end - 1,2) = num2cell( - diff(latent));

%result1 中第 3 列和第 4 列的第 2 行到最后一行分别存放主成分的贡献率和累积贡献率
>>result1(2:end,3:4) = num2cell([explained,cumsum(explained)])
```

```
result1 =

  '特征值'      '差值'      '贡献率'     '累积贡献率'
  [6.8645]     [6.2894]    [85.8068]   [  85.8068]
  [0.5751]     [0.4062]    [ 7.1889]   [  92.9957]
  [0.1689]     [0.0240]    [ 2.1115]   [  95.1072]
  [0.1450]     [0.0461]    [ 1.8121]   [  96.9192]
  [0.0989]     [0.0151]    [ 1.2359]   [  98.1552]
  [0.0838]     [0.0409]    [ 1.0477]   [  99.2029]
  [0.0429]     [0.0220]    [ 0.5362]   [  99.7391]
  [0.0209]        []       [ 0.2609]   [ 100.0000]

%为了直观,定义元胞数组result2,用来存放前2个主成分表达式的系数数据
>> varname = textdata(1,2:end)'; %提取变量名数据
>> result2 = cell(n+1,3); %定义一个n+1行,3列的元胞数组
>> result2(1,:) = {'标准化变量','特征向量t1','特征向量t2'};
%result2的第一行数据
>> result2(2:end,1) = varname; %result2第1列
>> result2(2:end,2:end) = num2cell(COEFF(:,1:2))
%存放前2个主成表达式的系数矩阵

result2 =

  '标准化变量'    '特征向量t1'     '特征向量t2'
    '食 品'      [   -0.3431]    [   -0.5035]
    '衣 着'      [   -0.3384]    [    0.4866]
    '居 住'      [   -0.3552]    [   -0.1968]
  '家庭设备'     [   -0.3692]    [   -0.1088]
    '交通和'     [   -0.3752]    [    0.0547]
  '文教娱乐'     [   -0.3587]    [    0.2208]
  '医疗保健'     [   -0.3427]    [    0.4783]
  '其他商品'     [   -0.3441]    [   -0.4225]

%为了直观,定义元胞数组result3,用来存放每一个地区总的消费性支出,以及前2个主成分的得分数据
>>cityname = textdata(2:end,1); %提取地区名称数据
>>sumXZ = sum(XZ,2);   %按行求和,提取每个地区总的消费性支出
```

```
>>[s1,id] = sortrows(SCORE,1);
%将主成得分数据 SOCRE 按第一主成分得分从小到大排序
>>result3 = cell(m + 1,4); %定义一个 m + 1 行,4 列的元胞数组
>>result3(1,:) = {'地区','总支出','第一主成分得分 y1','第二主成分得分 y2'};
%第一行的数据
>>result3(2:end,1) = cityname(id);
%result3 的第一列的数据,排序后的城市名
%result3 第 2 列为按 id 排序的 sumXZ,第 3 列为第一主成分得分 y1,第 4 列为第二主成分得分 y2
>> result3(2:end,2:end) = num2cell([sumXZ(id),s1(:,1:2)])

result3 =

    '地区'      '总支出'     '第一主成分得分 y1'    '第二主成分得分 y2'
    '上  海'    [26.1552]    [  -9.2452]           [  -1.3354]
    '北  京'    [16.8363]    [  -5.9541]           [   2.2203]
    '浙  江'    [16.3346]    [  -5.7951]           [   0.0460]
    '江  苏'    [ 6.9721]    [  -2.4797]           [  -0.5379]
    '福  建'    [ 2.6151]    [  -0.9318]           [  -0.8256]
    '广  东'    [ 2.4044]    [  -0.8484]           [  -1.6459]
    '山  东'    [ 1.4800]    [  -0.5439]           [   0.2052]
    '辽  宁'    [ 1.3199]    [  -0.4487]           [   0.3683]
    '天  津'    [ 0.9708]    [  -0.3308]           [   0.8350]
    '内蒙古'    [ 0.0452]    [  -0.0111]           [   0.6750]
    '吉  林'    [-0.2984]    [   0.1213]           [   0.6348]
    '黑龙江'    [-0.6333]    [   0.2357]           [   0.7793]
    '湖  南'    [-0.7399]    [   0.2698]           [  -0.6192]
    '湖  北'    [-1.2172]    [   0.4319]           [  -0.6415]
    '山  西'    [-2.3071]    [   0.8222]           [   0.7077]
    '河  北'    [-2.5584]    [   0.8923]           [   0.2047]
    '江  西'    [-2.9356]    [   1.0374]           [  -0.4433]
    '河  南'    [-3.0509]    [   1.0741]           [   0.0907]
    '安  徽'    [-3.1095]    [   1.0918]           [   0.0493]
    '宁  夏'    [-3.3338]    [   1.1873]           [   0.3604]
    '陕  西'    [-3.4989]    [   1.2350]           [   0.4721]
    '四  川'    [-3.7103]    [   1.3130]           [  -0.2989]
```

```
'青  海'  [-3.9552]      [ 1.3999]       [ 0.4905]
'新  疆'  [-4.4480]      [ 1.5850]       [ 0.7043]
'广  西'  [-4.6805]      [ 1.6456]       [ -0.6975]
'重  庆'  [-4.8094]      [ 1.6986]       [ -0.1589]
'云  南'  [-4.8831]      [ 1.7217]       [ -0.2685]
'海  南'  [-5.0717]      [ 1.7888]       [ -0.9874]
'西  藏'  [-5.1593]      [ 1.8386]       [ -0.3280]
'甘  肃'  [-6.8088]      [ 2.4005]       [ 0.2229]
'贵  州'  [-7.9244]      [ 2.7981]       [ -0.2784]
```

```
%为了直观,定义元胞数组result4,用来存放前2个主成分的得分数据,以及(食品+其他)-(衣着+医疗)
%计算(食品+其他)-(衣着+医疗)
%按行求和,第一个sum求的是每行的第1个和第8个元素之和
>>cloth = sum(XZ(:,[1,8]),2) - sum(XZ(:,[2,7]),2);
%将主成分得分数据按第二主成分得分从小到大排序
>>[s2,id] = sortrows(SCORE,2);
>>result4 = cell(m+1,4); %创建一个m+1行,4列的元胞数组
%result4的第一行的数据
>> result4(1,:) = {'地区','第一主成分得分y1','第二主成分得分y2','(食+其他)-(衣+医)'};
>> result4(2:end,1) = cityname(id); %result4第一列为排序后的地区名
%result3第2列为第一主成分得分y1,第3列为第二主成分得分y2,第4列为(食品+其他)-(衣着+医疗)的数据
>>result4(2:end,2:end) = num2cell([s2(:,1:2),cloth(id)])
result4 =

'地区'     '第一主成分得分y1'   '第二主成分得分y2'   '(食+其他)-(衣+医)'
'广  东'      [ -0.8484]       [ -1.6459]        [ 3.1971]
'上  海'      [ -9.2452]       [ -1.3354]        [ 2.1836]
'海  南'      [ 1.7888]        [ -0.9874]        [ 2.2394]
'福  建'      [ -0.9318]       [ -0.8256]        [ 1.7662]
'广  西'      [ 1.6456]        [ -0.6975]        [ 1.1198]
'湖  北'      [ 0.4319]        [ -0.6415]        [ 1.4025]
'湖  南'      [ 0.2698]        [ -0.6192]        [ 1.2835]
'江  苏'      [ -2.4797]       [ -0.5379]        [ 1.7144]
'江  西'      [ 1.0374]        [ -0.4433]        [ 0.8908]
```

```
'西  藏'      [ 1.8386]      [-0.3280]      [ 0.2510]
'四  川'      [ 1.3130]      [-0.2989]      [ 0.4392]
'贵  州'      [ 2.7981]      [-0.2784]      [ 0.4976]
'云  南'      [ 1.7217]      [-0.2685]      [ 0.1981]
'重  庆'      [ 1.6986]      [-0.1589]      [ 0.2621]
'浙  江'      [-5.7951]      [ 0.0460]      [-0.2464]
'安  徽'      [ 1.0918]      [ 0.0493]      [-0.1373]
'河  南'      [ 1.0741]      [ 0.0907]      [-0.4638]
'河  北'      [ 0.8923]      [ 0.2047]      [-0.6397]
'山  东'      [-0.5439]      [ 0.2052]      [-0.3599]
'甘  肃'      [ 2.4005]      [ 0.2229]      [-0.4119]
'宁  夏'      [ 1.1873]      [ 0.3604]      [-0.8020]
'辽  宁'      [-0.4487]      [ 0.3683]      [-0.4332]
'陕  西'      [ 1.2350]      [ 0.4721]      [-0.8755]
'青  海'      [ 1.3999]      [ 0.4905]      [-1.1824]
'吉  林'      [ 0.1213]      [ 0.6348]      [-0.9266]
'内蒙古'      [-0.0111]      [ 0.6750]      [-0.9055]
'新  疆'      [ 1.5850]      [ 0.7043]      [-1.5922]
'山  西'      [ 0.8222]      [ 0.7077]      [-1.0813]
'黑龙江'      [ 0.2357]      [ 0.7793]      [-1.6033]
'天  津'      [-0.3308]      [ 0.8350]      [-1.7606]
'北  京'      [-5.9541]      [ 2.2203]      [-4.0240]
```

为了使结果看上去更加直观，上面定义了四个元胞数组：result1、result2、result3 和 result4，用 result1 存放特征值、贡献率和累积贡献率等数据，用 result2 存放前二个主成分表达式的系数数据，即 COEFF 矩阵的前二列，用 result3 存放每一个地区总的消费性支出，以及前二个主成分得分数据(已按第一主成分得分从小到大进行排序)，用 result4 存前两个主成分得分数据(已按第二主成分得分从小到大进行排序)，以及每个地区衣着和医疗保健的总支出减去食品和其他商品及服务的总支出。下面将根据 result1、result2、result3 和 result4 进行结果分析，读者也可以直接对 princomp 函数返回的结果进行分析。

二、结果分析

(一)主成分的解释

从结果 result1 来看，第一个主成分的贡献率就达到了 85.8068%，前两个主成分的累计

贡献率达到了92.9957%,所以只用前2个主成分就可以了。由结果result2写出前2个主成分的表达式如下

$$y_1 = -0.3431x_1^* - 0.3384x_2^* - 0.3552x_3^* - 0.3692x_4^*$$
$$- 0.3752x_5^* - 0.3587x_6^* - 0.3427x_7^* - 0.3441x_8^*,$$
$$y_2 = -0.5035x_1^* - 0.4866x_2^* - 0.1968x_3^* - 0.1088x_4^*$$
$$- 0.0547x_5^* - 0.2208x_6^* - 0.4783x_7^* - 0.4225x_8^*.$$

从第一主成分 y_1 的表达式来看,它在每个标准化变量上有相近的负载荷,说明每个标准化变量对 y_1 的重要性都差不多。从按第一主成分得分从小到大进行排序后的结果result3可以看出,标准化后每个地区的消费性支出的总和与第一主成分得分基本成反比,也就是说,y_1 反映的是消费性支出的综合水平,可认为第一主成分 y_1 是综合消费性支出成分。

从第二主成分 y_2 的表达式来看,它的标准化变量 x_1^*(食品)和 x_8^*(其他商品及服务)有中等程度的负载荷,在 x_2^*(衣着)和 x_7^*(医疗保健)上有中等程度的正载荷,说明 y_2 反映的是两个方面的对比,一方面是衣着和医疗保健的消费总支出,另一个方面是食品和其他商品及服务的消费总支出。结果result4中列出了标准化后每个地区两个方面消费总支出的差,并按第二主成分得分从小到大进行了排序。从结果result4可以看出,两个方面消费总支出的差与第二主成分得分基本成正比,并且南方地区在食品和其他商品及服务上的消费支出比较大,北方地区在衣着和医疗保健上的消费支出比较大,这大概跟南北方气候差异有关,南方气候温暖,人们的消费倾向于食品和其他商品及服务,北方气候寒冷,人们消费倾向于衣着和医疗保健。所以可认为第二主成分 y_2 是消费倾向成分。

从result1结果可以看出,后几个主成分的贡献率非常小,可以不用做出解释,但却说明了标准化变量之间可能存在一个或多个共线性关系。

(二)主成分得分的散点图

从前两个主成分的得分的散点图上也能看出它们的实际意义,利用下面的命令可以做出前两个主成分得分的散点图,并可在散点图上交互式标注每个地区的名称。

```
%前两个主成分得分散点图6-1
%绘制两个主成分得分的散点图6-1
>>plot(SCORE(:,1),SCORE(:,2),'ko');
>> xlabel('第一主成分得分');
>> ylabel('第二主成分得分');
>> gname(cityname);
%交互式标注每个地区的名称,和gtext作用类似,只是更简单
```

以上命令做出的散点图如图6-1所示,需要说明的是,限于空间限制,图6-1只标注了部分地区的名称。

从图6-1可以看出,总消费水平比较高的经济发达地区的第一主成分得分比较小,总消费水平比较低的经济落后地区的第一主成分得分比较大,如果在第一主成分的前面加上

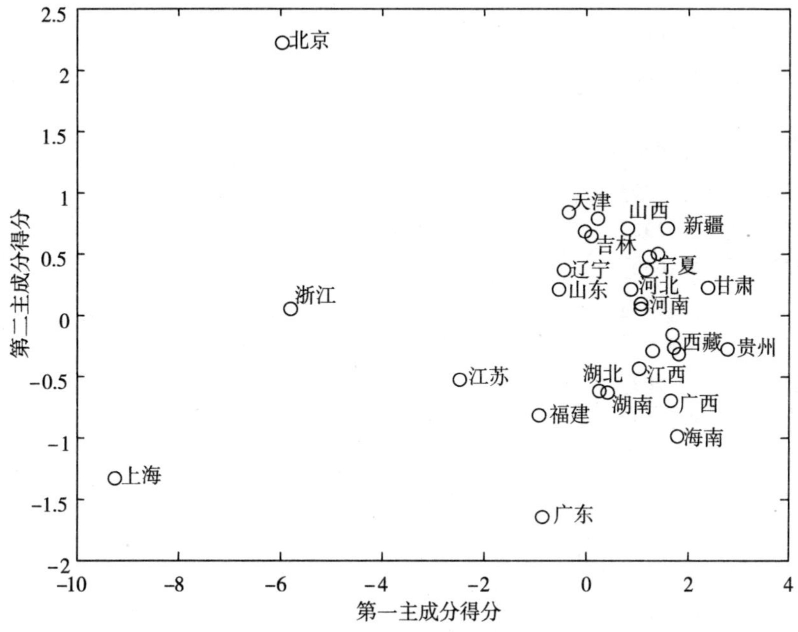

图 6-1　前两个主成分得分的散点图

负号，则反映了综合消费水平的高低。从图中还可以看出北方地区的第二主成分得分比较大，中部地区次之，南方地区较小，说明第二主成分是因地域差异所造成的消费倾向成分。

另外，从图 6-1 还可以看出，根据前两个主成分得分可以把我国大陆 31 个省、市、自治区和直辖市分为三类，其中北京、浙江和上海为第一类，江苏、福建和广东为第二类，其余为第三类。

(三)根据霍特林 T^2 统计量寻找极端数据

霍特林统计量描述了数据集(样本观测矩阵)中的每一个观测与数据集的中心之间的距离，根据 princomp 函数返回的 tsquare(霍特林统计量向量)，可以寻找远离数据集中心的极端观测数据。下面将 tsquare 从小到大进行排序，并与地区名称一起显示。

```
% 根据霍特林 T2 统计量寻找极端数据
% 将 tsquare 按从小到大精细排序，并与地区名称一起显示
>>result5 = sortrows([cityname,num2cell(tsquare)],2);
% 转化为元胞数组，并按第 2 列排序 [{'地区','霍特林 T^2 统计量'};
ans =
'地区'          '霍特林 T^2 统计量'
'安　徽'     [   2.3586]
'甘　肃'     [   2.8002]
'江　西'     [   3.0621]
'贵　州'     [   3.2727]
'新　疆'     [   3.4868]
'河　南'     [   4.4109]
'内蒙古'     [   4.6669]
```

```
'四  川'    [  4.7256]
'广  西'    [  4.7812]
'海  南'    [  4.9300]
'陕  西'    [  5.3358]
'宁  夏'    [  5.3676]
'云  南'    [  5.9570]
'湖  南'    [  5.9990]
'辽  宁'    [  6.1060]
'湖  北'    [  6.1294]
'山  东'    [  6.4126]
'河  北'    [  6.5783]
'黑龙江'    [  6.9117]
'吉  林'    [  7.2411]
'重  庆'    [  7.2740]
'天  津'    [  8.8021]
'福  建'    [  9.3238]
'山  西'    [  9.3362]
'青  海'    [  9.7476]
'浙  江'    [ 10.5853]
'江  苏'    [ 11.1360]
'广  东'    [ 12.0246]
'西  藏'    [ 18.0844]
'北  京'    [ 19.8320]
'上  海'    [ 23.3204]
```

可以看出上海是距离数据集中心最远的城市，其次是北京，再次是西藏。

三、调用 pcares 函数重建观测数据

为了分析丢掉后面的主成分所造成的信息损失，设原始样本观测数据矩阵为 $\boldsymbol{X}=(x_{ij})_{n\times p}$ 由前 m 个主成分的得分重建的样本观测数据矩阵记为 $\boldsymbol{X}=(x_{ij}^{(m)})_{n\times p}$，$m=1,2,\cdots,8$. 令

$$E_1(m)=\sqrt{\frac{1}{np}\sum_{i=1}^{n}\sum_{j=1}^{p}(x_{ij}-x_{ij}^{(m)})^2},E_2(m)=\sqrt{\frac{1}{np}\sum_{i=1}^{n}\sum_{j=1}^{p}\left(\frac{x_{ij}-x_{ij}^{(m)}}{x_{ij}}\right)^2},m=1,2,\cdots,8,$$

则 E_1 为残差的均方根，E_2 为相对误差的均方根，它们均能反映 $\boldsymbol{X}$ 与 $\boldsymbol{X}_m$ 之间差距的大小，能用来评价信息损失量的大小。

下面调用 pcares 函数，由前 $m(m=1,2,\cdots,8)$ 个主成分的得分重建样本观测数据，然后计算 $E_1(m)$ 和 $E_2(m)$。

```
>>X=xlsread('example2.xlsx');   %从 Excel 文件读取数据
%通过循环计算 E1(m)和 E2(m)
>> for i=1 : 8
```

```
residuals=pcares(X,i)；　%返回残差
Rate=residuals./X；　%计算相对误差
E1(i)=sqrt(mean(residuals(:).^2))；　%计算残差的均方根
E2(i)=sqrt(mean(Rate(:).^2))；　%查看残差的均方根
end
>> E1　%查看残差的均方根

E1=
80.2180   50.7612   25.9774   18.9959   13.6870   8.6175   4.9886   0.0000

>> E2　%查看相对误差的均方根
E2=
0.3294   0.2579   0.1742   0.1653   0.1020   0.0941   0.0690   0.0000
```

从以上结果可以看出，当只使用第一个主成分得分重建观测矩阵时，残差的均方根等于80.2180，相对误差的均方根等于32.94%。也就是说从平均意义上，每个数据的残差的绝对值为80.2180，相对误差为32.94%，这个差距是比较大的。当只使用前两个主成分得分重建观测矩阵时，E_1 和 E_2 的值都有所下降；随着主成分个数的增多，E_1 和 E_2 的值稳步下降，当使用全部的8个主成分得分重建观测矩阵时，E_1 和 E_2 的值均为0，此时没有信息损失。

习题六

1. 某市为了全面分析机械类各企业的经济效益，选择了8个不同的利润指标，14家企业关于这8个指标的统计数据如下表6-3所示，试进行主成分分析。

表6-3　14家企业的利润指标的统计数据

变量 企业序号	净产值 利润率 (%)x_{i1}	固定资产 利润率 (%)x_{i2}	总产值 利润率 (%)x_{i3}	销售收入 利润率 (%)x_{i4}	产品成本 利润率 (%)x_{i5}	物耗 利润率 (%)x_{i6}	人均利润率 (千元/人) x_{i7}	流动资金 利润率(%) x_{i8}
1	40.4	24.7	7.2	6.1	8.3	8.7	2.442	20.0
2	25.0	12.7	11.2	11.0	12.9	20.2	3.542	9.1
3	13.2	3.3	3.9	4.3	4.4	5.5	0.578	3.6
4	22.3	6.7	5.6	3.7	6.0	7.4	0.176	7.3
5	34.3	11.8	7.1	7.1	8.0	8.9	1.726	27.5
6	35.6	12.5	16.4	16.7	22.8	29.3	3.017	26.6
7	22.0	7.8	9.9	10.2	12.6	17.6	0.847	10.6
8	48.4	13.4	10.9	9.9	10.9	13.9	1.772	17.8
9	40.6	19.1	19.8	19.0	29.7	39.6	2.449	35.8
10	24.8	8.0	9.8	8.9	11.9	16.2	0.789	13.7

（续表）

变量 企业序号	净产值利润率（%）x_{i1}	固定资产利润率（%）x_{i2}	总产值利润率（%）x_{i3}	销售收入利润率（%）x_{i4}	产品成本利润率（%）x_{i5}	物耗利润率（%）x_{i6}	人均利润率（千元/人）x_{i7}	流动资金利润率（%）x_{i8}
11	12.5	9.7	4.2	4.2	4.6	6.5	0.874	3.9
12	1.8	0.6	0.7	0.7	0.8	1.1	0.056	1.0
13	32.3	13.9	9.4	8.3	9.8	13.3	2.126	17.1
14	38.5	9.1	11.3	9.5	12.2	16.4	1.327	11.6

2. 表 6-4 为某地区农业生态经济系统各区域单元相关指标数据，运用主成分分析方法对该地区农业生态经济的发展状况进行分析。

表 6-4　某农业生态经济系统各区域单元的有关数据

样本序号	x_1：人口密度（人/km^2）	x_2：人均耕地面积（ha）	x_3：森林覆盖率（%）	x_4：农民人均纯收入（元/人）	x_5：人均粮食产量（kg/人）	x_6：经济作物占农作物总播种面积比例（%）	x_7：耕地占土地面积比率（%）	x_8：果园与林地面积之比（%）	x_9：灌溉田占耕地面积之比（%）
1	363.912	0.352	16.101	192.11	295.34	26.724	18.492	2.231	26.262
2	141.503	1.684	24.301	1 752.35	452.26	32.314	14.464	1.455	27.066
3	100.695	1.067	65.601	1 181.54	270.12	18.266	0.162	7.474	12.489
4	143.739	1.336	33.205	1 436.12	354.26	17.486	11.805	1.892	17.534
5	131.412	1.623	16.607	1 405.09	586.59	40.683	14.401	0.303	22.932
6	68.337	2.032	76.204	1 540.29	216.39	8.128	4.065	0.011	4.861
7	95.416	0.801	71.106	926.35	291.52	8.135	4.063	0.012	4.862
8	62.901	1.652	73.307	1 501.24	225.25	18.352	2.645	0.034	3.201
9	86.624	0.841	68.904	897.36	196.37	16.861	5.176	0.055	6.167
10	91.394	0.812	66.502	911.24	226.51	18.279	5.643	0.076	4.477
11	76.912	0.858	50.302	103.52	217.09	19.793	4.881	0.001	6.165
12	51.274	1.041	64.609	968.33	181.38	4.005	4.066	0.015	5.402
13	68.831	0.836	62.804	957.14	194.04	9.110	4.484	0.002	5.790
14	77.301	0.623	60.102	824.37	188.09	19.409	5.721	5.055	8.413
15	76.948	1.022	68.001	1 255.42	211.55	11.102	3.133	0.010	3.425
16	99.265	0.654	60.702	1 251.03	220.91	4.383	4.615	0.011	5.593
17	118.505	0.661	63.304	1 246.47	242.16	10.706	6.053	0.154	8.701
18	141.473	0.737	54.206	814.21	193.46	11.419	6.442	0.012	12.945
19	137.761	0.598	55.901	1 124.05	228.44	9.521	7.881	0.069	12.654
20	117.612	1.245	54.503	805.67	175.23	18.106	5.789	0.048	8.461
21	122.781	0.731	49.102	1 313.11	236.29	26.724	7.162	0.092	10.078

第七章　建模论文的规范要求和撰写策略

第一节　撰写建模论文的格式规范要求

(1)乙组参赛队(专科组)从 C、D 题中任选一题。

(2)论文(答卷)用 A4 纸,上下左右各留出 2.5 厘米的页边距。

(3)论文第一页为承诺书。

(4)论文第二页为编号专用页,用于赛区和全国评阅前后对论文进行编号。

(5)论文题目和摘要写在论文第三页,从第四页开始是论文的正文。

(6)论文从第三页开始编写页码,页码必须位于每页页脚中部,用阿拉伯数字从“1”开始连续编号。

(7)论文不能有页眉,论文中不能有任何可能显示答题人身份的标志。

(8)论文题目用 3 号黑体字、一级标题用 4 号黑体字,并居中。论文中其他汉字一律采用小 4 号黑色宋体字,行距用单倍行距。

(9)提请大家注意:摘要应该是一份简明扼要的详细摘要(包括关键词),在整篇论文评阅中占有重要权重,请认真书写(注意篇幅不能超过一页,且无须译成英文)。全国评阅时首先将根据摘要和论文整体结构及概貌对论文优劣进行初步筛选。

(10)引用别人的成果或其他公开的资料(包括网上查到的资料)必须按照规定的参考文献的表述方式在正文引用处和参考文献中均明确列出。正文引用处用方括号标示参考文献的编号,如[1][3]等;引用论文还必须指出页码。参考文献按正文中的引用次序列出,其中书籍的表述方式为:

[编号] 作者,书名,出版地:出版社,出版年。

参考文献中期刊杂志论文的表述方式为:

[编号] 作者,论文名,杂志名,卷期号:起止页码,出版年。

参考文献中网上资源的表述方式为:

[编号] 作者,资源标题,网址,访问时间(年月日)。

(11)在不违反本规范的前提下,各赛区可以对论文增加其他要求。

(12)本规范的解释权属于全国大学生数学建模竞赛组委会。

(13)近三年,不仅要求把论文提交到赛区,还要把论文提交到全国大学生数学建模组委会要求的邮箱或网站。

第二节　竞赛论文的评阅标准与撰写策略

数学建模竞赛的最终提交形式是以论文为主，程序代码、数据文档、视频、音频等电子文件为辅。也可以说，论文的写作质量决定了获奖与否和档次。论文的评选好比“选美”，第一印象很重要，先看“脸”（摘要），再看“身材”（篇幅、排版、表述），最后看内涵——“你对美的理解？”（怎么建模解决问题的）。评定参赛队的成绩好坏、高低，获奖级别，竞赛论文是唯一依据，论文是竞赛活动成绩的结晶。要撰写一篇好的论文，首先要了解数学建模论文的评阅标准。

一、竞赛论文的评阅标准

如果说数学建模竞赛论文有评阅标准的话，也就是假设的合理性、建模的创造性、结果的正确性和表述的清晰性。

（一）假设的合理性

数学建模中的假设必须是建模所需要的假设，并对假设的合理性进行解释且在正文中有引用。

（二）建模的创造性

数学建模就是要鼓励创新，优秀的论文不能没有创新点，但不要为了创新而创新，要切合实际。

（三）结果的正确性

一般说来，数学建模的问题都没有标准答案和精确结果，但要保证针对问题所建立的数学模型，其求解结果是正确的，而且与实际相符。一般认为，好的模型其结果一般是比较好的，但不一定是最好的。

（四）表述的清晰性

从论文表述的角度，对要解决的问题、所用的方法、所建立的模型、所使用的求解方法和所得到的结果，都要自明其理，表明其理，让人知其理，避免不讲理。

二、数学建模论文撰写策略

我们知道数学建模论文的整体结构主要包括：摘要与关键词、问题重述、问题假设、符号说明、问题分析、模型建立与求解、模型灵敏性分析、模型评价、模型推广、参考文献和附录等。对于这些部分，我们撰写论文时要注意什么呢？

（一）摘要与关键词

摘要是一篇论文的灵魂，其地位无可撼动，一定要重视摘要的撰写。摘要是划分三等奖和成功参赛奖的分界线。摘要写作需要反复修改，需要突出：重点、结论、算法、创新点、特色。摘要是对论文内容不加注释和评论的简短陈述，其作用是使读者不阅读论文全文即可获得必要的信息。论文摘要不要列举例证，不给数学表达式，一般不用图表，也不要自我评价。论文摘要控制在350～500字，行间距自己调整，但不超过一页纸。摘要应包含以下内容：

1. 数学模型的归类，研究的目的和意义；

2. 所用的数学知识、建模的思想、算法思想、模型及算法特点；

3. 获得的基本结论和研究成果，突出论文的新见解及结果的意义，主要的数值结果和结论要明确表示出来（回答题目所问的全部"问题"，条理要清晰）。

摘要表述要准确、简明、条理清晰、合乎语法和逻辑。关键词一般为 3～5 个。

（二）问题重述

问题重述绝不是原赛题的复制粘贴。将原问题表达清楚，如果问题表述很长，数据很多，可以简洁的描述。尽量用自己的语言整理归纳，篇幅不要太长，不要超过一页纸；可以适当加入一些自己查到的背景资料或者前人的研究现状，但不要有自己主观的理解和见解，只是阐述问题及现状，并把你知道的和这个问题相关的资料陈述出来。这里如果引用了一些参考文献，不要忘了备注在参考文献中。

（三）问题假设

问题假设是参赛者把实际问题抽象成为数学问题的第一步，对于问题假设，记住一句话——假设要充分，但不过分。充分：假设一定是把实际问题抽象为数学问题中不可或缺的条件，好的假设可以简化实际问题。不过分：所列假设一定要符合实际，不要把一些额外苛刻的条件强加给问题假设。要求：根据题目中条件做出假设；根据题目中要求做出假设；关键性假设不能缺；假设要切合题意、合理。

（四）符号说明

要注意整篇文章符号一致；可引用表格样式，或隐藏边框（三线式）；符号搭配协调，符合数学规则，大小写区分好，不用怪异符号；如果符号太多，可放一些全文通用的符号，特殊符号可在文中解释。

（五）问题分析

问题分析与模型准备可以合成一个部分，主要作用是过渡，对问题要解决的重点及突破口进行分析，使接下来的建模不突兀；同时可以将自己的理解、思考过程、思路进行巧妙的阐述，为下一部分模型的建立打下基础。这部分相当于一个引子，吸引阅卷老师读下去，所以文字不可太长，内容不要过于分散、琐碎，措辞要精练，条理要清晰，让接下来建立的模型更顺理成章，方便理解。

（六）模型建立与求解

模型的建立与求解是竞赛论文的核心内容，参赛者应针对题目将所有的有效工作和创造性成果都在这里充分、清晰、准确地展现出来。要求内容充实、论据充分、论证有力、主题明确、格式规范、层次分明，依据要解决的问题或模型，通过大小标题分为若干个逻辑段落，让读者一目了然。

模型的建立可由简单到复杂建立多个模型（递进式），也可根据题目的要求，逐个问题建立模型（并列式）；一定要格外注意各个模型之间的联系及变量的转换关系；模型要有特色与创新，注意改进和变通；建模的同时也要考虑：会建也要会解，只建不解，很难有说服力。

建立数学模型应注意：分清变量类型，恰当使用数学工具；抓住问题本质，简化变量之间的关系；建立数学模型时要有严密的数学推理；用数学方法建模，模型要明确，要有数学表达式。

模型的求解和数学算法的选取会直接影响到结果;算法的选取对接下来的误差分析及稳定性分析也有影响。

本环节需要注意以下几点:

1. 重要结论需要建立数学命题时,命题叙述要符合数学命题的表述规范,论证严密;

2. 需要说明计算方法或算法的原理、思想、依据、步骤,若采用现有软件,说明采用此软件的理由,软件名称;

3. 可以尝试多种算法、多软件处理,便于进行稳定性分析,同时验证结果的正确性;

4. 计算过程、中间结果可要可不要的,不要列出;

5. 最终数值结果的正确性或合理性是第一位的,设法算出合理的数值结果;

6. 题目中要求回答的问题、数值结果、结论,须一一列出;

7. 结果表示:要集中,直观,一目了然,便于比较分析及评委查找;

8. 数值结果表示:精心设计表格,可以的话,用图形表示更好;

9. 如果在建模过程中,建模模型过于复杂,无法求出解析解时,可以尝试求出数值解,但此操作之后必须进行灵敏性及稳定性分析;

10. 结论要及时清晰列出,便于评委查找结果。

(七)模型的灵敏度与稳定性分析

对数值结果或模拟结果要进行必要的检验,若结果不正确、不合理或误差大时,要分析原因,对算法、计算方法或模型进行修正、改进;必要时,对模型进行稳定性分析、统计检验、误差分析,对不同模型进行对比及实际可行性检验。SPSS 软件在统计及误差分析方面有一定的优势,可以考虑使用。

(八)模型的讨论与评价

此部分可涵盖:模型的进一步讨论;模型的理论归纳;模型的科学性及现实意义;模型的评价。参赛者可以认为本环节是个小总结,重申论文的结果。

模型的讨论,即在模型稳定性分析基础上,对模型的建立、求解及结果进行整理、归纳、讨论、拓展,可谓查缺补漏,也可以将没实现或者没有考虑到的因素在此阐述,发散思考,拓展思路。

模型的评价,要求我们突出优点,不回避缺点,客观公正,当然优点要多写点,亮点要突出。

(九)模型的改进与推广

此部分并非一定要有的章节,只是在讨论的基础上进行少量计算或者延伸。此部分只是根据题目的要求,使之更符合现实,更具有推广意义。有的题目分几个问题,第一个问题要求建立模型,并计算出结果,之后第二个问题问是否可以改进,从而得到更好的结果,如果遇到这种情况,第二问是关于正文的模型建模求解的问题,而非此处的模型改进,这种情况下可以省略改进与推广的环节,避免使评委找不到结果,使得论文显得杂乱无章。

(十)模型的使用说明

模型的使用说明就是简要的阐述成果,此部分如果题目中没要求,可以不写;如果出现此类问题,要根据题目的要求进行文字整理。此部分并非重点,国赛一般没有此环节。

(十一)参考文献与附录

参考文献要书写规范,可参考专业学术杂志;在正文中提及或直接引用的材料、原始数据等来自于一些公开刊物的可在参考文献中列出;参考文献需标明刊物著者的姓名、刊物名称、卷次、页码和出版日期;参考文献反映出真实的科学依据,分清自己和别人的观点或成果,尊重前人的科学成果,便于检索;计算程序、详细的结果、详细的数据表格,可在附录中列出。但不要出错,错的宁可不列;主要结果数据,应在正文中列出,不怕重复。

第三节　参加高教社杯数学建模竞赛的建议

一、比赛时间(最新国赛)安排

论文写作时间安排:第一天(周四)晚上八点拿到题目,分析题目,查找资料。第二天早上九点之前应确定所选题目。第二天(周五)晚上开始动笔写论文,边写边分析。第三天(周六)中午把模型构建好,并开始求解。第三天(周六)晚上基本完成模型的求解。第四天(周日)中午基本完成论文。剩余的时间写摘要、改论文。

二、要点检查

好论文是改出来的。参赛组最后一定要做一下论文要点检查:模型的正确性、合理性、创新性。数学建模的创新性主要体现在:

(1)模型本身,简化的好方法、好策略等;

(2)模型求解中,好的求解方法;

(3)结果表示、分析、检验等方面。

结果的正确性、合理性;文字表述清晰,分析精辟,摘要精彩;符号规范、统一;论文格式符合比赛要求,文中未出现参赛者的学校及相关隐含信息等均须检查。

第八章　全国大学生数学建模优秀论文

本章中精选了2012年以来的三篇优秀论文(在论文标题下标注了论文编号),目的是让想参加数学建模竞赛的同学通过阅读获奖论文,了解数学建模竞赛论文的整体情况,自己思考总结,并从这些获奖论文中得到启发。本部分所提供的模型仅供学生参考论文格式、建模方法和理念。

论文一　机器人避障问题

(2012D1351661599232)

摘　要:本文主要是对机器人在一个平面区域内通过不同障碍物到指定目标点进行研究,首先通过机器人与障碍物的最小安全距离对不同障碍物的禁区进行了划分,见图1,把障碍物划分为有顶点和无顶点两大类。然后证明了机器人在障碍物顶点处转弯路径最优,转弯半径最小时路径最优,转弯圆心在障碍物顶点处(圆形障碍物在圆心)路径最优。

问题一对于起点和目标点的路线,先用拉绳子的方法确定了可能的最短路线,然后用穷举法确定最佳路径。机器人的行进又分单目标点和多目标点两种情况。

针对单目标点问题,先对只进行一次转弯的过程建立了基本线圆组合结构的解法,即模型一。然后针对多次转弯问题中的直线路径与圆弧路径的不同的位置关系推导出了计算模型,即模型二。$O-A$是基本的线圆组合,直接用模型一求解得到$O-A$的最短路径长为471.0372个单位,所用时间为96.0178秒,具体情况见文中表1。对$O-B$和$O-C$都是先用模型二对路线进行基本分割,然后用模型一进行求解,得到$O-B$最短路径长为853.7127个单位,所用总时间为179.0851秒,具体见表2;得到$O-C$最短路径长为1087.6个单位,所用时间为221.9秒,具体见表3。

针对多目标点问题,由于机器人不能直线转向,所以在经过目标点时,应该提前转向,且中间目标点应该在转弯弧上。因此先建立优化模型(模型三)对中间目标点处转弯圆弧圆心进行搜索求解。求出中间目标点转弯圆心后,用把中间目标点的圆心看作"障碍物"的办法将问题转化为单目标点问题。然后利用模型二和模型一进行求解,解得$O-A-B-C-O$的最短路径长为2812.52个单位,所用时间为585.6712秒,具体见附表4。

对于问题二,根据转弯半径和速度的关系,在问题一求出的最短路径的模型的基础上,进行路线优化,建立以最短时间为目标的非线性规划模型,求解得最短时间为94.22825秒,转弯半径为12.9886个单位,转弯圆心坐标为(82.1414,207.1387),具体结果见表5。

关键词:基本线圆组合;拉绳子法;穷举法;非线性规划

1　问题重述

图 1 是一个 800×800 的平面场景图，在原点 $O(0,0)$ 处有一个机器人，它只能在该平面场景范围内活动。图中有 12 个不同形状的区域是机器人不能与之发生碰撞的障碍物，障碍物的数学描述如下表：

编号	障碍物名称	左下顶点坐标	其他特性描述
1	正方形	(300,400)	边长 200
2	圆形		圆心坐标(550,450)，半径 70
3	平行四边形	(360,240)	底边长 140，左上顶点坐标(400,330)
4	三角形	(280,100)	上顶点坐标(345,210)，右下顶点坐标(410,100)
5	正方形	(80,60)	边长 150
6	三角形	(60,300)	上顶点坐标(150,435)，右下顶点坐标(235,300)
7	长方形	(0,470)	长 220，宽 60
8	平行四边形	(150,600)	底边长 90，左上顶点坐标(180,680)
9	长方形	(370,680)	长 60，宽 120
10	正方形	(540,600)	边长 130
11	正方形	(640,520)	边长 80
12	长方形	(500,140)	长 300，宽 60

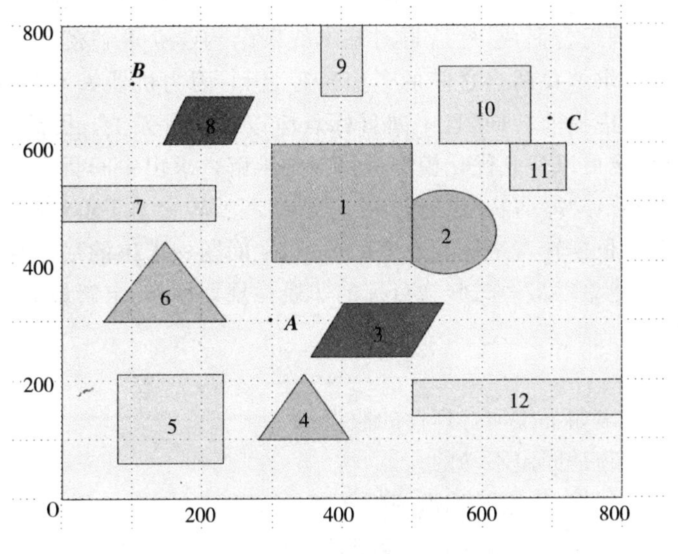

图 1　800×800 平面场景图

在图 1 的平面场景中，障碍物外指定一点为机器人要到达的目标点(要求目标点与障碍物的距离至少超过 10 个单位)。规定机器人的行走路径由直线段和圆弧组成,其中圆弧是机器人的转弯路径。机器人不能折线转弯,而转弯路径由与直线路径相切的一段圆弧组成,也可以由两个或多个相切的圆弧路径组成,但每个圆弧的半径最小为 10 个单位。为了不与障碍物发生碰撞,同时要求机器人行走线路与障碍物间的最近距离为 10 个单位,否则将发生碰撞,若碰撞发生,则机器人无法完成行走。

机器人直线行走的最大速度为 $\nu_0=5$ 个单位/秒。机器人转弯时,最大转弯速度为 $\nu=\nu(\rho)\dfrac{\nu_0}{1+e^{10-0.1\rho^2}}$,其中 ρ 是转弯半径。如果超过该速度,机器人将发生侧翻,无法完成行走。

请建立机器人从区域中一点到达另一点的避障最短路径和最短时间路径的数学模型。对场景图中 4 个点 $O(0,0)$,$A(300,300)$,$B(100,700)$,$C(700,640)$,具体计算:

(1)机器人从 $O(0,0)$出发,$O\to A$、$O\to B$、$O\to C$ 和 $O\to A\to B\to C\to O$ 的最短路径。

(2)机器人从 $O(0,0)$出发,到达 A 的最短时间路径。

注:要给出路径中每段直线段或圆弧的起点和终点坐标、圆弧的圆心坐标以及机器人行走的总距离和总时间。

2 问题分析

本问题主要是对机器人在一个平面区域内的通过不同障碍物到指定目标点进行研究,首先通过观察发现障碍物不同,因此我们先要对机器人通过不同的障碍物的情况进行讨论。在行进过程中,转弯位置、转弯的半径、转弯圆心的不同都会影响路径的优劣。因此我们要先确定最佳转弯位置、半径和转弯圆心。

对于问题一,分单目标点和多目标点两种情况。针对单目标点问题,从已知点到指定点有多条路径可以选择,可以先用拉绳子的办法确定可能的最短路线,然后用穷举法确定最短路径。由于机器人不能折线转弯,而转弯路径由与直线路径相切的圆弧组成,因此可以把路径看成由多个基本线圆组合而成,然后再对基本线圆结构建立求解模型。针对多目标点问题,不能简单地处理为求解每两点之间的最短路径之和,因为机器人不能直线转向,所以在经过目标点时,应该考虑提前转向,且中间目标点应该在转弯弧上。因此,对于中间目标点处转弯圆弧圆心的确定可以建立优化模型进行搜索求解。求出中间目标点转弯圆心后可以把中间目标点的圆心看作“障碍物”进行研究,这样问题就转化为了单目标点问题。

对于问题二,可以根据转弯半径和速度的关系,在问题一求出的最短路径的模型的基础上,进行路线优化,即建立以最短时间为目标的非线性规划模型,求解最短时间。

3 模型假设

为了简化计算,给出如下模型合理性的假设:

(1)假设所有障碍物是固定不动的;

(2)机器人性能足够好,能准确地沿圆弧转弯;

(3)假设机器人在初始时的速度为 5 个单位每秒;

(4)假设机器人在直线切入弧线时的速度是瞬间变化完成的;

(5)机器人行走过程中不会意外停止;

(6)忽略影响机器人行走非最小转弯半径以及最小安全距离因素。

4 符号说明

为了简化对问题的分析和对数字的处理,做出如下符号规定:

符 号	符号表示的含义
d_m	第 m 条直线路径长度
u_2	第 n 条弧线路径长度
S	最短路径总长度
T	最短路径所用时间
ν_0	机器人直线行进速度
ν_p	机器人转弯速度

5 模型的建立与求解

5.1 最短路径模型(问题一)

从已知点到指定点有多条路径可以选择,可以先用拉绳子的办法确定可能的最短路线,然后用穷举法确定最短路径。在行进过程中,转弯位置、转弯的半径、转弯圆心的不同都会影响路径的优劣。因此我们要先确定最佳转弯位置、半径和转弯圆心。本问题中对于路径的求解分为单目标路径和多目标路径两种,因此在本问题中我们分开讨论。

5.1.1 单目标点模型(只有起点和终点)

由于机器人不能折线转弯,转弯路径由与直线路径相切的圆弧组成,因此,在本问题中可以把路径看成由多个基本线圆组合而成。

5.1.1.1 相关推论及证明

把机器人的行进路线看成一根有弹性的绳子,根据实际情况我们推论:禁区顶点处变向路径最小,转弯半径最小路径最短,转弯弧圆心在顶点路径最短。

1. 禁区划分

由于机器人行进过程中与障碍物有最小距离的限制,因此我们先画出包络障碍物的禁区,对于有圆形的障碍物来说,禁区还是一个圆,对于有顶点的障碍物来说,禁区拐角处为一个圆弧,具体如图 2。

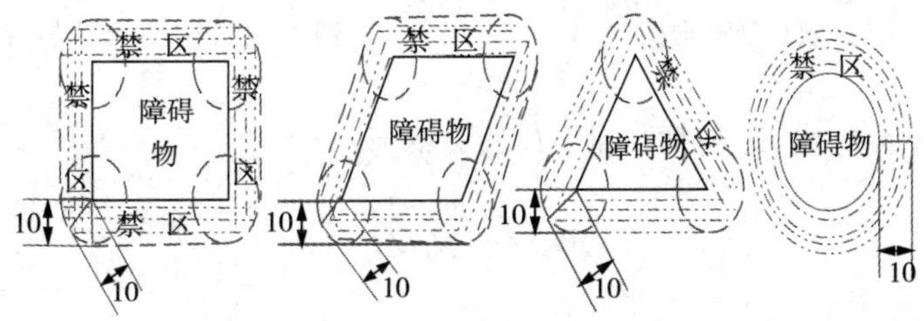

图 2 禁区示意图

2. 障碍物有顶点

(1)禁区顶点变向路径最小

如下图3所示,机器人从指定的 A 点到 C 点,需要进行变向,从图形可以看出来,在禁区边缘变向总路径会最小,下面我们进行证明。

假设 D 点为禁区顶点,先不考虑转弯半径等因素,其中 B 为禁区外任意一点,AD 边延长线交 BC 于 E 点。由三角形的任意两边之和大于第三边可以得到:

$$AB+BE>AD+DE,$$

$$EC+DE>DC,$$

两式相加得到:

$$AB+BE+EC+DE>AD+DE+DC,$$

化简得到:

$$AB+BC>AD+DC,$$

即,由 A 点到 B 点,选择在顶点 D 处转向,总路径最短。推论得证。

(2)转弯半径最小路径最短

机器人从 A 点到 B 点需要绕过禁区,在禁区顶点附近(前面已证)转弯,选择的转弯半径越小,得到的路径越短。下面从物理学的角度进行证明。

如下图4所示,将 A 到 B 的路径看作一条可伸缩的绳子。假设其两点相连时,绳子自然伸长。如线段 AB。由于机器人要绕过禁区,因此拉长绳子绕过禁区,又因为机器人最小转弯半径为10,禁区直径也为10,因此可以把绳子直接绕过禁区边缘。

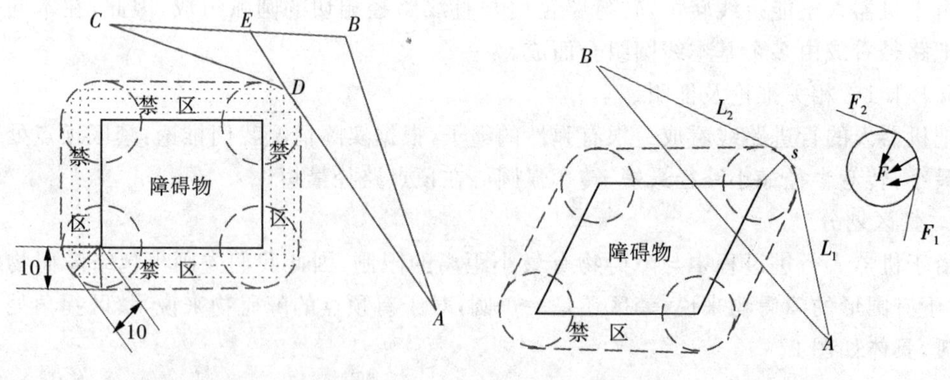

图3 禁区顶点处变向图　　图4 机器人过障碍转弯半径

由于绳子的弹性势能 E_p 与伸长量 ΔL 的关系为:

$$E_p=\frac{1}{2}k\Delta L^2.$$

因此绳子伸长量最小时,路径最短。

根据最小势能原理[1]可知,当弹性体平衡时,系统势能最小。即弹性体在自由条件下,有由高势能向低势能转化的趋势。现在将圆环看成也有弹性，在如图 4 所示的条件下为初始状态。圆环受力如图 4 所示，此时圆环有缩小的趋势，随着圆环的缩小，系统趋于平衡，弹性绳有最小势能。由能量守恒也可以说明，绳子的弹性势能转化为弹性圆环的弹性势能，于是弹性绳的弹性势能减小。

因此，随着圆环的半径的减小，绳子的势能减小，即最短路径变短。所以最小转弯半径时最小路径最短得证。

(3)转弯弧圆心在顶点路径最短

机器人在禁区顶点附近转弯时，转弯弧的圆心在顶点上，路径最短。

下面进行证明：

如下图 5 所示，圆 O 和圆 O' 均过最远点 D，它们的半径分别为 R 和 R'。其中圆 O 的圆心在垂线上。L_1、S、L_2 和 L_1'、S'、L_2' 分别为过 A、B 点向圆 O 和 O' 所引切线段和所夹圆弧长度。则需证明：

$$L_1+S+L_2<L_1'+S'+L_2'.$$

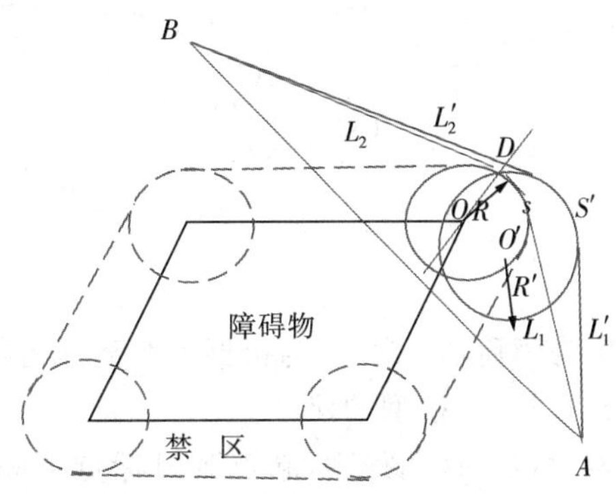

图 5 机器人过障碍转弯圆心位置

因为两圆圆心不同在过点 D 所引的垂线上，且两圆交于点 D，因此它们只能有两种关系——相交或相切。若两圆相切，由几何定理知切点、圆心 O、圆心 O' 三点共线。因点 D 和圆心 O 均在过 D 所作直线 AB 的垂线上，圆心 O' 在垂线外，故两圆不会相切，只能相交。要过点 D 则必有圆 O' 上点到直线 AB 的最大距离大于圆 O 上点到直线 AB 的最大距离。运用上文已证得的结论可得到：

$$L_1+S+L_2<L_1'+S'+L_2'.$$

因此推论得证。

(4)结论分析

结合(1)(2)(3)证明得到结论：机器人过有顶点的障碍物时，沿以顶点为圆心，以最小转弯半径的圆弧转弯，路径最短，在本题中机器人的最小转弯半径和机器人与障碍物的最小安全距离相等。因此对于本题来说，机器人沿禁区边缘转弯路径最短。

3. 障碍物为圆的情况

在前面我们已经证明了在障碍物有顶点的情况下，机器人过禁区时沿禁区边缘圆弧转弯路径最小。下面就机器人通过圆形障碍物的情况是否符合以上结论进行讨论。

如图 6，分别是机器人通过圆形禁区的三种情况，其中图 6(a)为机器人沿禁区边缘进行转弯图；图 6(b)为机器人沿以圆形障碍物边上一点为圆心，最小转弯半径的圆弧转弯图；图 6(c)为机器人沿刚好绕过禁区的圆弧转弯的情况。

由以上用弹性绳的方法进行证明发现，图 6(b)转弯路径最小，但是经过了禁区，因此不可行，另外两种方案图 6(a)路径明显要比图 6(c)小。因此机器人过禁区时沿禁区边缘圆弧转弯路径最小的结论同样适用于障碍物为圆的情况。转弯半径为：

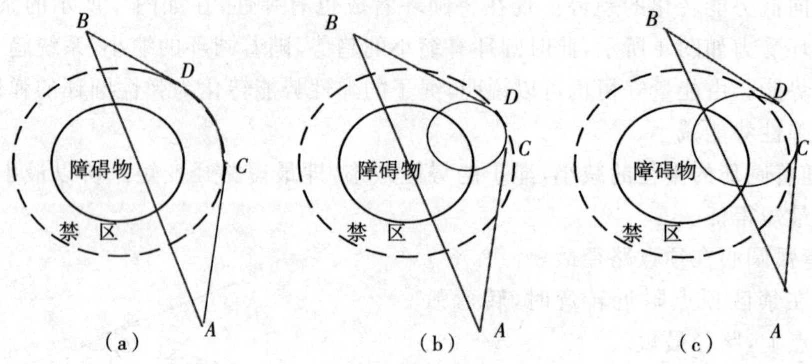

图 6 机器人通过圆形障碍物

$$\rho=r+d,$$

其中 r 为障碍物半径，d 为机器人距离障碍物的最小安全距离。

5.1.1.2 模型的建立

经过以上证明得到，起点到目标点中间不管有多少障碍物，最短路径都是由若干个相切的直线和圆弧构成的，前面已经证明机器人经过所有障碍物时，禁区边缘转弯路径最短，因此转弯圆弧半径为危险区域半径。所以在下面模型中经过障碍物转弯时，都以障碍物顶点为转弯弧圆心，最小转弯半径 r 为转弯半径。

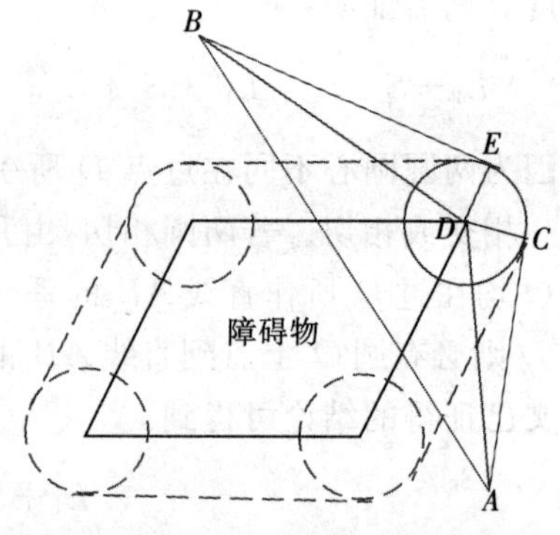

图 7 机器人过障碍物转弯图

1. 途中转弯一次的模型（模型一）

如图 7 所示，已知机器人要从起点 $A(x_1,y_1)$ 点出发绕过障碍物到终点 $B(x_2,y_2)$。途中从以障碍物顶点 $D(x_3,y_3)$ 为圆心，r 为半径的弧上转弯，切点为 C 和 E。需要求 C 点和 E 点坐标，以及 $\overline{ACEB}$ 的长度。

根据两点距离公式：

$$AB=\sqrt{(x_1-x_2)^2+(y_1-y_2)^2},$$

$$AD=\sqrt{(x_1-x_3)^2+(y_1-y_3)^2},$$

$$BD=\sqrt{(x_3-x_2)^2+(y_3-y_2)^2}.$$

由于 C 点和 E 点是切点，所以

$$DE\perp BE, DC\perp AC.$$

根据勾股定理：

$$BE=\sqrt{BD^2-r}=\sqrt{(x_3-x_2)^2+(y_3-y_2)^2-r},$$

$$AC=\sqrt{AD^2-r}=\sqrt{(x_1-x_3)^2+(y_1-y_3)^2-r}.$$

(1)切点坐标的确定

假设 C 点坐标为(x_i,y_i)，E 点坐标为(x_j,y_j)。那么根据两点距离公式还有：

$$\begin{cases} BE=\sqrt{(x_2-x_j)^2+(y_2-y_j)^2}, \\ DE=\sqrt{(x_3{}^2-x_j)^2+(y_3-y_j)^2}, \end{cases}$$

$$\begin{cases} AC=\sqrt{(x_1-x_i)^2+(y_1-y_i)^2}, \\ DC=\sqrt{(x_3{}^2-x_i)^2+(y_3-y_i)^2}. \end{cases}$$

综上所述，对于 E 点坐标就有：

$$\begin{cases} \sqrt{(x_3-x_2)^2+(y_3-y_2)^2-r}=\sqrt{(x_2-x_j)^2+(y_2-y_j)^2}, \\ \sqrt{(x_3{}^2-x_j)^2+(y_3-y_j)^2}=r. \end{cases}$$

对于 C 点坐标：

$$\begin{cases} \sqrt{(x_1-x_3)^2+(y_1-y_3)^2-r}=\sqrt{(x_1-x_i)^2+(y_1-y_i)^2}, \\ \sqrt{(x_3{}^2-x_i)^2+(y_3-y_i)^2}=r. \end{cases}$$

解以上方程组即可得到两个切点 C 和 E 的坐标。

(2)转弯弧长的确定

在$\triangle ADB$ 中，根据余弦定理：

$$\angle ADC=\arccos\frac{AD^2+BD^2-AB^2}{2AD\times BD}.$$

在 Rt$\triangle ACD$ 中：

$$\angle ADC=\arccos\frac{r}{AD},$$

在 Rt$\triangle BED$ 中：

$$\angle BDE=\arccos\frac{r}{BD},$$

对于$\angle CDE$ 就有：

$$\angle CDE=2\pi-\angle ADC-\angle BDE-\angle ADB,$$

因此弧$\overset{\frown}{CE}$的长度就为：

$$\overset{\frown}{CE}=r\times\angle CDE.$$

(3)总路径和总时间的确定

机器人途中转弯一次路径长度就为

$$S=AC+BE+\overset{\frown}{CE},$$

所用时间就为

$$T=\frac{AC}{v_0}+\frac{BE}{v_0}+\frac{\overset{\frown}{CE}}{v_\rho}.$$

2. 途中转弯多次的模型(模型二)

机器人在从起点到终点的过程中,如果障碍物多的话,机器人需要通过多次转弯才能到达目标点,多次转弯可以分解成由多个两次转弯和一次转弯组成,而在两次转弯的过程中,两个转弯弧度的公切线分为内公切线和外公切线两种。

(1)沿内公切线前进的情况

如图 8 所示,机器人从起始点 $A(x_1,y_1)$ 到目标点 $B(x_2,y_2)$ 要经过两个障碍物,途中从障碍物内侧转两次弯,已知两个障碍物转弯处的顶点为 $D(x_3,y_3)$,$F(x_4,y_4)$,圆 D 和圆 F 的半径均为 r。

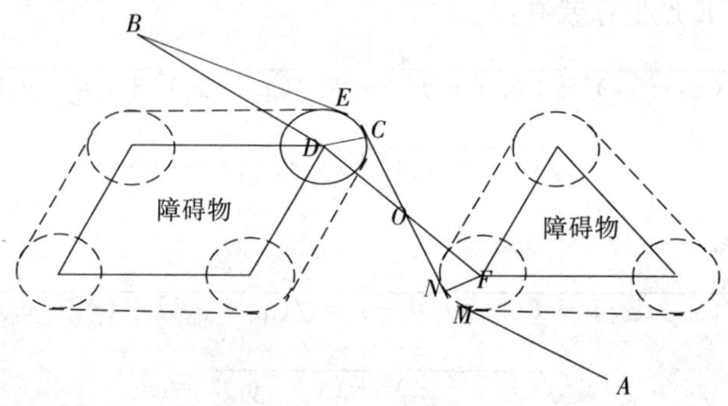

图 8　内公切线路径图

两圆心连线与内切线交点为 $O(x_5,y_5)$ 点。易证:

$$\mathrm{Rt}\triangle DCO\cong\mathrm{Rt}\triangle FNO.$$

因此 O 点为线段 DF 的中点,根据中点坐标公式:

$$\begin{cases}x_5=\dfrac{x_3+x_4}{2},\\[2ex] y_5=\dfrac{y_3+y_4}{2}.\end{cases}$$

确定 O 点坐标后,用模型一就可以分别求出$\overset{\frown}{AMNO}$和$\overset{\frown}{OCEB}$的长度,以及确定 C、E、M、N 点坐标。

(2)沿外公切线前进的情况

如图 9 所示,机器人从起始点 $A(x_1,y_1)$ 到目标点 $B(x_2,y_2)$ 要经过两个障碍物,途中从障碍物外侧转两次弯,已知两个障碍物转弯处的顶点为 $M(x_3,y_3)$,$N(x_4,y_4)$,圆 M 和圆 N 的半径均为 r。

在两圆心的连线上找出中点 $O(x_5,y_5)$,过 O 点作 DF 垂线,交 DF 于 $H(x_a,y_a)$ 点。

$$OM=ON=\frac{1}{2}\sqrt{(x_3-x_4)^2+(y_3-y_4)^2}.$$

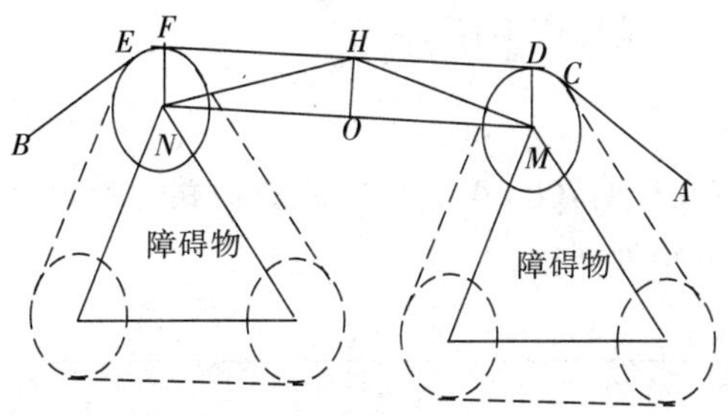

图 9　外公切线路径

根据中点坐标公式可得 O 点坐标：

$$\begin{cases} x_5=\dfrac{x_3+x_4}{2}, \\ y_5=\dfrac{y_3+y_4}{2}. \end{cases}$$

由于 $MD\perp DF$，$NF\perp DF$，所以四变形 $MNDF$ 为矩形，因此 H 也为 DF 的中点，且 $HO=r$。

根据勾股定理：

$$HN=\sqrt{OH^2+ON^2}=\sqrt{\frac{1}{4}(x_3-x_4)^2+\frac{1}{4}(y_3-y_4)^2+r^2},$$

$$HO=\sqrt{(x_a-\frac{x_3+x_4}{2})^2+(y_a-\frac{y_3+y_4}{2})^2},$$

因此对于 H 点坐标就有：

$$\begin{cases} \sqrt{(x_a-\dfrac{x_3+x_4}{2})^2+(y_a-\dfrac{y_3+y_4}{2})^2}=r, \\ \sqrt{\dfrac{1}{4}(x_3-x_4)^2+\dfrac{1}{4}(y_3-y_4)^2}=\sqrt{(x_a-x_4)^2+(y_a-y_4)^2}. \end{cases}$$

解上面方程组可以求出 H 点坐标(x_a,y_a)，确定 H 点坐标后，就可以用模型一分别求出路径$\overparen{ACDH}$和$\overparen{HFEB}$长度，切点 C、D、E、F 坐标，以及所用时间。

5.1.1.3　模型计算

假设机器人从起始点到目标点经过的路径有 m 条直线，长度分别为 d_m，有 n 条弧线，长度分别为 u_n，则机器人到达目标点的总路为

$$s=\sum_{m=1}^{m}d_m+\sum_{n=1}^{n}u_n,$$

途中所用时间为：

$$T=\frac{\sum\limits_{m=1}^{m}d_m}{v_0}+\frac{\sum\limits_{n=1}^{n}u_n}{v_\rho},$$

其中 $v_\rho=\dfrac{v_0}{1+e^{10-0.1\rho^2}}$，$\rho$ 是转弯半径 。

1. $O-A$ 的最短路径

如图 10 所示，根据前文证明，$O-A$ 点可能的最短路线有两条，从 5 号障碍物左上角处拐弯，或从 5 号障碍物右下角处拐弯。

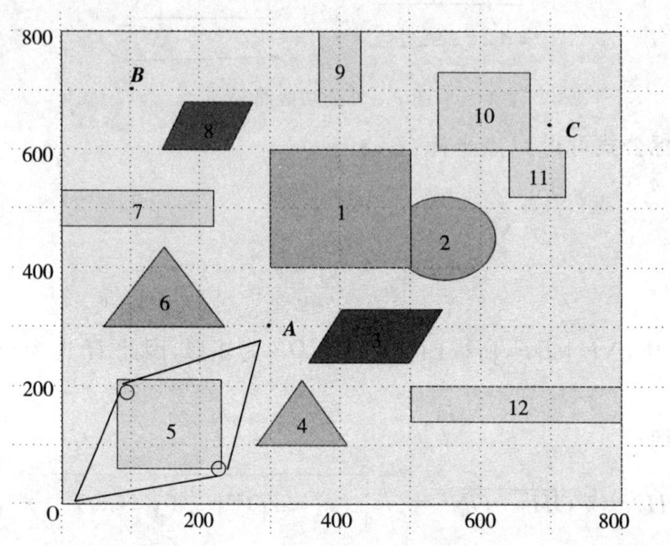

图 10　$O-A$ 可能最佳路线

两条路线都为基本的线圆组合，用模型一可直接求解，用 MATLAB 程序解得，两条路径分别为 471.0372，505.9853 个单位，因此最佳总路程为从障碍物 5 左上经过路线，总路程为 $S=471.0372$ 个单位，总时间 $T=96.0178$ 秒，经过两条直线段和一条以(80，210)为圆心，半径 $r=10$ 的弧线段，途中具体情况如表 1 所示。

表 1　$O-A$ 最短路径途中情况

	起点坐标点	终点坐标点	转弯弧圆心	距离	时间
直线 1	0 0	70.50595 213.1405	—	224.4994	44.9
弧线 1	70.50595 213.1405	76.60645 219.4066	80 210	9.051	3.7402
直线 2	76.60645 219.4066	300 300	—	237.4868	47.4974
总和	—	—	—	471.0372	96.1376

2. $O-B$ 的最短路

如图 11 所示，机器人从 O 到 B 点有三条可能最短路线，在路径途中经过多次转弯到达目标点，因此先用模型二把路径分为若干个基本线圆组合，然后用模型一对每个线圆组合求解，可得出答案。

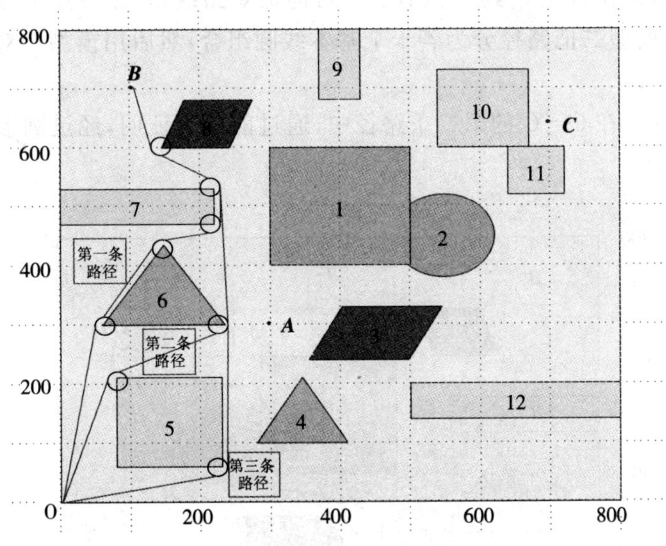

图 11　$O-B$ 可能最佳路线

经 MATLAB 计算可得到三条路线的路程分别为 853.7127，865.4391，901.299 个单位；最佳总路程为路线一，总路程为 $S=853.7127$ 个单位，总时间 $T=179.0851$ 秒，经过六条直线段和五条分别以(60,300)，(150,435)，(220,470)，(220,530)，(150,600)为圆心半径 $r=10$ 的弧线段，具体起始点如表 2 所示。

表 2　$O-B$ 最短路径途中情况

	起点坐标点	终点坐标点	转弯弧圆心	距离	时间
直线 1	0　0	50.136　301.649	—	305.78	61.156
弧线 1	50.136　301.649	51.6564　305.512	60　300	4.188	1.6752
直线 2	51.6564　305.512	157.5493　428.4419	—	162.25	32.45
弧线 2	157.5493　428.4419	159.9754　435.7009	150 435	7.854	3.1416
直线 3	159.9754　435.7009	229.2334　466.1602	—	75.66	15.132
弧线 3	229.2334　466.1602	230　470	220 470	13.6136	5.44544
直线 4	230　470	230　530	—	60	12
弧线 4	230　530	225.1602　538.5658	220 530	9.9484	3.97936
直线 5	225.1602　538.5658	144.4749　591.6149	—	96.95	19.39
弧线 5	144.4749　591.6149	140.6933　596.3414	150 600	6.1087	2.44348
直线 6	140.6933　596.3414	100　700	—	111.36	22.272
总和	—	—	—	853.7127	179.085

3. $O-C$ 的最短路径

如图 12 所示，机器人从 O 到 C 点有三条可能最短路线，在路径途中经过多次转弯到达目标点，因此先用模型二把路径分为若干个基本线圆组合，然后用模型一对每个线圆组合求解，可得出答案。

特别要说明的是在 $O-C$ 的第二条路径中，通过前文的证明，经过圆形障碍物的转弯半径应该为 $R+\rho=70$。

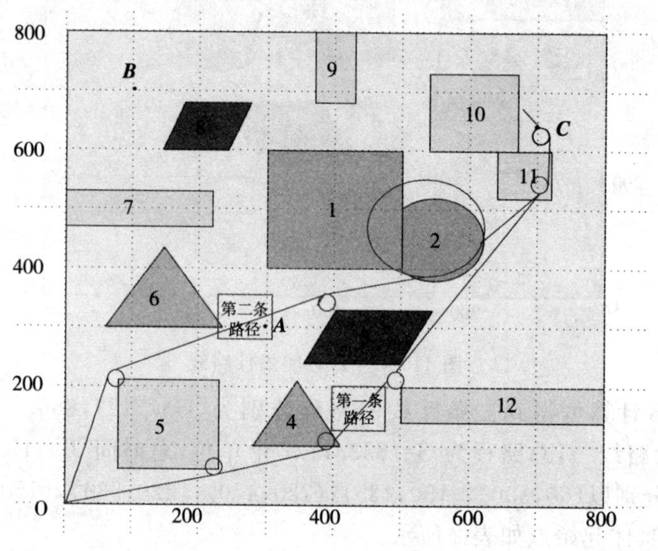

图 12 $O-C$ 可能最佳路线

经 MATLAB 计算得到距离分别为 1087.6，1117.418 个单位，最佳总路径为路线一，总距离为 $S=1087.6$ 个单位，总时间 $T=221.9$ 秒，经过五条直线段和四条分别以(410，100)，(500，200)，(720，540)，(720，600)为圆心，半径 $r=10$ 的弧线段，途中具体情况如表 3 所示。

表 3 $O-C$ 最短路径途中情况

	起点坐标点	终点坐标点	转弯弧圆心	距离	时间
直线 1	0 0	412.0796 90.2186	—	421.84	84.368
弧线 1	412.0796 90.2186	418.2907 94.4085	410 100	7.6794	3.0718
直线 2	418.2907 94.4085	491.6 205.4275	—	133.04	26.608
弧线 2	491.6 205.4275	492 206	500 200	0.6981	0.2792
直线 3	492 206	727.8719 513.8328	—	387.81	77.562
弧线 3	727.8719 513.8328	730 520	720 540	6.4577	2.5751
直线 4	730 520	730 600	—	80	16
弧线 4	730 600	727.7715 606.2932	720 600	6.8068	2.7227
直线 5	727.7715 606.2932	700 640	—	43.59	8.718
总和	—	—	—	1087.6	221.9048

5.1.2　经过多个目标点($O-A-B-C-O$)

本问题的特点是要经过中间若干个目标点后再回到起点，不能简单地处理为求解每两个点之间的最短路径之和。因为机器人不能直线转向，所以在经过目标点时，应该考虑提前转向，且中间目标点应该在转弯弧上。因此对于中间目标点处转弯圆弧圆心的确定为本题的一个难点。

1. 经过中间目标点的路径(模型三)

如图 13 所示已知点 $B(x_2,y_2)$，$C(x_3,y_3)$分别为两个障碍物的顶点，且机器人要绕过 B 点障碍物经过中间目标点 $A(x_1,y_1)$到另一个障碍物顶点转弯。其中 $A(x_1,y_1)$在圆心为 $O(x_a,y_b)$、半径为 R 的圆上。从点 $B(x_2,y_2)$，$C(x_3,y_3)$分别引同侧相切于圆心为 $O(x_a,y_b)$的圆的切线，因此我们需要用点 $B(x_2,y_2)$和点 $C(x_3,y_3)$来确定圆心 $O(x_a,y_b)$的位置。

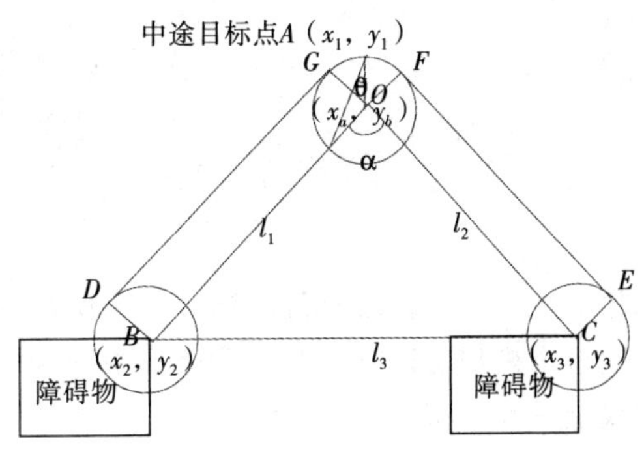

图 13　机器人经过中途目标点图

由于需要确定的圆心 $O(x_a,y_b)$是以 R 为半径，点 $A(x_1,y_1)$为圆上一点，所以需要进行搜索求解求出要确定的圆心。这样就将目标转化为距离和弧长最短的目标模型。

$$\text{Min } z=(\pi-\alpha)\times r+l_1+l_2.$$

根据点 $A(x_1,y_1)$是圆上一点的关系就可以 $A(x_1,y_1)$点为圆心、R 为半径搜索得出圆心 $O(x_a,y_b)$，那么得出关系为：

$$x_a=x_1+r\times\sin\theta,$$

$$y_a=y_1-r\times\cos\theta.$$

将上述关系转化为圆的标准方程可以得到：

$$(x_a-x_1)^2+(y_a-y_1)^2=r^2.$$

根据两点之间的距离公式可以得出以下条件：

$$(x_a-x_2)^2+(y_a-y_2)^2=l_1^2,$$

$$(x_a-x_3)^2+(y_a-y_3)^2=l_2^2,$$

$$(x_2-x_3)^2+(y_2-y_3)^2=l_3^2.$$

由于 DG 与 EF 是两个圆的同侧公切线，两圆的半径相等而 DG 与 OB 和 OC 与 EF 是矩形的对边，所以 $DG=OB=l_1$，$EF=OC=l_2$。

在$\triangle BOC$ 中，由余弦定理可以得出：

$$\cos\alpha=\frac{l_1^2+l_2^2-l_3^2}{2\times l_1\times l_2}.$$

最后我们建立的模型为：

$$
\text{Min } z=(\pi-\alpha)\times R+l_1+l_2,
$$

$$
\begin{cases}
(x_a-x_1)^2+(y_a-y_1)^2=r^2, \\
(x_a-x_2)^2+(y_a-y_2)^2=l_1^2, \\
(x_a-x_3)^2+(y_a-y_3)^2=l_2^2, \\
(x_2-x_3)^2+(y_2-y_3)^2=l_3^2, \\
\cos\alpha=\dfrac{l_1^2+l_2^2-l_3^2}{2\times l_1\times l_2}.
\end{cases}
$$

根据上面模型，我们可以求解出 A、B、C 圆心坐标。

通过本模型可以求出两个障碍物中间为中途目标点的线圆组合，其他情况的线圆组合可用模型一和模型二进行求解。

2. 模型计算

如图 14 所示，通过前文证明以及单目标点的计算模型，可以得到从 O 点出发，经过 A、B、C 三点再回到 O 点的最短路线只有一条。首先利用模型三算出 A、B、C 三点处转弯弧度的圆心坐标，然后用模型二把路径转化为若干个基本线圆组合，利用模型一计算。

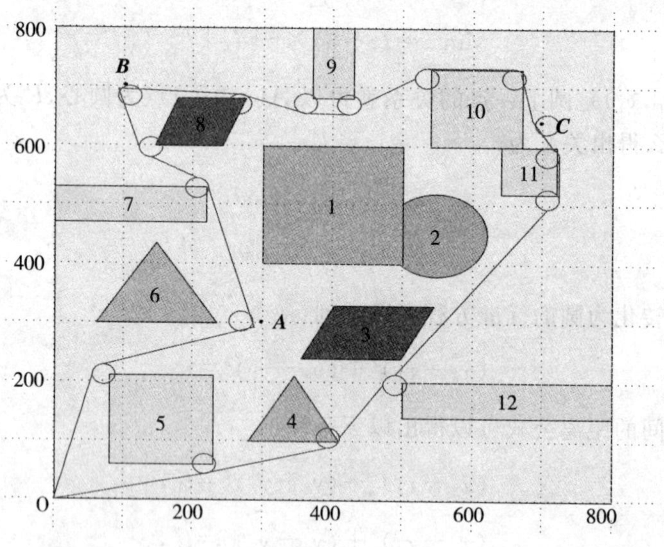

图 14 $O-A-B-C-O$ 最短路径

利用 MATLAB 编程计算得到，机器人从 $O\to A\to B\to C\to O$ 最佳总路程为 $S=2812.52$ 个单位，总时间 $T=585.6712$ 秒，一共经过十六条直线段和十五条分别以 (80,210)，(290.8855,304.1141)，(220,530)，(150,600)，(108.2296,694.3191)，(270,680)，(370,680)，(420,680)，(540,730)，(670,730)，(709.7933,642.0227)，(700,640)，(720,600)，(500,200)，(410,100) 为圆心，半径 $r=10$ 的弧线段，具体起始点如附表 1。

表 4　经过多目标点最短路径途中部分情况

	起点坐标点	终点坐标点	转弯弧圆心	距离	时间
直线 1	0 0	70.5059　213.1405	—	224.4994	44.8999
弧线 1	70.5059　213.1405	76.6064　219.4066	80　210	9.25	3.7
直线 2	76.6064　219.4066	294.1547　294.6636	—	229.98	45.996
弧线 2	294.1547　294.6636	281.3443　301.7553	290.8855 304.1141	15.3589	6.1436
…	…	…	…	…	…
直线 14	727.9377　513.9178	492.0623　206.0822	—	387.81	77.562
弧长 14	492.0623　206.0822	491.6552　205.5103	500　200	0.6981	0.2792
直线 15	491.6552　205.5103	412.1387　90.2314	—	133.04	26.608
弧线 15	412.1387　90.2314	418.3348　94.4085	410　100	7.6794	3.0718
直线 16	418.3348　94.4085	0　0	—	421.84	84.368
总和				2812.52	585.6712

5.2　最短时间路径模型(问题二)

1. 模型分析

本问题是研究机器人从 O 点出发绕过障碍物 5 到达 A 的最短时间，根据问题一所求最短路，可以知道最短时间路线也是从障碍物 5 的左上方通过，机器人所用的时间由在直线段和弧线段上所用的两部分时间组成。由于最短时间和最短距离不是同一条路线，因此在求最短时间时先要确定最短时间的路径。机器人靠近障碍物时，距离障碍物的最近距离不能少于 10 个单位。所以根据机器人在行走路线中要避免遇到的障碍物和影响其行动的范围来确定机器人行走的范围。

机器人转弯时最大转弯速度为：

$$v=v(\rho)=\frac{v_0}{1+e^{10-0.1\rho^2}},$$

机器人经过圆弧时间为：

$$t=\frac{\alpha\rho}{v_\rho}.$$

由上式可以看出当转弯半径变小时，机器人速度也变小，而机器人通过的圆弧长度也变小。t 的变化不好确定。

当机器人转弯半径增大时，转弯速度也增大，而机器人通过的圆弧长度也随着增大。t 的变化不好确定。

因此对于转弯时间 t 随转弯半径 ρ 的变化关系，没有直接的线性关系。而对于转弯半径 ρ 的变化，在题目中是有限制的，ρ 过大会发生碰撞，ρ 过小(小于 10)会发生侧翻。

所以我们可以根据 ρ 的变化范围，建立最小时间的非线性规划模型，对 t 取最小时的 ρ 进行搜索求解。

2. 模型准备

如图 15 所示，已知 $O(x_1,y_1)$ 是起始点，$A(x_2,y_2)$ 是终点，$P(x_3,y_3)$ 是障碍物 5 的左上顶点。假设机器人在 $C(x_c,y_c)$ 处以 $N(x,y)$ 为圆心、r 为半径转弯，经弧 $\overset{\frown}{BC}$，在 $B(x_b,y_b)$ 点转弯，可以得到最短时间路径。连结 BC，作 $ND\perp BC$。ON 长度为 a，AN 长度为 b，切线 OC 的长度为 s_1，切线 AB 的长度为 s_2。

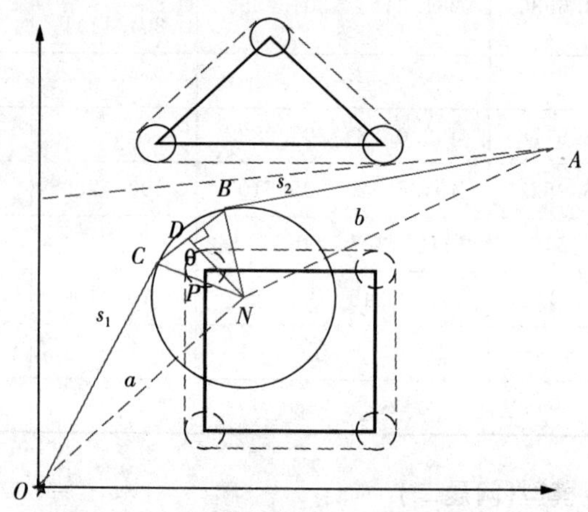

图 15 最短时间示意图

令 $BD=d$，由于 B 点和 C 点为切点，所以

$$\angle DNB=\frac{1}{2}\theta,$$

$$BD=\frac{1}{2}BC,$$

由两点之间的距离公式得出：

$$a=\sqrt{(x-x_1)^2+(y-y_1)^2},$$

$$b=\sqrt{(x-x_2)^2+(y-y_2)^2}.$$

因为 B 点和 C 点是切点，所以：

$$\sqrt{(x_c-x)^2+(y_c-y)^2}=r,$$

$$\sqrt{(x_b-x)^2+(y_b-y)^2}=r.$$

根据勾股定理可以得到：

$$s_1=\sqrt{a^2-r^2},$$

$$s_2=\sqrt{b^2-r^2}.$$

根据距离公式：

$$BC=\sqrt{(x_b-x_c)^2+(y_b-y_c)^2},$$

在 Rt△NBD 中

$$\sin\left(\frac{\theta}{2}\right)=\frac{\sqrt{(x_b-x_c)^2+(y_b-y_c)^2}}{2\times r},$$

所以

$$l=2r\times\arcsin\left(\frac{\sqrt{(x_b-x_c)^2+(y_b-y_c)^2}}{2r}\right).$$

3. 目标分析

根据机器人行走的直线距离和速度以及弧线长度和对应的弧线速度，建立最短时间的目标：

$$\text{Min}=\frac{s_1+s_2}{v_o}+\frac{l}{v_p}.$$

4. 约束分析

根据机器人与障碍物的距离至少要超过 10 个单位可以得到半径 r 的约束条件，即必须使圆弧离障碍物 10 个以上的单位：

$$r-\sqrt{(x-x_3)^2+(y-y_3)^2}\geqslant 10.$$

对于两个切点的范围：

$$x_c<80,$$

$$y_b>210.$$

根据问题一证明的结论：圆心在障碍物以内的距离最短，可以得出约束条件为：

$$80\leqslant x\leqslant 230,$$

$$0<y\leqslant 210.$$

因为机器人不能直线转弯，转弯路径由与直线路径相切的一段圆弧组成，因此对于 C、B 两点来说，必须保证是切点。

C、B 两点在圆上，与圆心的距离为半径 r：

$$\sqrt{(x_c-x)^2+(y_c-y)^2}=r,$$

$$\sqrt{(x_b-x)^2+(y_b-y)^2}=r.$$

△NOC 和△ABN 必须是直角三角形，B 点和 C 点为两直角边交点。

$$s_1=\sqrt{a^2-r^2},$$

$$s_2=\sqrt{b^2-r^2}.$$

5. 模型的建立与求解

综合以上条件,建立时间最短的优化模型:

$$\text{Min}=\frac{s_1+s_2}{v_o}+\frac{l}{v_p},$$

$$\text{s. t.}\begin{cases} r-\sqrt{(x-x_3)^2+(y-y_3)^2}\geqslant 10, \\ r=\sqrt{(x_b-x)^2+(y_b-y)^2}, \\ r=\sqrt{(x_c-x)^2+(y_c-y)^2}, \\ s_2=\sqrt{(x-x_2)^2+(y-y_2)^2-r^2}, \\ s_1=\sqrt{(x-x_1)^2+(y-y_1)^2-r^2}, \\ 80<x<230, \\ y_b>210, \\ x_c<80, \\ 0<y<210. \end{cases}$$

用 LINGO 软件编程求得最短时间为 94.22825 秒,转弯半径为 $r=12.9886$,具体结果见表 5。

表 5 O－A 最短时间路径途中情况

	起点坐标点	终点坐标点	转弯弧圆心	距离	时间
直线 1	0 0	69.8045 211.9779	—	223.1755	44.6351
弧线 1	69.8045 211.9779	77.74918、220.1387	82.1414 207.9153	11.7899	2.360433
直线 2	77.74918 220.1387	0 0	—	236.1636	47.23272
总和	—			471.129	94.22825

6. 结果分析

把结果同问题一比较，我们发现最短路径未必所用时间最少,关键在于转弯半径和转弯圆心的选择。因此机器人在转弯过程中的转弯半径和转弯圆心的确定,对路线的优劣有着重要的影响。

6 模型推广与评价

1. 模型改进

本题障碍物并不是太多,当障碍物多的时候利用本题目所用的穷举法是不现实的。

我们在做题目的时候有如下一些想法,先划去障碍物的危险区,再求出所有的切线,包括出发点和目标点到所有圆弧的切线以及所有圆弧与圆弧之间的切线，然后把这些相交联的线看成是最小生成树和最短路。

假设机器人从起点 R 到目标点 M_0，路径一定是由圆弧和线段组成，设有 m 条线段，n 条圆弧。那么目标函数可以表示为：

$$\mathrm{Min}=\sum_{i=1}^{m}d_i+\sum_{j=1}^{n}l_j,$$

$$\begin{cases} r\geqslant 1, \\ k\geqslant 1. \end{cases}$$

利用 MATLAB 或者 LINGO 等计算机软件，用编程求最优解。此程序可以对起点到目标点之间的路径进行优化求解。

2. 模型评价

优点：

本模型简单易懂，便于实际检验及应用，可以应用到机动车驾驶证考试、城市汽车运输等一系列实际生活问题，主要优点有：

(1)运用多个方案对路径进行优化，在相对优化之中取得最优解。

(2)模型优化后用解析几何进行求解，精确度较高。

缺点：

(1)利用解析几何进行求解，精确度较高的前提是计算时间比较长，所以此模型利用起来效率比较低。

(2)当障碍物足够多的时候本模型并不适合。

参考文献

[1] 吴家龙．弹性力学[M]．北京：高等教育出版社，2001.

[2] 姜启源，谢金星．数学建模[M]．北京：高等教育出版社，2003.

[3] 李涛，贺勇军．应用数学篇[M]．北京：电子工业出版社，2000.

7　附录

附表 1　经过多目标点最短路径途中具体情况

	起点坐标点	终点坐标点	转弯弧圆心	距离	时间
直线 1	0 0	70.5059　213.1405	—	224.4994	44.8999
弧线 1	70.5059　213.1405	76.6064　219.4066	80　210	9.25	3.7
直线 2	76.6064　219.4066	294.1547　294.6636	—	229.98	45.996
弧线 2	294.1547　294.6636	281.3443　301.7553	290.8855 304.1141	15.3589	6.1436

（续表）

	起点坐标点	终点坐标点	转弯弧圆心	距离	时间
直线 3	281.3443　301.7553	229.8206531.8855	—	236.83	47.366
弧长 3	229.8206　531.8855	225.4967　537.6459	220　530	6.8068	2.7228
直线 4	225.4967　537.6459	144.5033　591.6462	—	96.95	19.39
弧长 4	144.5033　591.6462	140.8565　595.9507	150　600	5.7596	2.3038
直线 5	140.8565　595.9507	99.08612　690.2698	—	103.16	20.632
弧线 5	99.08612　690.2698	109.113　704.2802	108.296 694.3191	20.7694	8.3078
直线 6	109.113　704.2802	270.8817　689.9611	—	162.4	32.48
弧长 6	270.8817　689.9611	272　689.7980	270　680	1.0472	0.4188
直线 7	272　689.7980	368　670.282	—	97.98	19.596
弧线 7	368　670.282	370　670	370　680	2.0944	0.8378
直线 8	370　670	430　670	—	60	12
弧长 8	430　670	435.5878　671.7068	420　680	5.9341	2.3736
直线 9	435.5878　671.7068	534.4115　738.2932	—	119.16	23.832
弧线 9	534.4115　738.2932	540　740	540　730	5.9341	2.3736
直线 10	540　740	670　740	—	130	26
弧长 10	670　740	679.9126　731.3196	670　730	14.3846	5.7538
直线 11	679.9126　731.3196	690.9183　648.6458	—	83.403	16.6806
弧线 11	690.9183　648.6458	693.5095　643.1538	709.7933 642.0227	6.17	2.468
直线 12	693.5095　643.1538	727.3214　606.8116	—	129.6305	25.9261
弧长 12	727.3214　606.8116	730　600	720　600	7.4928	2.997
直线 13	730　600	730　520	—	80	16
弧线 13	730　520	727.9377　513.9178	720　520	6.4577	2.583
直线 14	727.9377　513.9178	492.0623　206.0822	—	387.81	77.562
弧长 14	492.0623　206.0822	491.6552　205.5103	500　200	0.6981	0.2792
直线 15	491.6552　205.5103	412.1387　90.2314	—	133.04	26.608
弧线 15	412.1387　90.2314	418.3348　94.4085	410　100	7.6794	3.0718
直线 16	418.3348　94.4085	0　0	—	421.84	84.368
总和		—		2812.52	585.6712

程序一:基本线圆组合计算程序(仅以 $O-A$ 为例,其他类似)

```
clc
o = [0,0];
c = [80,210];
m = [300,300];
r = 10;
oc = sqrt((o(1) - c(1))^2 + (o(2) - c(2))^2);
om = sqrt((o(1) - m(1))^2 + (o(2) - m(2))^2);
cm = sqrt((c(1) - m(1))^2 + (c(2) - m(2))^2);
a1 = acos((oc^2 + cm^2 - om^2)/(2 * oc * cm));
a2 = acos(r/oc);
a3 = acos(r/cm);
a4 = 2 * pi - a1 - a2 - a3;
d1 = sqrt(oc^2 - r^2);
d2 = sqrt(cm^2 - r^2);
d3 = r * a4;
dd = d1 + d2 + d3
```

程序二:求 A,B 点所在的圆心坐标(以 A 为例);

```
% % %求经过(A)点弧的圆心坐标
clc
clear
% % %坐标
A = [300,300];  %所求圆弧上的坐标
B = [80,210];  %一边圆心的坐标
C = [220,530];  %另一边圆心的坐标
R = 10;  %圆的半径
sita = [ - pi:0.0001:pi];  %搜索圆心坐标的范围
for i = 1:length(sita)
O = [A(1) + R * sin(sita(i)),A(2) - R * cos(sita(i))];
l1 = sqrt((O(1) - B(1))^2 + (O(2) - B(2))^2);
l2 = sqrt((O(1) - C(1))^2 + (O(2) - C(2))^2);
l3 = sqrt((B(1) - C(1))^2 + (B(2) - C(2))^2);
afa = acos((l1^2 + l2^2 - l3^2)/(2 * l1 * l2));
L(i) = l1 + l2 + R * (pi - afa);  %直线与弧长的路程
end
sita(find(L = = min(L)))  %最短路程
min(L)
[A(1) + R * sin(sita(find(L = = min(L)))),A(2) - R * cos(sita(find(L = = min(L))))]  %圆心
坐标
```

程序三:求 C 点所在圆的圆心坐标

```
clc
clear
%%%坐标
A=[700,640];
C=[720,600];
B=[670,730];
R=10;
sita=[(51/90)*pi/2:0.001:(80/90)*pi/2];
for i=1:length(sita)
O=[A(1)+R*sin(sita(i)),A(2)+R*cos(sita(i))];
l1=sqrt((O(1)-B(1))^2+(O(2)-B(2))^2);
l2=sqrt((O(1)-C(1))^2+(O(2)-C(2))^2);
l3=sqrt((B(1)-C(1))^2+(B(2)-C(2))^2);
afa=acos((l1^2+l2^2-l3^2)/(2*l1*l2))
afa1=acos(20/l1)
afa2=acos(20/l2)
L(i)=sqrt(l1^2-400)+sqrt(l2^2-400)+R*(afa-afa1-afa2);
end
sita(find(L==min(L)))
min(L)
[A(1)+R*sin(sita(find(L==min(L)))),A(2)+R*cos(sita(find(L==min(L))))]
```

程序四:问题二求最短时间路径 LINGO 程序

```
min=@sqrt((x-300)^2+(y-300)^2-r^2)/5+@sqrt(x^2+y^2-r^2)/5+2*r*@asin(d/(2*
r))/5*(1+@exp(10-0.1*r^2));
d=@sqrt((xc-xb)^2+(yc-yb)^2);
@sqrt((xb)^2+(yb)^2+r^2)=@sqrt(x^2+y^2);
@sqrt((xc-300)^2+(yc-300)^2+r^2)=@sqrt((x-300)^2+(y-300)^2);
init:
x=80;
y=210;
endinit
xb<=80;
yc>210;
r=@sqrt((xb-x)^2+(yb-y)^2);
r=@sqrt((xc-x)^2+(yc-y)^2);
r>@sqrt((80-x)^2+(210-y)^2)+10;
x>80;
x<200;
y<210;
```

论文二　基于统计分析的公共自行车服务系统评价模型研究

(2013D1384305785617)

摘　要:本文针对温州市鹿城区公共自行车管理中心提供的数据,首先对所给数据进行预处理,建立了相关统计模型,运用SPSS20.0、MATLAB等软件进行统计分析,最后应用关联度分析法对系统进行评价,并提出改进建议。

针对问题一:在已处理好的数据基础上,建立了频率与频数、用车时长的统计模型,利用SPSS软件分别统计各站点20天中每天及累计的借车及还车频次,得到每天和累计的借车和还车频次(见表5和表6);并对所有站点按累计的借车和还车频次排序(见表7和表8);对每次用车时长的分布情况进行统计分析,画出其分布图(见图1和图2),由图可知,每天用车时长分布形状非常相似且近似服从 χ^2 分布。

针对问题二:在已处理好的数据基础上,建立了使用公用自行车的不同借车卡数量的统计模型,利用SPSS统计20天中每天使用不同借车卡数量,其中最大的为第20天的19885;统计了每张借车卡累计借车次数的分布图(见图3),对图形分析可得:借车次数在10次以内的占54.86%,借车次数在10至30次的占35.88%,借车次数在30至50次的占7.51%,借车次数在50以上的占1.75%,最大借车次数高达182次。

针对问题三:根据问题一的分析,已给站点累计所用公共自行车次数最大的一天是第20天。对于第一个小问题:利用第20天数据,运用floyd算法求得两站点间最短时间,将站与站间的距离定义为两站间的最短时间与自行车速度之积,同时考虑到了速度和时间的随机误差影响;利用距离的定义,通过MATLAB计算得两站点最长距离为675,最短距离为0.08。利用问题一中的频数模型,对借还车是同一站点且使用时间在1分钟以上的借还车情况进行统计,得借车频次表(见表11)和用车时间分布图(见图4)。对于第二个小问题:根据问题一的统计,第20天的借车和还车频次最高的站点分别为42(街心公园)和56(五马美食林),利用SPSS统计出两站点借、还车时刻和用车时长的分布图(见图5,图6,图7),分析图形可知:借还车的高峰期与人们上下班的时间非常吻合,在借还车时间上,大体都在一个小时以内。第三个小问题:将第20天数据从6点到22点每半小时作为一个时段,分别统计各站点各时段借还车频数,利用MATLAB编程求出借还车高峰时段(见表12),并对具有借车高峰时段与还车高峰时段的站点进行归类(见表14)。

针对问题四:根据前三个问题的统计结果,结合公共自行车服务指南,确定评价公共自行车服务系统站点设置和锁桩数量的配置的主要指标有:借车频数、还车频数、可借比例、可还比例、锁桩数目,建立了基于灰色关联分析法和聚类分析的公共自行车服务评价模型,得到评价结果:180个站点分成有优劣之分的三个类(见表15)。

针对问题五:通过查阅相关资料知,公共自行车的其他运行规律主要是借还车时间有限制,用车时间集中在短时间内等。针对此问题提出了相关建议。

关键词:公共自行车服务系统;统计分析;灰色关联度分析;聚类分析

1 问题重述

1.1 问题背景

公共自行车作为一种低碳、环保、节能、健康的出行方式，正在全国许多城市迅速推广与普及。在公共自行车服务系统中，自行车租赁的站点位置及各站点自行车锁桩和自行车数量的配置，对系统的运行效率与用户的满意度有重要的影响。

1.2 问题提出

在了解公共自行车服务模式和使用规则的基础上，根据附件提供的数据，建立数学模型，讨论以下问题：

1. 分别统计各站点 20 天中每天及累计的借车频次和还车频次，并对所有站点按累计的借车频次和还车频次分别给出它们的排序。另外，试统计分析每次用车时长的分布情况。

2. 试统计 20 天中各天使用公共自行车的不同借车卡(即借车人)数量，并统计数据中出现过的每张借车卡累计借车次数的分布情况。

3. 找出所有已给站点合计使用公共自行车次数最大的一天，并讨论以下问题：

(1)请定义两站点之间的距离，并找出自行车用车的借还车站点之间(非零)最短距离与最长距离。对借还车是同一站点且使用时间在 1 分钟以上的借还车情况进行统计。

(2)选择借车频次最高和还车频次最高的站点，分别统计分析其借、还车时刻的分布及用车时长的分布。

(3)找出各站点的借车高峰时段和还车高峰时段，在地图上标注或列表给出高峰时段各站点的借车频次和还车频次，并对具有共同借车高峰时段和还车高峰时段的站点分别进行归类。

4. 请说明上述统计结果携带了哪些有用的信息，由此对目前公共自行车服务系统站点设置和锁桩数量的配置做出评价。

5. 找出公共自行车服务系统的其他运行规律，提出改进建议。

2 问题分析

题目提供了 20 天公共自行车借车和还车的原始数据，本文的关键就是通过分析处理所给数据，建立数学模型来研究公共自行车服务系统，并对公共自行车服务系统进行评价及提出改进建议。

2.1 问题一分析

要统计各站点 20 天中每天和累计的借车和还车频次，查阅资料知[1]，频次为频率和频数，对于借车与还车频数，可引入 0－1 变量表示各站第 i 天借车和还车在 j 次记录中出现的频数，各站每天和累计的借车频数就是借出车站号在每天出现的次数和总天数的借车频数和，各站每天的借车频率是借出车站号在每天出现的次数比上每天的有效数据，累计的借车频率是累计借车的频数比上总有效数据，从而可建立相应的统计模型。根据以上分析，可统计出各站点 20 天中每天和累计的借车和还车频次，进而可对所有站点累计的借车和还车频次排序。分析每次用车时长的分布情况，可运用相关软件做出分布情况。

2.2 问题二分析

要统计 20 天每天使用公共自行车的不同借车卡的数量，由于每天的借车人数很多，为此先用相关软件对有效数据进行处理，即将重复的借车卡累计到不同借车卡的一行中，可得到没有重复的不同借车卡数据，引入 0－1 变量表示第 i 张卡第 j 个数据中出现的情况，累计求和，就可得到各天不同借车卡的数量，即得相应统计模型，再运用相关软件分析每张借车卡累计次数的分布情况。

2.3　问题三分析

由于站点之间的实际距离很难测量，且城市里人流量较大，自行车行驶速度不可能很大，应比较均匀，所以两站点之间的距离可根据物理中距离与时间、速度的关系来定义，其中时间的获取可通过数据中所给的站与站之间的用时加以处理后得到。定义的距离会因不同的骑车速度和时间，导致两站点距离不同，因此速度和时间需要引进误差，且将两相同站点的距离定义为 0，为此可得到距离的定义。对于借还车是同一站点且用时一分钟以上的借还车情况直接利用 SPSS 进行统计即可得出相应结果。

根据问题一得到结果，可找到所有站点使用自行车次数最多的一天，借车频次高和还车频次最高的站点，根据相应站点的数据，可应用相关软件将各站点的借、还车时刻的分布及用车时长的分布求出。

题中给出数据的借车还车时间段为 6:00～21:00，要求各站点借车还车的高峰时段，可对总的时间段进行划分，考虑到数据量以及统计的精确度，可采用一定时间间隔作为一个时间段，分别统计各个站点在每个时间段内的借车频数以及还车频数，则最高借还车频数对应的时间段即为高峰时段，进而能得出高峰时段各站点的借车频次和还车频次，此处统计工作量可能较大。再对其整体分析，即能得到具有共同借车高峰时段和还车高峰时段的站点的归类情况。

2.4　问题四分析

要对目前公共自行车服务系统站点设置和数量的配置做出评价，需要根据前几问统计的数据，找出相应的指标，根据问题一，可让借车频数和还车频数作为其中指标，从数据的初步分析来看，借车与还车频数可能大，说明车流量比较多，从这方面，也可根据题目所提供的站点地理位置，可以知道各个站台的可借比例（可借车位比上总车位）和可还比例（可还车位比上总车位），作为其中指标，对于数量的配置，根据各站锁桩的数量等作为其中指标，为此可得到相应指标从而对自行车服务系统进行评价，运用灰色关联分析法，求出各个站点的关联度，进行排序，可再用 SPSS 聚类分析分成三类，求出每一类的均值，从而进一步确定出类别间的优劣。

2.5　问题五分析

要找出自行车服务系统的其他运行规律并提出改进意见，需先对问题中所有数据的时间分布情况、借车高峰、还车高峰以及站点中桩位设置的合理性，进行改进。而改进的方法可能无法从现有数据和系统流程中实现，因此可通过查找其他服务系统中好的服务规则进行改进。

3　符号说明

符号	说明
$y_i(i=1,\cdots,181)$	第 i 个站的频数
$N_k(k=1,2,\cdots,20)$	第 k 天数据记录的有效总数（剔除后的数据）

Z_{ij}	第 t_i 个时间在第 j 次记录中的出现次数
H_i	第 i 张卡出现的频数
d_{ij}	第 i 个站到第 j 个站的距离
t_{ij}	第 i 个站到第 j 个站的所用最短时间
ξ_1	时间合成误差
ξ_2	速度随机误差
p_i	第 i 个站点的频率
Z_k	第 k 天借记卡总数
$n_k(k=1,2\cdots C_{181}^2)$	第 i 个站到第 j 个站在数据中出现的次数
v	人骑自行车的平均速度
t_{ij}'	第 i 个站到第 j 个站的时间集中数据
t_{ji}'	第 j 个站到第 i 个站的时间集中数据
A,B	测量数据时的不确定度

4 模型假设

(1)以自行车车站号作为借车车站的唯一标识。

(2)附件中所给的数据能准确描述公共自行车系统管理与运营状况。

(3)自行车行驶的过程中,以匀速行驶,行驶过程中不会停留。

(4)异常数据的剔除,不影响数据的整体性。

5 数据预处理

观察整个数据发现有许多异常数据,对任意一天的数据统计发现共提供了 181 个站点,但是 108 号站点是空缺值。根据用车时间、用车方式、换车锁桩号、温州鹿城公共自行车服务指南等信息剔除一些不合理数据。

(1)剔除部分用车时间为 0～2 分钟的数据

对于数据中用车时间为 0 的,借车者从同一车站借出、同一车站还回,而且借还车桩号基本相同,其可能原因是发现自行车有问题就立即还回和在借车成功后 20 秒内自行车未推出,则 20 秒后自动锁上(温州鹿城公共自行车服务指南),这样的情况自行车都属于没有使用;对于数据用车时间为 1 和 2 的,可剔除同一车站借出同一车站还回的情况,可能是因为车有问题立即还回,车是没有使用的,系统计算出了该类车的用车时间,因此可以剔除这样的情况的数据,但该数据中有借还车地点不一样的不能剔除,因为可能两站之间距离很小,能在 0～2 分钟左右完成。以表 1 为例:

表 1 用车时间为 0～2 分钟的数据

借出车站号	借车锁	还车车站号	还车锁	用车时间	用车方式
94	9	94	18	0	会员卡借车
169	8	169	8	0	会员卡借车
13	5	13	4	1	会员卡借车

（续表）

借出车站号	借车锁	还车车站号	还车锁	用车时间	用车方式
42	4	42	10	1	会员卡借车
19	19	19	19	2	会员卡借车
55	1	55	1	2	会员卡借车

（2）剔除部分用车时间为 3～5 分钟的数据

根据温州鹿城公共自行车服务指南无法借、还车处理办法第四条，即借车时听到语音提示“通讯故障暂停使用”，请等待 3～5 分钟后，换桩借车。可以知道在同一车站借出同一车站还回，借还车桩一样的，且用车时间在 3～5 分钟内这样的数据，自行车可能是无法使用，但系统又在计算用车计时，对于这样的数据可以剔除。以表 2 为例：

表 2　用车时间为 3～5 分钟的数据

借出车站号	借车锁	还车车站号	还车锁	用车时间	用车方式
13	1	13	1	3	会员卡借车
181	20	181	20	3	会员卡借车
49	20	49	20	4	会员卡借车
70	20	70	20	4	会员卡借车
1	1	1	1	5	会员卡借车
64	1	64	1	5	会员卡借车

（3）剔除还车桩桩号为 0 的数据

数据中有极少数的车桩号为 0，而且车桩号为 0 的同时，用车时间也为 0，可能是借车者没有还车而导致的或该桩号的车被盗，这样的数据是没有意义的，理应剔除。以表 3 为例：

表 3　还车桩桩号为 0 的数据

借出车站号	借车锁	还车车站号	还车锁	用车时间	用车方式
82	11	0	0	0	会员卡借车
99	14	0	0	0	会员卡借车

（4）剔除用车方式为还车故障的数据

在所有数据中有极少的数据借车时间和还车时间差值并不等于用车时间，在用车方式上写了还车故障，这一部分数据也会影响结果，应当剔除。以表 4 为例：

表 4　用车方式为还车故障统计表

借出车站号	借车锁	还车车站号	还车锁	用车时间	用车方式
4	4	47	8	0	还车故障
71	14	44	19	0	还车故障

(5)剔除数据还车车站号不存在的数据

根据温州鹿城公共自行车站点地图可知,站号最大的为6055号,但有些数据还车车站号不存在,该类数据有2个,分别是在第5天中借出车站号为9号,还车车站号为29999(不存在),以及在第7天中借出站号为43号,还车车站号为29999,这一类型的数据对研究没有意义,应当剔除。

(6)剔除调试站的数据

在20天的数据整理中,发现有4天中出现了调试站,这些调试站分别在第8、第9、第15、第16天中。调试站借车桩位和还车桩位都为1000,而且一直都在桩位上,用车时间为0,因此对数据的研究没有意义,应当剔除。

剔除的所有数据详见附录1(略)。

6 模型的建立与求解

6.1 问题一的解答

6.1.1 模型一的建立

需要统计各站点20天中每天和累计的借车频次,查阅资料知频次为频率和频数[1],分别建立频率与频数的模型。设 x_{ij} 为 0-1 变量,即

$$x_{ij}=\begin{cases}1,\text{第 } i \text{ 站在第 } j \text{ 次记录中出现},\\0,\text{第 } i \text{ 站在第 } j \text{ 次记录中不出现}.\end{cases}$$

Z_{ij} 为第 t_i 个时间在第 j 次记录中的出现次数,f_{ij} 为 0-1 变量,

$$f_{t_ij}=\begin{cases}1,\text{用车时间为 } t_i \text{ 在第 } j \text{ 次记录中出现},\\0,\text{用车时间为 } t_i \text{ 在第 } j \text{ 次记录中不出现}.\end{cases}$$

建立模型一:

每天各站的频数:$y_i=\sum_{i=1}^{n}\sum_{j=1}^{N_k}x_{ij}$,$[i=1,\cdots,n;j=1,\cdots,N_{k(1,\cdots,20)}]$.

各站累计的频数:$y_i{}'=\sum_{i=1}^{n}\sum_{j=1}^{N_0}x_{ij}$,$\left[i=1,\cdots,n;j=1,\cdots,N_0=\sum_{k=1}^{20}N_k\right]$.

每天各站的频率:$p_i=\dfrac{y_i}{N_k}$,$(k=1,\cdots,20;i=1,\cdots,n)$.

各站累计的频率:$p_i{}'=\dfrac{y_i{}'}{\sum_{k=1}^{20}N_k}$,$(i=1,\cdots,n)$.

用车时长:$Z_{ij}=\sum_{i=1}^{n}\sum_{j=1}^{N}f_{t_ij}$.

6.1.2 模型一的求解

(1)借、还车频次的计算

根据题目所给数据,代入以上模型,利用SPSS进行求解,得各站20天中每天及累计的借车和还车频次,部分数据见表5、表6所列,具体数据见附录2(略)。

表5 20天中每天和累计的借车频次

站点编号	借车频次		…	借车频次		借车累计频次	
	第1天频数	第1天频率	…	第20天频数	第20天频率	累计频数	累计频率
1	85	0.00253	…	84	0.00214	376	0.00064
2	102	0.00303	…	106	0.002701	415	0.00070
3	170	0.00505	…	177	0.00451	704	0.00119
4	227	0.00674	…	278	0.00708	1085	0.00184
5	129	0.00383	…	136	0.00346	545	0.00092
…	…		…	…	…	…	
177	123	0.00365	…	259	0.00659	3306	0.00559
178	52	0.00154	…	101	0.00257	1284	0.00217
179	284	0.00843	…	370	0.00943	5092	0.0086
180	48	0.00143	…	149	0.00379	1945	0.00329
181	59	0.00175	…	170	0.0043	2131	0.00361

表6 20天中每天和累计的还车频次

站点编号	还车频次		…	还车频次		还车累计频次	
	第1天频数	第1天频率	…	第20天频数	第20天频率	累计频数	累计频率
1	87	0.00258	…	80	0.00204	1563	0.00265
2	105	0.00312	…	101	0.00257	1592	0.00269
3	167	0.00496	…	171	0.00436	2674	0.00453
4	216	0.00641	…	288	0.00734	5170	0.00875
5	144	0.00428	…	139	0.00354	2421	0.00410
…	…		…		…	…	…
177	123	0.00365	…	259	0.00660	3306	0.00560
178	52	0.00154	…	101	0.00257	1284	0.00217
179	284	0.00843	…	370	0.00943	5092	0.00862
180	48	0.00143	…	149	0.00380	1945	0.00329
181	59	0.00175	…	170	0.00433	2131	0.00361

(2)累计频次的排序

对以上统计的所有站点累计的借车频次与还车频次，根据频率或频数中的其中一个进行排序，因为频率的计算会有小数的误差，为了方便统计，用频数进行排序，排序结果见表7、表8所列，具体见附录2(略)。

表 7　累计借车频次的排序

序号	站点号	借出车站	频数
1	42	街心公园	11513
2	56	五马美食林	11151
3	19	开太百货	9192
4	63	体育中心西	9031
…	…	…	…
177	90	拉菲度假酒店	542
178	86	测试点	391
179	162	望江路广化桥路口	282
180	153	妇女儿童中心	254

由表 7 可知，累计借车频数最大的站点号为 42 号（街心公园），借车频数为 11513，最小的站点为 153 号（妇女儿童中心），借车频数为 254。其差异原因主要是由于地理位置的不同，街心公园在地图中明显位于交易繁华的位置，周围有商场、酒店，借车数相对较多，而妇女儿童中心周围比较空旷，人流活动少。

表 8　累计还车频次的排序

序号	站点号	借出车站	频数
1	56	五马美食林	11509
2	42	街心公园	11375
3	19	开太百货	9313
4	63	体育中心西	9306
…	…	…	…
178	90	拉菲度假酒店	568
179	162	望江路广化桥路口	299
180	153	妇女儿童中心	272

由表 8 可知，累计还车频次最高的站点号为 56 号（五马美食林），还车频数为 11509，最小的站点为 153 号（妇女儿童中心），还车频数为 272。其差异原因主要是地理位置的不同，在地图中查看五马美食林可知，其周围是社区和商城，人流密集。

(3)每次用车时长的分布

对于每次用车时长的分布情况，根据题目中数据，用 SPSS 统计出分布时间对应的频数，可画出用车时长的分布直方图。随机抽取 20 天中某几天用车时间与 20 天累积数据用车时间的分布对比图（图 1，图 2）。（20 天每天的分布图及累计分布图详见附录 3）（略）

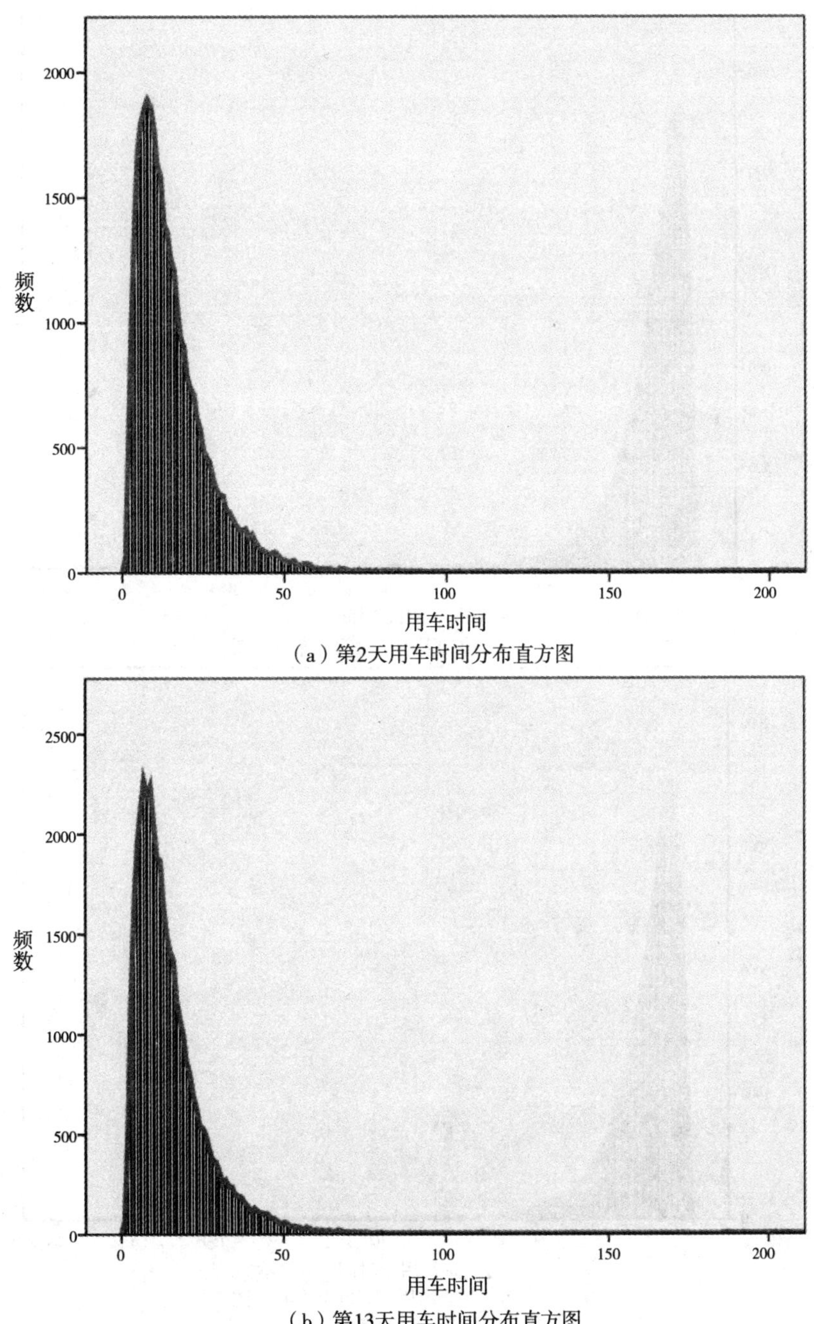

（a）第2天用车时间分布直方图

（b）第13天用车时间分布直方图

图1　第2天、第13天用车时间分布图

由图形分布情况可以看出：每一天和20天内用车时长的分布图基本相同，而且做出20天所有用车时长的分布图，其状况也相同。因此分析用车时长可以用20天内累计的数据。通过查找分布图可知，用车时长的分布近似服从 χ^2 分布。观察分布情况发现时间基本集中

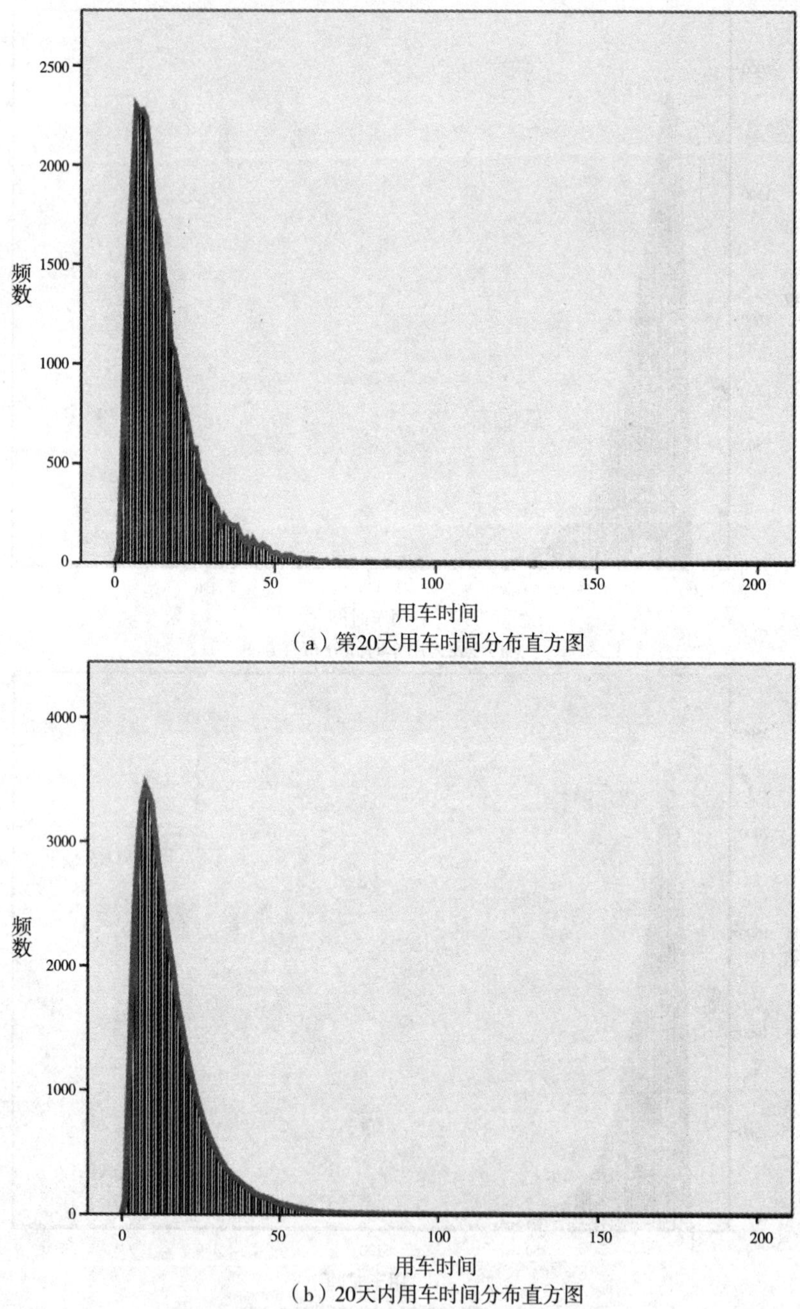

(a) 第20天用车时间分布直方图

(b) 20天内用车时间分布直方图

图 2 第 20 天、20 天内累积用车时间分布图

在 5～60 分钟，而超过 1 小时的用车时间却很少。

6.2 问题二的解答

6.2.1 模型二的建立

对于统计 20 天中各天不同借车卡的数量，将公共自行车每天的数据按借卡号顺序排列，且将同种借卡号出现的次数累积起来，其累积的次数就是借记卡的数量。

假设 H_i 为第 i 张卡出现的频数，Z_k 为第 k 天借记卡总数，q_{ij} 为 0－1 变量，

$$q_{ij}=\begin{cases}1,\text{第 } i \text{ 张卡在第 } j \text{ 次记录中出现}, \\ 0,\text{第 } i \text{ 张卡在第 } j \text{ 次记录中不出现}.\end{cases}$$

建立模型二：

$$H_i=\sum_{i=1}^{Z_k}\sum_{j=1}^{N_k} q_{ij}, (i=1\cdots n, j=1\cdots N_{k(k=1,\cdots,n)}).$$

6.2.2　模型二的求解

根据题目所给数据，运用 SPSS 将 20 天数据中出现的每张借车卡累计借车次数统计出来，如表 9 所列。

表 9　不同借车卡数量

天数	不同借车卡数量	使用自行车数量	天数	不同借车卡数量	使用自行车数量
1	16657	33640	11	14921	30039
2	17284	34648	12	18070	35555
3	9501	15584	13	19359	38726
4	14486	29780	14	19334	38723
5	17819	35739	15	18521	36061
6	18541	37415	16	11202	17802
7	18747	37649	17	15243	29652
8	10462	15551	18	15144	29635
9	6918	10278	19	19047	37692
10	4029	6357	20	19885	39140

由表 9 可知，第 20 天借车人数最多，且自行车使用次数也最多，第 3 天借车人数最少，但是自行车使用次数最少的一天是第 10 天，根据题目中数据，运用 SPSS 软件，将 20 天每张借车卡累计使用次数画出，其分布情况如图 3 所示。

由图 3 以及统计数据可知，借车次数在 10 次以内的人数最多，而大部分的人借车次数都在 30 次以内。借车次数在 50 次以上的人数非常少。对此进行统计得到如下结论：借车次数在 10 次以内的人数占 54.86%，借车次数都在 10 至 30 次的占 35.88%，借车次数在 30 至 50 次的占 7.51%，借车次数在 50 次以上的占 1.75%，最大借车次数高达 182 次。

6.3　问题三的解答

该问要解决 3 个小问题，解决问题的数据是根据所有已给站点累计使用公共自行车次数最大的一天进行求解，根据表 9 中使用自行车数量可以知道第 20 天的自行车使用次数最

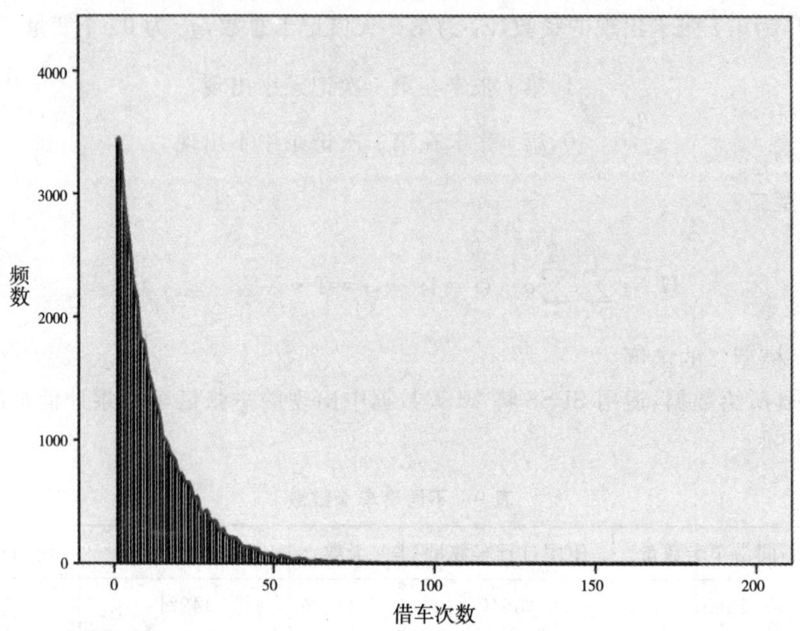

图 3　借车卡累计借车次数分布图

多，因此要根据第 20 天中的数据来求解问题三。

6.3.1　模型三的建立

该问需定义两站点之间的距离，要求自行车借换车站点之间的最短（非零）和最长距离，若从地图中逐个测量，工作量非常大，因此可根据数据定义出一个表达式用来表示距离。

设无向图 $D=(V,E)$，其中，$V=\{v_1,v_2,\cdots,v_{180}\}$，$E=\{t_{11},t_{12},\cdots,t_{180,180}\}$，两点间的距离当两车站号不同时应与速度和时间有关，当两站号相同时距离应为 0，则两站点之间的距离可定义为表达式：

$$d_{ij}=\begin{cases}(\min(t_{ij},t_{ji})\pm\xi_1)\cdot(v\pm\xi_2), & (i\neq j),\\ 0, & (i=j).\end{cases}$$

对上述表达式解释：由于距离和速度、时间有关，因此应得到两点骑自行车的时间和速度，由于同一条路两点间是无向的，而且用车时间也有所不同，对两点间距离的描述应当取最小的一个用于衡量距离，因此有 $\min(t_{ij},t_{ji})$，对数据的测量和记录都存在误差，因此要有误差项 ξ_1。时间的长短说明行驶距离的长短，由于人在行驶过程中会有速度的差异，因此也应有误差项 ξ_2。

测量时间的误差可能是由于测量人或测量仪器导致的。其原因是在观察有些数据时，发现还车时刻与借车时刻的差值，与对应的用车时间不相等，如还车与借车差值为 1 分 50 秒时，用车时间却向下取整为 1 分钟，而测量仪器本身也会有误差。

可用不确定度 A 表示测量人统计时的误差：

$$A=\sqrt{\frac{\sum_{i=1}^{n_k}((t_{ij}{}',t_{ji}{}')-\bar{t}_{ij}{}')}{n_k(n_k-1)}},$$

而测量仪器的误差用不确定度 B 表示：

$$B=\frac{\sigma}{\sqrt{3}},$$

其中 σ 为仪器的精度，查资料知[2] $\sigma=0.4$ppm。

从而得到 A,B 平方和的根为不确定度，作为测量时间误差 ξ_1：

$$\xi_1=\sqrt{A^2+B^2}.$$

对于速度误差，是因为骑车人的不同而导致的速度差异，为 ξ_2，查找资料[3] 得到人在骑自行车时，10km/h 为慢速，15km/h 为中速，20km/h 为快速，则取 15km/h 为人骑自行车的平均速度，对于 ξ_2，取[－5,5]内的一个随机数。

因此，两站点间的距离最终定义为如下表达式：

$$d_{ij}=\begin{cases}\left[\min(t_{ij},t_{ji})\pm\sqrt{\left[\sqrt{\frac{\sum_{i=1}^{n_k}((t_{ij}{}',t_{ji}{}')-\bar{t}_{ij}{}')}{n_k(n_k-1)}}\right]^2+\left(\frac{\sigma}{\sqrt{3}}\right)^2}\right]\cdot(v\pm\xi_2), & (i\neq j),\\ 0, & (i=j).\end{cases}$$

6.3.2　模型三的求解

1. 两站点间的最短距离和最长距离

要求两站点的最短和最长的距离，可根据模型三的定义来求解两站点的距离，首先通过 MATLAB(程序见附件 4)筛选出第 20 天两站点间的最短时间，但是在数据中从第 i 站到第 j 站没有多条记录，如果存在绕路的情况，t_{ij} 会不准确，所以用 floyd 算法得到任意两站点间最短时间，同时得到站点的连通图，该连通图的权值就是两站点的最短时间。

对于求最短时间与最长时间，为减小运算复杂程度，提取第 20 天用时为 0～5 分钟和 40～45 分钟的数据，进而用模型三中距离表达式进行多次计算取得一个均值，得到两站点最短和最长的距离。最长距离为 675.0004km，最短距离为 0.08km。具体借还车站号见表 10 所列。

表 10　两站点最长距离(第一行)和最短距离(第二行)

借车站号	借出车站	还车站号	归还车站	时间	距离(km)
156	三桥下	113	黎明街道卫生中心	45	675.0004
18	区政府东	17	区政府西	0	0.08000

2. 借还车是同一站点且时间在 1 分钟以上的借车数据的统计

对借还车情况的统计可用模型一，统计借车还车频次、最大最小值、均值、用车时间分布图。由于统计的是同一站点的借还车数据，因此借车和还车频次是一样的，所以可只统计借车频次。得到如表 11 结果。详细数据见附录 5(略)。

表 11 借车数据

站点	借车频数	借车频率
1	6	0.002621
2	7	0.003058
3	5	0.002184
4	12	0.005242
…	…	…
178	9	0.003932
179	13	0.005679
180	10	0.004369
181	13	0.005679

由借车数据可知借车最大站点为 52 号站点,借车频数为 51,借车最小站点为 153 号、142 号和 116 号,借车频数均为 2,借车频数均值为 29。

对于第 20 天的数据,用 SPSS 统计出该天用车时间和频数的分布图(图 4)。

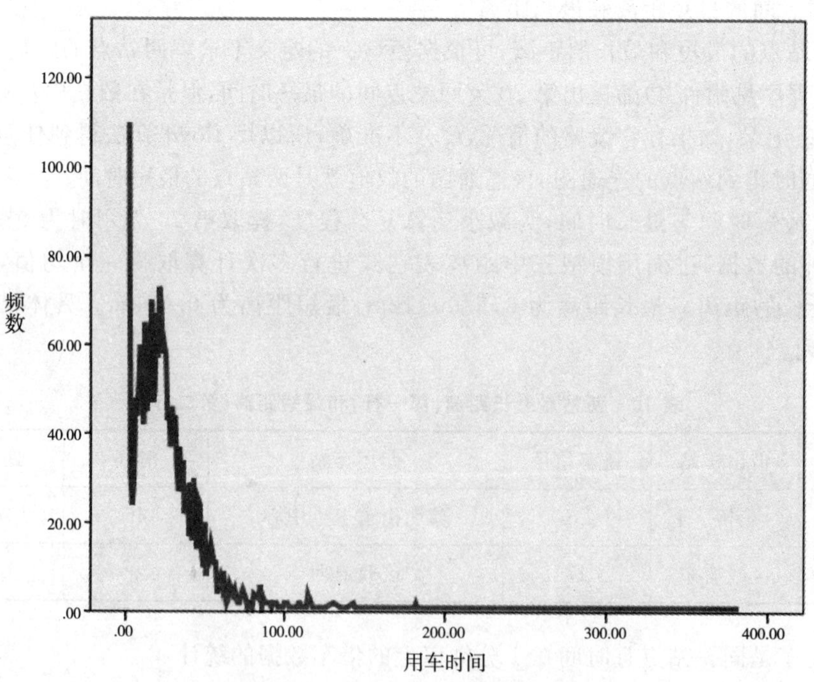

图 4 第 20 天用车时间大于 1 分钟用时分布图

由图 4 可知，用车时间在 2 分钟到 10 分钟左右的频数最多，而数据集中在 10 到 30 之间。

6.3.3　问题三中(2)求解

根据问题一中所统计第 20 天的借车与还车频次，可以知道借车频次最高的站点为 42（街心公园）和还车的频次最高的站点为 56（五马美食林），对此可运用相应站点的数据画出相应的借、还车时刻和用车分布图，对应图像见图 5、图 6、图 7。

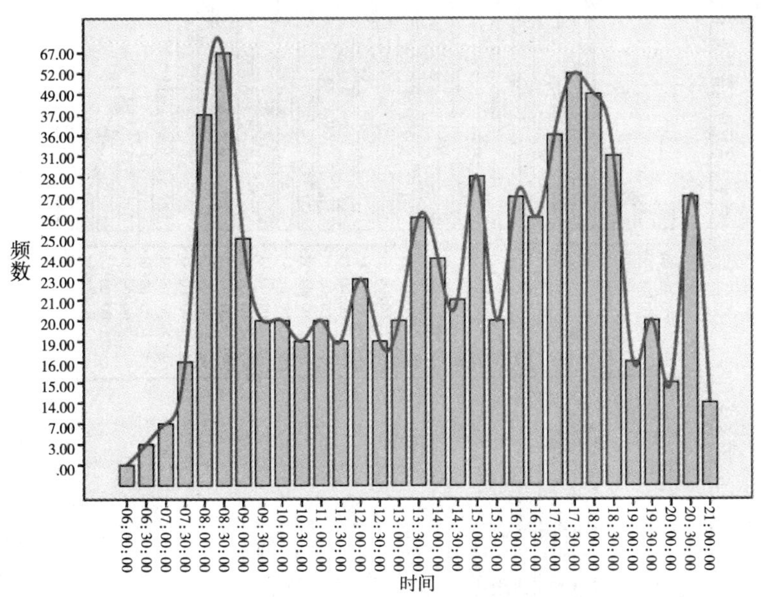

（a）频次最高借车站点借车时刻分布直方图

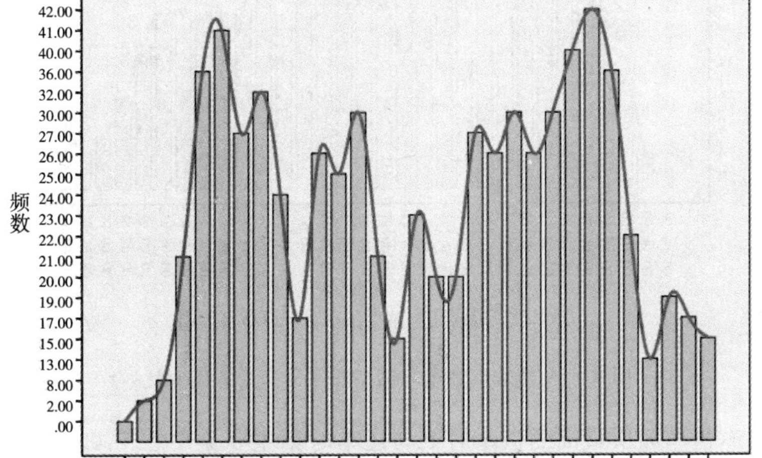

（b）频次最高借车站点还车时刻分布直方图

图 5　42 号站点借车时刻与还车分布对比

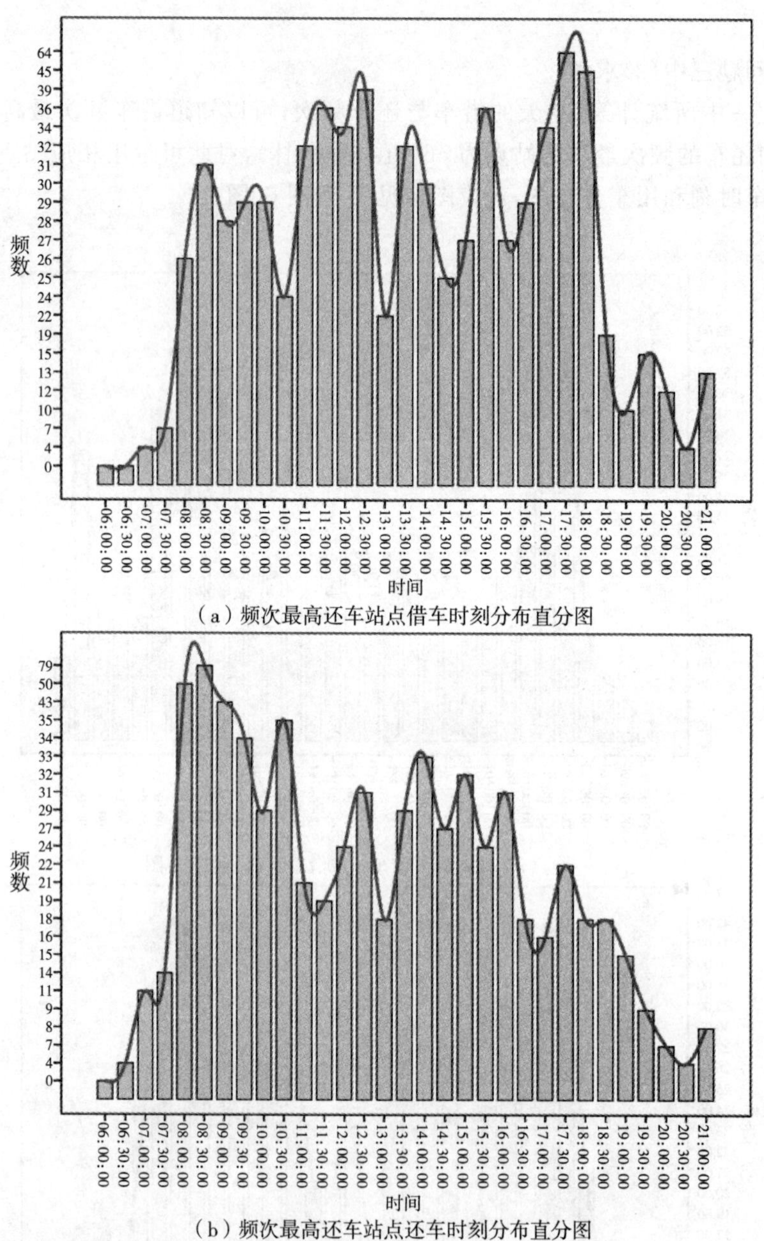

（a）频次最高还车站点借车时刻分布直分图

（b）频次最高还车站点还车时刻分布直分图

图 6　56 号站点借车时刻与还车分布直方图对比

由图 6 可知，借车频次最高的借车时刻与还车时刻主要集中在 7:00～9:00 和 16:30～18:30，了解到该时段属于上下班时期，因此上下班时刻有很大可能对该站点借还车频次造成较大影响。

从图形上来看，用车时长的大概分布在 0 至 60 分钟之内的数量比较多，超过 1 小时的数量相对较少，根据温州鹿城公共自行车的服务指南，可知 1 小时内车辆的使用是免费的，

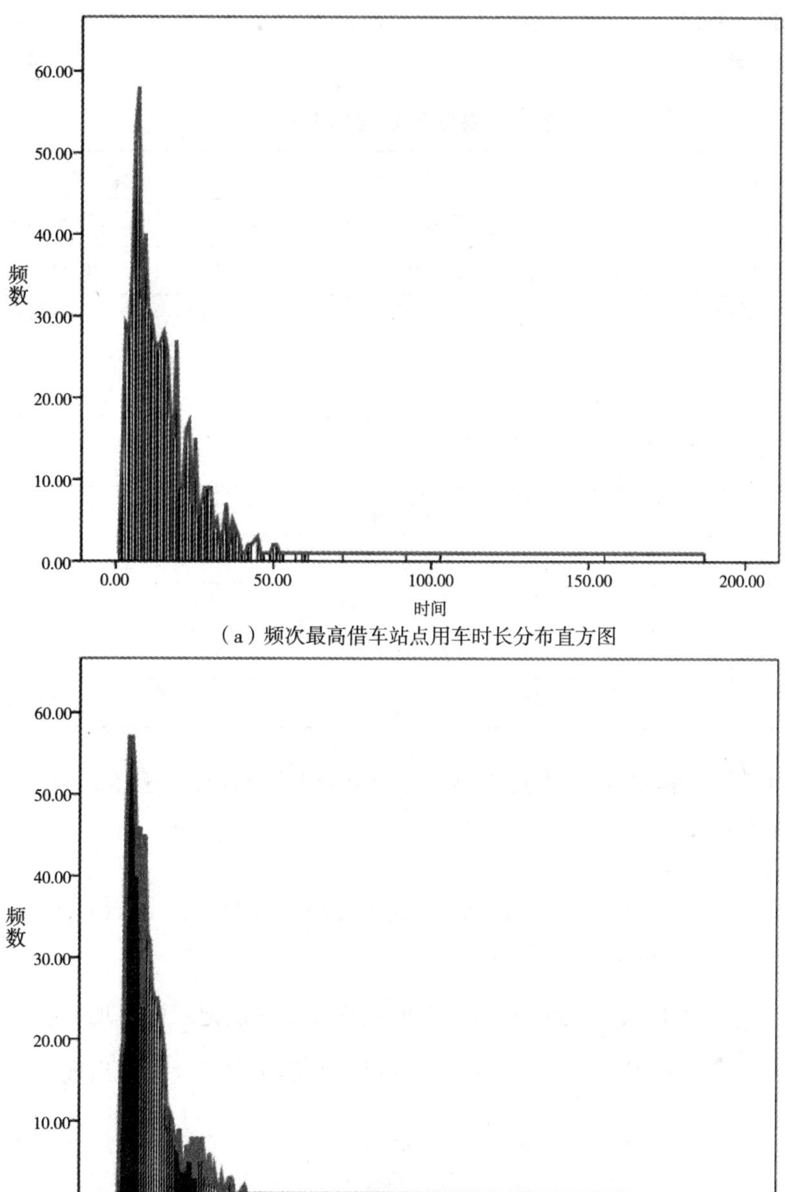

（a）频次最高借车站点用车时长分布直方图

（b）频次最高还车站点用车时长分布直方图

图 7　42 站点与 56 站点用车时长的对比

大于 1 小时是按阶梯收费的，说明该城市在自行车收入中，处于低收入状态。

6.3.4　问题三中(3)求解

1. 借车高峰时段与还车高峰时段

要统计各站点借车、还车高峰时段，可将时间间隔取为 30 分钟，借车时刻满足该时间段的，划分到区域中，再将区域中所借车的总数统计出来，根据该总数，可得到各车站高峰时段，通过 MALAB 计算(程序见附录 6)，得到数据见表 12 所列，对于还车的高峰时段类似。

表 12 各站点借、还车高峰时段

站点	借车高峰	还车高峰
1	20:30～21:00	19:00～19:30
2	16:00～16:30	8:00～8:30
3	17:00～17:30	8:00～8:30
4	17:30～18:00	9:00～9:30
5	17:00～17:30	18:00～18:30
…	…	…
177	7:30～8:00	8:00～8:30
178	17:00～17:30	8:00～8:30
179	17:00～17:30	8:00～8:30
180	7:30～8:00	16:30～17:00
181	17:00～17:30	8:30～9:00

由上表可看到，高峰时段基本处于早上和晚上的上班期，对于这样的情况可考虑增加该时间段的借车费用。

2. 统计高峰时段各站点的借车和还车的频次

设 Y_{ij} 为从 t'_{i1} 时刻到 t'_{i2} 时刻时间段内的频数，$t'_{i1} \in (6:00,21:00)$，$t'_{i2} \in (6:00,21:00)$，取时间间隔为 30 分钟，

$$r_{ij}=\begin{cases}1,\text{从 } t'_{i1} \text{ 到 } t'_{i2} \text{ 这一时间段内在第 } j \text{ 次记录中出现,}\\ 0,\text{从 } t'_{i1} \text{ 到 } t'_{i2} \text{ 这一时间段内在第 } j \text{ 次记录中不出现.}\end{cases}$$

$$Y_{ij}=\sum_{i=1}^{n}\sum_{j=1}^{N} r_{ij}.$$

统计高峰段借车频次和还车频次，可得到如表 13 所列。

表 13 高峰段各站点的借车和还车频次

站点	借车高峰	借车频次	还车高峰	还车频次
1	20:30～21:00	16	19:00～19:30	13
2	16:00～16:30	11	8:00～8:30	13
3	17:00～17:30	40	8:00～8:30	36
4	17:30～18:00	20	9:00～9:30	21

（续表）

站点	借车高峰	借车频次	还车高峰	还车频次
5	17:00～17:30	13	18:00～18:30	11
……				
178	17:00～17:30	13	8:00～8:30	17
179	17:00～17:30	44	8:00～8:30	56
180	7:30～8:00	14	16:30～17:00	12
181	17:00～17:30	18	8:30～9:00	14

3. 共同借车和还车高峰时段的站点

对具有共同借车高峰时段和还车高峰时段的站点进行统计，得到 20 类情况见表 14 所列。

表 14　借还车高峰时间表

借车高峰为 7:30～8:00 与还车高峰为 7:30～8:00 的站点						
站点	借车频次	借车高峰	对应借车高峰时段	还车频次	还车高峰	对应还车高峰时段
14	34	4	7:30～8:00	40	4	7:30～8:00
74	17	4	7:30～8:00	13	4	7:30～8:00
82	16	4	7:30～8:00	21	4	7:30～8:00
83	19	4	7:30～8:00	15	4	7:30～8:00
……						
借车高峰为 20:30～21:00 与还车高峰为 19:00～19:30 的站点						
站点	借车频次	借车高峰	对应借车高峰时段	还车频次	还车高峰	对应还车高峰时段
1	16	30	20:30～21:00	13	27	19:00～19:30
37	32	30	20:30～21:00	20	27	19:00～19:30
93	8	30	20:30～21:00	5	27	19:00～19:30

通过对具有共同借车高峰时段和还车高峰时段的站点的归类，可为公共自行车站点的管理提供参考，从而得到更好的管理效果，增大自行车站点的利用率。

6.4　问题四的解答

要对公共自行车服务系统的站点设置和锁桩数量的配置做出评价，根据第一个问题统计的数据，可用还车频数、借车频数作为其中指标，根据题目所给站点的地理位置，可以知道各站点的借车车位和可停车位，即可用可借比例（借车车位与总车位的比值）和可还比例作为其中的指标，用锁桩数量作为一个站台的评价的指标。因此用上面五个指标来对服务系统做出评价，因此可运用灰色关联分析法和聚类分析进行求解。

6.4.1　模型四的建立

1. 确定最优指标集 X'。

设

$$X'_0=(x'_0(1)\ ,\ x'_0(2)\ ,\ \cdots\ ,\ x'_0(k))$$

式中 $x'_0(k)$ $(k=1,2,\cdots,5)$为第 k 个指标的最优值。此最优值可以是诸方案中最优值(若某一指标取大值为好,则取该指标在各个方案中的最大值;若取小值为好,则取各个方案中的最小值),也可以是评估者公认的最优值。不过在定最优值时,既要考虑到先进性,又要考虑到可行性。若最优标志得过高,则不现实,不能实现,评价的结果也就不可能正确。

选定最优指标集后,可构造矩阵 $\boldsymbol{D}$:

$$\boldsymbol{D}=\begin{pmatrix} x'_1(0) & x'_2(0) & \cdots & x'_5(0) \\ x'_1(1) & x'_2(1) & \cdots & x'_5(1) \\ \vdots & \vdots & \vdots & \vdots \\ x'_1(180) & x'_2(180) & \cdots & x'_5(180) \end{pmatrix}.$$

式中:$x'_k(m)$ $(k=1,2,\cdots,5)$为第 m 个方案中第 k 个指标的原始数值。

2. 指标值的规范化处理

由于评判指标间通常有不同的量纲和数量级,故不能直接进行比较,为了保证结果的可靠性,因此要对原始指标值进行规范化处理。在这采用均值化法,得到如下公式:

$$x_k(m)=\frac{x'_k(m)}{\frac{1}{5}\sum_{k=1}^{5}x'_k(m)},$$

得到无量纲化矩阵 $\boldsymbol{C}$,

$$\boldsymbol{C}=\begin{pmatrix} x_1(1) & x_2(1) & \cdots & x_5(1) \\ x_1(2) & x_2(2) & \cdots & x_5(2) \\ \vdots & \vdots & \vdots & \vdots \\ x_1(180) & x_2(180) & \cdots & x_5(180) \end{pmatrix}.$$

3. 计算关联序

根据灰色系统理论,用关联分析法分别求得第 m 个方案第 k 个指标与第 k 个最优指标的关联系数 $\zeta_k(m)$,即:

$$\zeta_k(m)=\frac{\min\limits_k\min\limits_m|x_0(m)-x_k(m)|+\rho\cdot\max\limits_k\max\limits_m|x_0(m)-x_k(m)|}{|x_0(m)-x_k(m)|+\rho\cdot\max\limits_k\max\limits_m|x_0(m)-x_k(m)|}.$$

式子中 ρ 为分辨系数且在(0,1) 内取值,ρ 越小,区分能力越强,通常取 ρ 为 0.5。从而可计算出各指标安排的优劣。

$$r_m=\frac{1}{n}\sum_{k=1}^{n}\zeta_k(m).$$

若关联度 r_m 最大,则说明$\{C^i\}$与最优指标$\{C^*\}$最接近,亦即第 m 个方案优于其他方案，据此，可以排出各方案的优劣次序。

有了各个方案的排序，可再用 SPSS 聚类分析分成三类，求出每一类的关联度均值，从而进一步确定出类别间的优劣。

6.4.2　模型四的求解

考虑到现实的可行性，用取均值的方法确定指标一（借车频数）、指标二（还车频数）、指标五（锁桩数量）的最优指标值，对于指标三（可借比例）、指标四（可还比例）这样的指数，越大越好，最优指标均为可取 1，因此得到最优指标集为：$X'_0=(3282,3281.9,1,1,25)$。

根据题目中数据，可以统计到每站的相应指标数，为此可以得到矩阵 $\boldsymbol{D}$（具体见附件），

$$\boldsymbol{D}=\begin{bmatrix} 3282 & 3282 & 1 & 1 & 25 \\ 1502 & 1563 & 0.37 & 0.01 & 30 \\ \vdots & \vdots & \vdots & \vdots & \vdots \\ 1945 & 1801 & 0.65 & 0.35 & 20 \\ 2131 & 2058 & 0.4 & 0.6 & 20 \end{bmatrix}.$$

对于指标的规划处理和计算关联序，运用 MATLAB（程序见附录 10）得到各指标对各站点的关联度矩阵为：（0.79　0.81　0.76　…　0.86　0.77　0.85），对应于第 1 站到第 181 站点，运用 SPSS 将各站用系统聚类，用聚类方法中的 ward 法将有关数据分成三类，再求出每一类中包含数据的关联度均值，最终结果为：$\alpha_1=0.839$，$\alpha_2=0.855$，$\alpha_3=0.876$，从而判断出类别的优劣，即第三类好于第二类，第二类好于第一类，类别及站点如表 15 所列。

表 15　每个站号对应的类别表

站号	类别	站号	类别	站号	类别
153	1	162	2	90	3
158	1	120	2	142	3
13	1	143	2	94	3
72	1	116	2	127	3
…	…	…	…	…	…
104	1	139	2	15	3
47	1	55	2	65	3
38	1	23	2	175	3
48	1	78	2	141	3

6.5　问题五的解答

观察数据可以发现目前公共自行车服务系统存在的问题主要有：

（1）原数据中存在还车锁桩号为 0 的记录，有很大可能是该自行车已遗失；

（2）在借车高峰时段，可能会存在无车可借，无桩可还的情况；

（3）该服务系统将公共自行车的租赁时间限于 6:00～22:00，可能会对市民的夜间出行

带来影响；

(4)各站点借还车高峰时段有所不同，应区别管理；

(5)存在用车时间非常长的借车人；

(6)原数据中存在不少用车时间小于一分钟的记录，不排除自行车损坏的情况。

针对以上问题，我们提出以下改进方案：

(1)加强自行车管理，对借车人进行身份认证等；

(2)在条件允许的情况下，增加站点或借还车锁桩号；

(3)对自行车租赁实行分时付费制度，实行 24 小时的租车服务，如在晚间租车较白天更为优惠；

(4)对借车高峰时段及还车高峰时段进行适当归类，并安排符合各站点情况的管理模式，以为借车人提供更多的便利；

(5)对于用车时间非常长的情况，可制定惩罚措施，根据实际情况，对于用车时间超过一定程度的借车人进行警告等惩罚；

(6)增加巡检及服务人员，及时了解各站点情况，保证站点的正常运行。

7 模型评价与推广

7.1 模型的优点

(1)问题三中，定义的距离比较接近实际；

(2)对大数据的筛选统计分析比较合理；

(3)运用灰色关联分析对原有公共自行车服务系统做出评价，更具有合理性；

(4)采用 SPSS 软件处理数据，具有速度快、效率高、准确度高的优点。

7.2 模型的缺点

处理数据时可能存在些数据的遗失，可能计算出来的结果没有达到最佳值。

7.3 模型的推广

此模型属于数据分析模型，针对问题四的模型可用于水环境质量综合评价研究、绿色施工的评价及上市公司信用风险评价等。

8 参考文献

[1] 姜启源，等．数学模型[M]．高等教育出版社，2009.

[2] 王佳生，等．应用概率统计[M]．科学出版社，2003.

[3] 张文彤，等．SPSS 统计分析基础教程[M]．高等教育出版社，2004.

[4] 傅家良．运筹学方法与模型[M]．复旦大学出版社，2005.

[5] 吴赣昌．概率论与数理统计[M]．中国人民大学出版社，2006.

[6] 频次，http://baike.baidu.com/view/8091347.htm.

[7] QWA－3B 电脑主板时钟测试仪，http://www.17baba.com/webs/ep277607/show_product.asp? id=681437.

[8] 正常人骑车的正常速度．http://wenda.tianya.cn/question/4c356e74f76175d4

附录

附录 4:计算两站点之间的最小时间(程序 3_1)

```
% timeuse_min. m
clc;clear;
data = xlsread('day_20. xls'); % 第一列是借车站号;第二列是还车站号;第三列是用车时长
% P 为任意两点间的最小时间
min_time = ones(181) * inf;
for i = 1:size(data,1) - 1
  if min_time(data(i,1),data(i,2)) = = inf
    min_time(data(i,1),data(i,2)) = data(i,3);
  end
end
min_time;
for i = 1:181
  for j = i:181
    min_time(i,j) = min(min_time(i,j),min_time(j,i));
    min_time(j,i) = min(min_time(i,j),min_time(j,i));
  end
end
P = floyd(min_time)
xlswrite('day_20_P. xls',P)
```

```
% floyd. m
function D = floyd(w)
D = w;
n = length(w);
path = zeros(n);
for i = 1:n
  for j = 1:n
    if D(i,j)~ = inf
      path(i,j) = j;
    end
  end
end
for k = 1:n
  for i = 1:n
    for j = 1:n
      if D(i,k) + D(k,j)<D(i,j)
        D(i,j) = D(i,k) + D(k,j);
        path(i,j) = path(i,k);
      end
```

```
    end
  end
```

附录 6:计算各站点借车高峰时段与还车高峰时段(程序 3_3)

```
%sbusy.m
clc;clear;
x1 = xlsread('每时间段各站点的借车频次.xls','Sheet1','B3:BI182');
%各时段各站点借车频次
x2 = xlsread('每时间段各站点的还车频次.xls','Sheet1','B3:BI182');
%各时段各站点还车频次
y1 = duiqi(x1);
gaofeng1 = gaofengqi(y1);
y2 = duiqi(x2);
gaofeng2 = gaofengqi(y2);
%第一列为站号,第二列为最大值,第三列为最大值对应时段,
%第四列为次大值,第五列为次大值对应时段,
%各时段对应值为:1.6:00～6:30;2.6:30～7:00;3.7:00～7:30;……,依次类推,29.20:00-20:30;
30:20:30-21:00
xlswrite('day_20_gaofeng_jie',gaofeng1);
xlswrite('day_20_gaofeng_huan',gaofeng2);
%duiqi.m
function y = duiqi(x)
m = [1:181]'; %m的第一列为站号,以后各列为各情况下各站统计量
for i = 1:size(x,1)
  for j = 1:size(x,2)/2
    if x(i,j*2-1)~=0
    m(x(i,j*2-1),j+1) = x(i,j*2);
    end
  end
end
y = m;

%gaofengqi.m
function gaofeng = gaofengqi(y)
x = zeros(size(y,1),size(y,1)-1);
x = y(:,2:end);
gaofeng = [];
for i = 1:size(x,1)
  [max1,index1] = max(x(i,:));
  [max2,index2] = max([setdiff(x(i,:),x(i,index1)),0]);
  gaofeng = [gaofeng;i,max1,index1,max2,index2];
end
```

论文三　储药柜的设计

（1D1416275630132）

摘　要：本文针对自动补药药柜的设计进行研究。

针对问题一，在只考虑储药柜竖向隔板的最小间距种类，在满足安全送药的 4 个条件即侧间距 2mm、无并排、无侧翻、无水平旋转下，建立单目标优化模型，并设计区间无重叠聚类算法，实现最少间距种类的求解，由程序得到最少 4 类列宽的分类，分别为 19mm、34mm、46mm 和 58mm。

针对问题二，我们将总宽度冗余与列间距类型数量作为目标，建立双目标规划模型。基于分层求解多目标规划模型方法，我们在问题一中得到的 4 个不同类型的基础上，建立冗余权重模型，首先计算出各种药盒宽度在原始 4 种分类基础上的加权冗余，并按照其加权冗余累积贡献率排序，我们讨论了 90％和 95％累积贡献率下，根据列宽优化算法，计算出新的列宽分类，经过对加权冗余度和列宽类数的分析，我们确定在新增 3 类情况下的最优解。列宽分别为 19mm、22mm、34mm、37mm、46mm、47mm 和 58mm，并且给出相应的药盒编号。

针对问题三，我们将平面总冗余度与行间距类型最小作为目标，在以药柜给定规格为约束条件，建立双目标规划模型。在问题二的基础上，我们通过分布分析法，先按照比例均衡的思想确定药柜一行放置 76 个药槽，在此基础上为了尽量减少平面冗余，我们按照高相近的归类方法，得到药柜至少需要 26 行，并且计算出高大致需要以下 9 类：34mm、41mm、47mm、54mm、60mm、72mm、85mm、101mm、125mm。

针对问题四，在药槽长度 1.5m 的条件下，我们首先计算出每一种药盒在药槽长度方向上能放的个数，因此确定同一种药需要的药槽数量。又因为每天仅集中补药一次，所以设计的储药槽个数一次性能放药盒的个数大于该需求量的最大值才能满足。

关键词：双目标规划；区间无重叠聚类；分层法

1　问题重述

药柜的结构与书柜相似，若干个横向隔板和竖向隔板将储药柜分割成若干个储药槽，横向隔板决定所放药品的高度，竖向隔板决定所放药品的宽度，为了方便使用和保证药品分拣的准确率，防止发药错误，一个储药槽内只能摆放同一种药品，要求药盒与两侧竖向隔板之间、与上下两层横向隔板之间应留 2mm 的间隙，同时还要求药盒在储药槽内推送过程中不会出现并排重叠、侧翻或水平旋转。为了更好地在实际中运用，在忽略横向和竖向隔板厚度的情况下，建立数学优化模型，给出下面几个问题的解决方案。

问题一：因为药盒尺寸规格差异较大，根据提供的数据，给出竖向隔板间距类型最小的储药柜设计方案，包括类型的数量和每种类型所对应的药盒规格。

问题二：宽度冗余是药盒与两侧竖向隔板之间的间隙超出 2mm 的部分，适当增加竖向隔板间距类型的数量可以减少宽度冗余，但增加竖向隔板间距类型会增加储药柜的加工成本，通过问题一中的最佳设计求解方案，设计出合理的竖向隔板间距类型数量以及每种类型对应的药盒编号，使得总宽度冗余尽可能小，同时也希望间距的类型数量尽可能少。

问题三：为了考虑拿药的方便性和补药的便利性，储药柜的尺寸要具有合理性和可行性，规定储药柜的宽度不超过 2.5m，高度不超过 2m，储药柜允许的最大有效高度为 1.5m。药盒与两层横向隔板之间的间隙超过 2mm 的部分叫作高度冗余，可以得出平面冗余＝高度冗余×宽度冗余，在问题二中计算结果的基础上，确定储药柜横向隔板间距的类型数量，使得储药柜的总平面余量尽可能小，且横向隔板间距的类型数量也尽可能少。

问题四：由附件 2 可得每一种药品编号对应的最大日需求量。已知储药槽的宽度不超过 2.5m，有效高度不超过 1.5m，长度为 1.5m，每天补药仅一次，请计算每一种药品需要的储药槽个数。为了保证药房储药满足需求，计算至少需要多少个储药柜。

2 模型假设

(1)假设每次从后端放入的药品都正立平稳放入；

(2)假设药盒水平旋转时中心点在一条直线上；

(3)假设药盒旋转角度超过 90°时才为水平旋转；

(4)假设每个药槽都有药盒放入；

(5)假设一天中仅有的一次药品补给是在药店下班前或者下班后一次性补给完成。

3 变量说明

D：表示竖向隔板的间距；

l_i：表示第 i 个型号药盒的长度；

d_i：表示第 i 个型号药盒的宽度；

h_i：表示第 i 个型号药盒的高度；

N：表示竖向隔板间距类型数；

C_j：表示定义域为$[a,b)$的有效区间集合；

K_i：表示冗余权重系数；

Q_i：表示冗余率；

m_i：表示各药盒尺寸的频数；

M_i：表示药盒尺寸出现的总频次；

L_i：表示列宽冗余度；

H_j：表示第 j 个药盒放入的药槽可能高度；

RL_i：表示每个药盒放入对应药槽时的宽度冗余；

RH_i：表示每药盒放入对应药槽时的高度冗余；

RP_i：表示第 i 个药盒产生的平面冗余；

x_i：表示一排横向同类型列的药槽个数；

y_i：表示同类型高的在一列纵向中药槽个数。

4　模型的建立与求解

4.1　问题一的模型建立与求解

4.1.1　基于药盒安全推出下的最小列分类规划模型

模型分析

为了药盒能顺利推送，且不出现并排重叠、侧翻或水平旋转，因此每个药盒存在对应的药槽列宽区间，下面我们根据三个条件分别讨论。

设 D 表示药槽的宽度，l,d,h 分别表示药盒的长，宽，高。

(a)顺利推出

根据题目，每个药盒与左右两侧间距 2mm，因此，为了能顺利推出，则

$$d+2\leqslant D. \tag{1}$$

(b)无并排现象

为了不发生并排现象，则药槽的宽度不能大于两倍药盒的宽度，如图 1 所示，因此，药槽宽度和药盒宽度之间满足：

$$D<2d. \tag{2}$$

(c)无侧翻现象

如图 2 所示，我们定义当药盒在药槽内侧倒至药槽内时称为侧翻。考虑药盒在侧翻过程中，横向最大距离为宽与高的对角线，因此，为避免侧翻，则药槽的宽度应该小于此对角线长度，即：

$$D<\sqrt{d^2+h^2}. \tag{3}$$

(d)无水平旋转现象

如图 3 所示，我们定义当药盒在药槽内平面旋转 90 度时为水平旋转。同样考虑药盒在水平旋转过程中，横向最大距离为宽与长的对角线，因此，为避免水平旋转，则药槽的宽度应该小于此对角线长度，即：

$$D<\sqrt{d^2+l^2}. \tag{4}$$

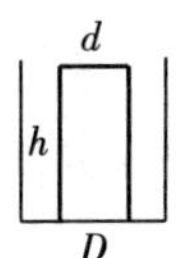

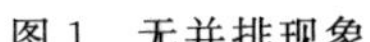

图 1　无并排现象

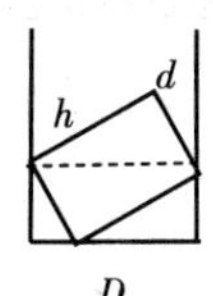

图 2　无侧翻现象

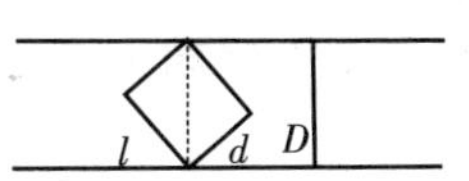

图 3　无水平旋转现象

模型建立

问题一即在满足以上四条的情况下，计算最小列宽分类，我们设 N 为药槽按照列宽的分类数，根据模型分析，建立最小列宽分类规划模型：

$$\min \quad N, \tag{5}$$

$$\text{s.t.}\begin{cases} d_i+2\leqslant D_i<2d_i, \\ D_i\leqslant\sqrt{d_i{}^2+l_i{}^2}\ (i\in[1,1919],\text{且 } i\in N(\text{整数})), \\ D_i\leqslant\sqrt{d_i{}^2+h_i{}^2}. \end{cases} \tag{6}$$

4.1.2 基于区间无重叠下最小聚类法的模型求解

要求解 4.1.1 中的模型，我们首先根据约束条件，根据附表 1 中的原始数据算出每个药盒的宽度容许区间。以每个药盒尺寸的第一个区间为例，如表 1 所列(程序见附录 1)。

表 1 药盒的列宽容许度区间表

宽度	有效区间	宽度	有效区间	宽度	有效区间	宽度	有效区间	宽度	有效区间
10	[12,20)	20	[22,40)	30	[32,60)	40	[42,80)	50	[52,82)
11	[13,22)	21	[23,42)	31	[33,43.8)	41	[43,58)	51	[53,72.8)
12	[14,24)	22	[24,38.8)	32	[34,51.2)	42	[44,60)	52	[54,73.5)

为了将所有药盒用最少的药槽规格来放置，等价于对 M 个区间，我们寻找 N 个区间，使得这 N 个区间之间交集为空，且这 N 个区间每一个都至少完全属于原始区间中的某一个。

区间无重叠聚类算法

第一步，将所有区间，按照区间下限从小到大排列，记排序好的区间为

$$[C_{i-}, C_{i+}].$$

第二步，从第一个区间开始，比对 C_1 的上限与 C_2 的下限，

若当 $C_1\cap C_2=\varnothing$ 时，则 C_1 为单独一类，并从分析中暂时剔除，对 $C_2,\cdots,C_M$ 继续聚类；当 $C_1\cap C_2\neq\varnothing$ 时，交集为 C_1'，则将 C_1' 代替 C_1,C_2，对 $C_1',\cdots,C_3,\cdots,C_M$ 继续聚类。

第三步，重复第二步，直至所有原始区间聚类完毕。

聚类过程示意图如图 4 所示：

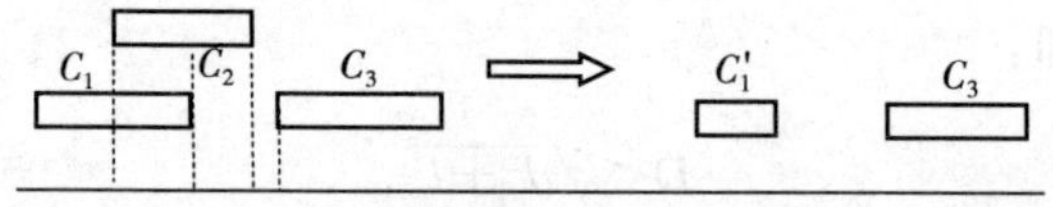

图 4 区间无重叠聚类示意图

按照上述聚类过程，显然最后得到的 N 个区间相互间无重叠，且每个区间一定完全包含于原始的某个区间中，即所有的药盒一定能放置于某个聚类后的药槽中，根据算法编制程序见附录 2。

最后聚类得到的区间见表 2 所列。

表 2 规格聚类分析表

规格种类序号	聚类区间
1	[19,20)

（续表）

规格种类序号	聚类区间
2	[34,34.9857113690718)
3	[46,46.6690475583121)
4	[58,63.6396103067893)

考虑到节约空间，药槽宽度取每个区间下限即可，即最少的药槽列宽规格为 19mm、34mm、46mm 和 58mm，每个规格下可放置的药品规格如表 3 所示：

表 3　药盒宽度的最佳取值表

药槽规格 D/mm	对应的药盒规格宽度最佳取值范围 d/mm
19	10～17
34	18～32
46	33～44
58	45～56

所以，综上所述，竖向隔板间距类型最少的储药规格有 4 种，每种类型所对应的药盒规格如表 3 所列。

4.2　模型二的建立(列宽冗余双目标规划)

4.2.1　模型分析与建立

列宽对于超过规定尺寸以外的距离，称为宽度冗余。根据题目，列宽冗余的计算公式为：

$$L_i = D_i - d_i - 2. \tag{7}$$

整个药槽的总列宽冗余为 $\sum L_i$。

问题二即在列分类较少的情况下使得总列宽冗余最小。

将最小列宽冗余作为目标，我们在模型一的基础上建立列宽冗余双目标规划模型如下：

$$\begin{gathered} \min \quad \sum L_i, \\ \min \quad N, \\ \text{s.t.} \begin{cases} d_i + 2 \leqslant D_i < 2d_i, \\ D_i \leqslant \sqrt{d_i^{\ 2} + l_i^{\ 2}}, \\ D_i \leqslant \sqrt{d_i^{\ 2} + h_i^{\ 2}}. \end{cases} \end{gathered} \tag{8}$$

4.2.2　基于分层法求解双目标规划

由于模型二是双目标规划，我们根据分层法进行求解，将冗余度尽可能小作为主要目标，先求解列分类较少这一目标。这一步我们直接应用问题一的结论，在此基础上进行冗余度最小的求解。

为了减少冗余度，我们首先将问题一结论中放置方案的每个药盒的冗余度计算出来，如表 4 所列(程序见附件 3)。

表 4　问题一结论基础上每个药盒的冗余度表

药品编号	药品规格 d/mm	药槽规格 D/mm	冗余度 S_i/mm
669	10	19	7
774	10	19	7
1352	10	19	7
1471	10	19	7

为方便说明，我们定义：

冗余权重：将同宽的药盒归类，考虑每一类在总药盒数中的比例，即

$$A_i = \frac{m_i}{M}. \tag{9}$$

分类加权冗余度：同宽药盒的冗余度乘以冗余权重，即

$$K_i = S_i \times A_i. \tag{10}$$

分权贡献率：将分类加权冗余度求和，考虑每一类在总加权冗余的比例，即

$$Q_i = \frac{K_i}{\sum K_i}. \tag{11}$$

在此基础上我们计算出分类加权冗余度，并按升序排列，加权冗余度 K_i 和分权贡献率 Q_i 的具体值如表 5 所列(程序见附录 4 和附录 5)。

表 5　各种列宽加权冗余权度和分权贡献率

D	K_i	Q_i
32	0	0
17	0	0
54	0.104220948	0.000144248
55	0.312662845	0.0004327744

因此，要最尽量减少冗余度，我们首先要减少在加权冗余度较高的那些列，即对此类列增加相应规格的药槽。

我们取 0.9 作为基准，和表 5 反序，从大到小排列，认为 $\sum Q_i > 90\%$ 中的各个药盒，对宽度冗余和竖向隔板间距数量有较大的影响。因此，我们对此考虑优化。

基于问题一基础上合并优化列宽冗余度步骤

第一步：从列分类中找到 Q_i 最大的开始，单独为其设置一个无冗余的规格，同时在此规

格里，在其前面的药盒规格同样可以放入。

第二步：从剩下的列中重复第一步，直至90%之前的列宽都放入新设置的规格中。

根据上述步骤，我们很容易找到在90%的基准下，产生7个竖向隔板类型数，分别是：19mm、22mm、34mm、37mm、46mm、47mm和58mm。每种药盒所对应的最佳宽度范围如表6所列。

表6　冗余度最佳取值范围表

竖向隔板间距单位(mm)	对应的药盒规格宽度 d 的最佳取值范围单位(mm)
19	[10,17]
22	[18,20]
34	[21,32]
37	[33,35]
46	[36,44]
47	45
58	[46,56]

用EXCEL将7种不同的隔板间距分别求出，对应的编号如表7所列(全部数据见附件7)。

表7　19mm对应的药品编号(部分)

药品编号	药品编号	药品编号	药品编号
669	471	197	1297
1908	61	476	87

在新的分列下，加权冗余度和分权贡献率如表8所列。

表8　新的各种列宽加权冗余权度和分权贡献率

D	K_i	Q_i
17	0	0
18	0	0
54	0.104220948	0.0002
55	0.312662845	0.0006

灵敏度分析，我们适当修改选取比例由90%变为95%，我们取0.95作为基准，和表5反序，从大到小排列，认为 $\sum Q_i > 95\%$ 中的各个药盒，对宽度冗余和竖向隔板间距数量有较大的影响。因此，我们对此考虑优化。同理计算出一个新冗余度，如表9所列。

表 9　冗余度的最佳取值范围

竖向隔板间距单位(mm)	对应的药盒规格宽度 d 的最佳取值范围单位(mm)
19	[10,17]
22	[18,20]
27	[21,25]
34	[26,32]
37	[33,35]
46	[36,44]
47	45
49	[46,47]
58	[48,56]

对比分析减少 90%与 95%时,冗余度与隔板类型的差别,如表 10 所列。

表 10　隔板数量与加权冗余度比较

合并累积贡献度	隔板数量	加权冗余度
90%	7	205.3
95%	9	367.3
原始	4	722.58

从表 10 中我们看到,以设计的竖向隔板宽度在 90%的基准下,产生 7 个竖向隔板类型数时,冗余度减少与隔板类型较优,分别是:19mm、22mm、34mm、37mm、46mm、47mm 和 58mm。

4.3　问题三的模型建立与求解

4.3.1　平面冗余度最小多目标规划模型

模型的分析

对于问题二,我们已经求得 7 个最优列宽分类,在此基础上考虑高度上的冗余。记 H_j 表示可能的高度,其中 $j=1,\cdots,N_h$。

根据题意,首先得到高度冗余计算公式

$$RH_j = H_j - h_j - 2,\quad j=1,\cdots,1919, \tag{12}$$

H_j 表示第 j 个药盒放入的药槽可能高度。

RL_i 表示每个药盒放入对应药槽时的宽度冗余。因此,每个药盒产生的平面冗余为

$$RP_i = RH_i \cdot RL_i, \tag{13}$$

总平面冗余为

$$RP = \sum_{i=1}^{1919} RP_i. \tag{14}$$

同时，根据题意，药柜的设计要满足药柜的宽度和高度的要求，同时要将1919种药品放入柜中，因此满足以下三个约束条件。

横向约束：设每类列宽在2.5m规格的药柜里，x_i 表示一排横向同类型列的药槽个数，因此有

$$\sum_{i=1}^{7} x_i L_i \leqslant 2500. \tag{15}$$

纵向约束：同时，高度不能超过1.5m，因此有

$$\sum_{i=1}^{N_h} y_i H_i \leqslant 1500. \tag{16}$$

其中 y_i 表示在一列纵向中同类型高的药槽个数。

药品种类约束：

$$\sum_{i=1}^{N_h} y_i \sum_{i=1}^{7} x_i > 1919. \tag{17}$$

模型的建立

根据上述分析，在冗余度最小的情况下，同时兼顾横向隔板类型最小，因此建立双目标规划模型如下目标：

$$\begin{cases} \min RP = \sum_{i=1}^{1919} RP_i, \\ \min N_h, \end{cases} \tag{18}$$

$$\text{s. t.} \begin{cases} \sum_{i=1}^{7} x_i L_i \leqslant 2500, \\ \sum_{i=1}^{N_h} y_i H_i \leqslant 1500, \\ \sum_{i=1}^{N_h} y_i \sum_{i=1}^{7} x_i > 1919, \\ H_{(j)} - h_j \geqslant 2, \\ j = 1, \cdots, 1919. \end{cases} \tag{19}$$

模型的求解

模型也属于多目标优化，对此我们将减少隔板类型作为主要目标，同时兼顾平面冗余度。由于模型在平面横向、纵向两方向都存在未知量 x_i、y_i，因此我们可以先将列项优先考虑，然后再考虑横向隔板划分。

首先，在问题二基础上统计7类中每一类所包含的药品的高度分布表（程序7），得到表11。

表 11　高度分布表

列宽＼高度	28	29	30	31	32
22	0	0	4	8	12
34	2	2	2	12	8
37	0	0	0	0	0

并且按列统计出每一类包含的药的数量，如表 12 所列。

表 12　不同列宽包含的药品数

列	19	22	34	37	46	47	58
包含药品数 yp_i	286	427	669	122	220	54	141

因为药柜设计时为横列矩形格子，所以，在考虑 x_i 的个数时，应当尽可能满足

$$\frac{x_i}{yp_i}=\frac{x_j}{yp_j},i,j=1,2,\cdots,7. \tag{20}$$

因此，x_i 之间的比例关系大致如表 13 所列：

表 13　x_i 的比例关系表

x_i	x_1	x_2	x_3	x_4	x_5	x_6	x_7
比例关系	5.29	7.9	12.4	2.3	4.1	1	2.6

根据约束条件 $\sum_{i=1}^{7}x_iL_i\leqslant 2500$，为了节约空间，尽可能达到 2500，并且药槽列宽大的可以放置部分列宽较小的药盒，而反过来不行，因此，根据此原则，适当修正上述比例可以得到表 14。

表 14　x_i 对应的个数表

x_i	x_1	x_2	x_3	x_4	x_5	x_6	x_7
个数	11	17	28	5	7	2	6

此时，长度上满足

$$\sum_{i=1}^{7}x_iL_i=2484\leqslant 2500. \tag{21}$$

根据列的个数确定，我们估算行的个数。通过 yp_i 的数量与 x_i 的比值，我们可得到横向隔板大致数量。如表 15 所列。

表 15　x_i 对应的 yp_i 的数量表

列的类型	19	22	34	37	46	47	58
$\frac{yp_i}{x_i}$	26	25.1	23.8	24.4	31.426	27	23.5

从上面数据中可以看出,数据越小表明此类格子行上比较空,例如 34 列宽的药槽,在药柜中按照原始药盒的放置会有较多剩余。因此可以考虑将 22 中部分放入 34 中,同时将 19 中部分放入 22 中,以此来达到平衡,同理 46,47 中部分可以放入 58 中。

还可以估计上述的平均值为 25.4,因此横向隔板的数量为 26。此时也满足条件约束

$$\sum_{i=1}^{N_h} y_i \sum_{i=1}^{7} x_i = 26 \times 76 = 1976 > 1919. \tag{22}$$

最后,为了尽量控制平面冗余,在实际设计时,同行的高度需要尽可能的相等,因此,我们根据已经确定好的一行 76 个药槽,对高度进行划分。我们可以将所有药盒按照高度排列,同时考虑按列宽分类统计。

通过程序(见附录 8)算出 76 节点处的高度,为每一行高度的基本值:

36,39,43,46,48,51,53,57,62,63,64,67,68,69,71,72,73,74,75,77,78,82,83,87,

102,127.

计算可知该基准值之和大于 1500,分析发现其中部分为最后个别高度所限制,所以可以将该药品放入下一行中,从而调节该行高度,计算出高大致需要以下 9 类:34mm、41mm、47mm、54mm、60mm、72mm、85mm、101mm 和 125mm。

4.4 问题四的模型建立与求解

4.4.1 最小槽数规划模型

模型分析:设 l_i 为不同药盒的长度,对应的日需求量为 W_i,在每天补药一次的情况下,保证药房储药满足的需求。首先找出 1.5m 长的药槽中每一个槽最多放多少个药盒,设计出 n_i 个药槽,使得一次性能放此药盒的个数必须要大于总需求量的最大值,建立最小槽数模型,找出满足条件最小的储药槽个数。

模型建立如下:

$$\text{目标:}\min n_i, \tag{23}$$

$$\text{s.t.}\begin{cases} \dfrac{1500}{l_i} = C_i\text{(小数部分舍去)}, \\ n_i \times C_i \geqslant W_i. \end{cases} \tag{24}$$

4.4.2 模型的求解

根据最小槽数规划模型,分别找出每一种药品在储药柜长度方向上最多能放的个数,用 MATLAB 编程得出各个药品对应的最小储药槽个数,如表 16 所列(全部数据见附录 8,程序见附录第四题程序 6)。

表 16 不同药品对应的药槽个数

药品编号	药槽个数	药品编号	药槽个数
120	22	125	9

（续表）

药品编号	药槽个数	药品编号	药槽个数
125	13	120	9
125	12	117	8
91	8	78	5

4.4.3 模型的建立

药店药品的需求量能够满足第一天销售中不补给，则需在第二天销售药品之前补药一次。假设每个药槽都放有药盒，则需储药柜最少个数

$$\text{目标：} n_{\min}\text{（进一取整）},$$

$$\text{同时应满足}\quad \text{s.t.}\begin{cases} A_i = \dfrac{R_i \times l_i}{L}, \\ D_i \geqslant d_i + 2, \\ H_i \geqslant h_i + 2, \\ \sum H_i \leqslant 1500, \\ \sum D_i \leqslant 2500, \\ \sum D_i \times H_i \times A_i \leqslant L \times H, \\ \sum H_j \times D_j \times A_i \leqslant n \times L \times H, \\ 1 \leqslant i < 1919, \\ j = 1,2,3,\cdots,1919. \end{cases} \tag{25}$$

模型的求解

求每种药盒装入药槽中所需要的药槽个数，在 EXCEL 中用 ROUNDUP 命令，得到进一取整后的个数，求出药槽面积乘以该槽的个数，对所求乘积进行求和，再将得到的总和除以药柜最大面积，从而得到最少的药柜数为 2 个。

5 模型的评价与推广

优点：

在问题一中，通过题目已知条件建立最小列宽分类规划模型，方便有效地找出了不同型号对应的列宽容许度的范围，采用区间无重叠聚类算法方便地找出了有共同区域的区间，简单地剔除了独立区间。

在问题二中建立列宽冗余度双目标规划模型，根据分层法进行求解，将冗余度尽可能小作为主要目标，先求解列分类较少这一目标。我们直接应用问题一的结论，在此基础上进行冗余度最小的求解。

参考文献

[1] 张秀兰，林峰. 数学建模与实验[M]. 北京：化学工业出版社，2013.
[2] 周品，赵新芬. MATLAB数理统计分析[M]. 北京：国防工业出版社，2009.
[3] 任玉杰. 数值分析及MATLAB实现[M]. 北京：高等出版社，2007.
[4] 丁世飞，黔奉祥，赵相伟. 现代数据分析与信息模式识别[M]. 北京：科学出版社，2012.

附录

附录1：

```
function A = qujian(B) % % % % %求每一个药品的容许列区间
[m,n] = size(B);
for i = 1:m
    k = B(i,4); % % %宽
    c = B(i,2); % % %长
    g = B(i,3); % % %高
    dkg = sqrt(k^2 + g^2); % % %宽高对角线
    dck = sqrt(c^2 + k^2); % % %宽长对角线
    A(i,1) = B(i,1); % %编号
    A(i,2) = k + 4; % %下限
    A(i,3) = min([2 * k,dkg,dck]); % %上限
End
```

附录2：

```
function K = julei(B) % % %K类和具体编号
[m,n] = size(B);
C = sortrows(B,2);
K = {};
t = 1;
K{t,2} = [];
for i = 1:m - 1
    if C(i,3)< = C(i + 1,2)
    K{t,1} = [C(i,2),C(i,3)];
    K{t,2} = [K{t,2},C(i,1)];
    t = t + 1;
    K{t,2} = [];
    else
      C(i + 1,3) = min(C(i,3),C(i + 1,3));
      K{t,1} = [C(i + 1,2),C(i,3)];
      K{t,2} = [K{t,2},C(i,1)];
    end
```

```
end
```

附录 3:求冗余

```
function A = rongyu(B,C)
[m,n] = size(B)
t = 1;
for i = 1:m
    xia = min(B{i,1});
    BH = B{i,2};
    [m1,n1] = size(BH);
    for j = 1:n1
      A(t,1) = BH(j);
      A(t,2) = C(C(:,1) = = BH(j),4);
      A(t,3) = xia;
      A(t,4) = xia - A(t,2) - 2;
      t = t + 1;
    end
end
```

附录 4:求冗余权重系数

```
function [dd,d] = rl(B)
[m,n] = size(B);

d = tabulate(B(:,2));
d = d(10:end,:);              %%%%%累计贡献率数据

dd = sortrows(d,3);
```

附录 5:程序 3:求分类加权冗余度

```
function B = jryl(A)
%UNTITLED5 Summary of this function goeshere
%   Detailed explanation goes here
[m,n] = size(A);

for i = 1:m


if A(i,1)< = 17&A(i,1)> = 10
    B(i,2) = (19 - A(i,1) - 2) * A(i,3);
    B(i,1) = A(i,1);
elseif A(i,1)< = 31&A(i,1)> = 18
    B(i,2) = (34 - A(i,1) - 2) * A(i,3);
      B(i,1) = A(i,1);
```

```
    elseif A(i,1)<=44&A(i,1)>=33
         B(i,2)=(46-A(i,1)-2)*A(i,3);
      B(i,1)=A(i,1);

      elseif A(i,1)<=56&A(i,1)>=45
        B(i,2)=(58-A(i,1)-2)*A(i,3);
      B(i,1)=A(i,1);

    end
end
end
```

附件 6：

```
function n=cs(x)
%UNTITLED2 Summary of this function goes here
%   Detailed explanation goes here
n=x(:,3)./(1500./x(:,2))
end
```

附件 7：

```
function [c,JUG,R]=lkjulei(A,B)   %%%%A 表示原始数据,B 表示列宽类别,分类,构造按列的高度统计表程序
[m,n]=size(A);
[m1,n1]=size(B);
for i=1:m
    p=0;
    t=1;
  while p==0
      if A(i,4)<=B(t)-2
        b=B(t);
        R(i,1)=A(i,1);
        R(i,2)=A(i,4);

        R(i,3)=A(i,3);
        R(i,4)=b;
        p=1;
    else
        t=t+1;
      end
    end
end
for i=1:n1
```

```
JUG{i,1} = R(R(:,4) = = B(1,i),3);
end

for i = 1:7
    a = JUG{i,1};
    b = tabulate(a);
    b = b(b(:,2)~ = 0,:);
    [m,n] = size(b);
      for  j = 1:m
        c(i,b(j)) = b(j,2);
      end
end
c = c(:,28:end);
c = [c;28:125];
c = [[B';0],c];
```

附件 8:

```
function  t = gfl(C) % % % %高分类程序
[m,n] = size(C);
t = 0;
i = 2;
while i< = 99
    p = 1;
    a = zeros(7,1);
while p = = 1|i>99
    a = a + C(1:7,i);
    bb = sum(a. * C(1:7,1));
    if sum(a. * C(1:7,1))< = 2500
      i = i + 1;
    else

      t = t + 1;
      g(t) = C(8,i - 1);
      p = 0;
    end
end
End
```

参考文献

[1] 姜启源,谢金星,叶俊. 数学模型(第三版)[M]. 北京:高等教育出版社,2003.

[2] 姜启源,谢金星,叶俊. 数学模型(第四版)[M]. 北京:高等教育出版社,2011.

[3] 郭培俊. 高职数学建模[M]. 杭州:浙江大学出版社,2010.

[4] 梁炼. 数学建模[M]. 广州:华南理工大学出版社,2003.

[5] 颜文勇. 数学建模[M]. 北京:高等教育出版社,2011.

[6] 陈笑缘. 数学建模[M]. 北京:中国财政经济出版社,2014.

[7] 任善强. 数学模型[M]. 重庆:重庆大学出版社,1987.

[8] 谌安琦. 科技工程中的数学模型[M]. 北京:中国铁道出版社,1988.

[9] 江裕钊,辛培清. 数学模型与计算机模拟[M]. 成都:电子科技大学出版社,1989.

[10] 杨启帆,边馥萍. 数学模型[M]. 杭州:浙江大学出版社,1990.

[11] 董加礼,曹旭东,史明仁. 数学模型[M]. 北京:北京工业大学出版社,1990.

[12] 唐焕文,冯恩民,孙育贤,等. 数学模型引论[M]. 大连:大连理工大学出版社,1990.

[13] 韩中庚. 数学建模竞赛论文的写作方法[J]. 数学建模及其应用,6(2):42—48,2017.

[14] 位亚强. 数学建模基础. https://mooc1.chaoxing.com/course/101752429.html,2017.

[15] 薛毅,常金钢,等. 数学建模基础[M]. 北京:北京工业大学出版社,2003.

[16] 王兵团. 数学建模基础[M]. 北京:清华大学出版社,北京交通大学出版社,2004.

[17] 司守奎等. 数学建模算法与应用[M]. 北京:国防工业出版社,2011.

[18] 赵静. 数学建模与数学实验(第3版)[M]. 北京:高等教育出版社,2012.

[19] 余东,李明. 数学实验[M]. 北京:科学出版社,2012.

[20] 湖北省大学生数学建模竞赛专家组. 数学建模[M]. 武汉:华中科技大学出版社,2006.

[21] 徐仁旭,孔亚仙. 数学实验与建模[M]. 长沙:湖南师范大学出版社,2012.

[22] 楚雄师范学院数学系.《数学建模》课程实验指导书,2013.

[23] 李锋．数学实验[M]．北京：科学出版社，2012.

[24] 中国大学生在线．http://uzone.univs.cn/group.action? id=4775，2017.

[25] 吴翊，李永乐，胡庆军．应用数理统计[M]．长沙：国防科技大学出版社，1995.

[26] 谢中华．MATLAB统计分析与应用：40个案例分析[M]．北京：北京航空航天大学出版社，2010.

[27] 徐建华．计量地理学．高等教育出版社[M]．北京：高等教育出版社，2006.